科学出版社"十四五"普通高等教育本科规划教材

X射线分析方法

巫瑞智　王振强　编著

科学出版社
北京

内 容 简 介

本书介绍 X 射线物理学基础、X 射线衍射方向和衍射强度、多晶体 X 射线衍射分析等基本理论知识，在此基础上介绍当前科学研究中经常使用的各种 X 射线技术，包括利用 X 射线衍射技术分析材料的物相、残余应力、晶粒尺寸、位错密度、织构等，以及利用 X 射线光电子能谱分析材料表面元素种类、含量。此外，本书还介绍了近年来基于电子计算机断层扫描技术发展起来的三维 X 射线显微镜分析方法。

本书可以作为高等院校材料、化学、冶金等相关专业本科生和研究生的教材或教学参考书。此外，本书每章内容结合对应的考研知识点和考点，有针对性地设置相关的习题和答案，有助于考研学生复习备考。

图书在版编目（CIP）数据

X 射线分析方法/巫瑞智，王振强编著. —北京：科学出版社，2024.5
科学出版社"十四五"普通高等教育本科规划教材
ISBN 978-7-03-077697-6

Ⅰ. ①X⋯ Ⅱ. ①巫⋯ ②王⋯ Ⅲ. ①X 射线衍射分析-高等学校-教材 Ⅳ. ①O657.39

中国国家版本馆 CIP 数据核字（2023）第 252862 号

责任编辑：王喜军 罗 娟/责任校对：王萌萌
责任印制：赵 博/封面设计：无极书装

科 学 出 版 社 出版
北京东黄城根北街 16 号
邮政编码：100717
http://www.sciencep.com

北京华宇信诺印刷有限公司印刷
科学出版社发行 各地新华书店经销

*

2024 年 5 月第 一 版　开本：720×1000　1/16
2025 年 1 月第二次印刷　印张：13 3/4
字数：277 000

定价：68.00 元
（如有印装质量问题，我社负责调换）

前　言

"X 射线技术"是材料、化学、冶金等相关专业必修的专业核心基础课程，是研究材料物相、晶体结构、显微组织、残余应力、缺陷等的常用方法之一，通常与电子显微技术放在一门课程中进行学习，即"材料分析方法"。

目前市场已有的 X 射线技术相关教材对于基本原理介绍过多、过深，而对材料科学与工程相关专业学生来说，主要使用 X 射线技术对材料进行测试和分析，对于原理及仪器结构等方面的知识没有必要有过于深入的了解。基于此，本书编写的目的之一是使原理、仪器结构简明化，测试和结果分析深入化，重点关注学生掌握测试过程-测试结果-材料组织结构之间的互联关系。

本书在内容上力求简明扼要，抓住本质与精华，摒弃以往过深的 X 射线物理学知识，简明介绍该技术的原理和仪器结构，着重深入阐述测试方法、测试过程以及测试结果的分析，引入典型范例，注重培养学生运用分析方法获得材料组织结构等信息的能力。

本书响应国家"新工科"号召，结合近年来科研工作者的前沿工作，在介绍 X 射线基础知识后，讲解了利用 X 射线技术开发的一些新的测试功能，如利用 X 射线测试材料残余应力、晶粒尺寸、位错密度、织构等，还有 X 射线光电子能谱以及三维 X 射线显微技术等。

本书第 1~4 章及附录由哈尔滨工程大学巫瑞智教授编写和整理，第 5~9 章由哈尔滨工程大学王振强副教授编写。

感谢哈尔滨工程大学材料科学与化学工程学院本科生专业建设专项经费的支持。感谢哈尔滨工程大学张宏森、牛中毅、丁明惠等老师的支持与帮助。感谢王佳豪、陈宇杰、王岩松、邓会泽、查泽鹏、霍冬燊、张帅、王子康、高一帆、程云鹏等研究生在本书编写过程中的辛勤付出。

由于作者水平有限，书中难免存在不足之处，恳请读者批评指正。

作　者

2023 年 7 月 7 日

目　录

前言
第1章　X射线物理学基础 ························· 1
　1.1　X射线的历史 ···························· 1
　1.2　X射线的性质 ···························· 2
　1.3　X射线的产生及X射线谱 ··················· 4
　　1.3.1　X射线管 ···························· 4
　　1.3.2　连续X射线谱 ························ 6
　　1.3.3　特征X射线谱 ························ 8
　1.4　X射线与物质的作用 ······················ 10
　　1.4.1　X射线的散射 ························ 11
　　1.4.2　X射线的真吸收 ······················ 11
　　1.4.3　X射线的衰减 ························ 12
　　1.4.4　吸收限的应用 ························ 14
　1.5　X射线的防护 ···························· 16
　习题 ·· 17
第2章　X射线衍射方向 ························· 19
　2.1　晶体几何学简介 ·························· 19
　　2.1.1　晶体结构与空间点阵 ·················· 19
　　2.1.2　晶体学指数 ·························· 20
　　2.1.3　几种典型的立方晶系布拉维点阵 ········ 21
　　2.1.4　晶带、晶面间距、晶面夹角 ············ 22
　2.2　衍射的概念与布拉格方程 ·················· 23
　　2.2.1　衍射的概念 ·························· 23
　　2.2.2　X射线在晶体中的衍射 ················· 24
　　2.2.3　布拉格方程的导出 ···················· 24
　　2.2.4　布拉格方程的讨论 ···················· 25
　2.3　X射线衍射测试方法 ······················ 26
　2.4　倒易点阵与埃瓦尔德图解 ·················· 29
　习题 ·· 31

第3章　X射线衍射强度 ……………………………………………………………33
3.1　多晶体衍射图谱的形成 ………………………………………………33
3.2　单位晶胞对X射线的散射与结构因子 ………………………………35
3.2.1　结构因子问题的引出 …………………………………………35
3.2.2　结构因子 ………………………………………………………37
3.2.3　结构因子的计算 ………………………………………………40
3.3　多晶体衍射强度 …………………………………………………………41
3.3.1　多重性因子 ……………………………………………………41
3.3.2　角因子 …………………………………………………………42
3.3.3　吸收因子 ………………………………………………………44
3.3.4　温度因子 ………………………………………………………45
3.3.5　粉末法衍射强度 ………………………………………………46
习题 …………………………………………………………………………46

第4章　多晶体分析方法 ………………………………………………………47
4.1　粉末多晶体衍射方法及成像原理 ……………………………………47
4.2　粉末照相法 ………………………………………………………………47
4.2.1　德拜衍射花样的埃瓦尔德图解 ………………………………48
4.2.2　德拜相机 ………………………………………………………49
4.2.3　德拜-谢乐法实验过程 …………………………………………50
4.2.4　德拜相机的分辨本领 …………………………………………53
4.3　X射线衍射仪 ……………………………………………………………55
4.3.1　X射线衍射仪的构造和几何光学 ……………………………55
4.3.2　X射线探测器 …………………………………………………57
4.3.3　计数测量电路 …………………………………………………57
4.4　X射线衍射仪法的测量方法和参数 …………………………………58
4.4.1　制备样品的方法 ………………………………………………58
4.4.2　X射线衍射仪的工作方式 ……………………………………58
4.4.3　实验参数的选择 ………………………………………………61
4.5　点阵常数的测定 …………………………………………………………62
4.5.1　基本原理 ………………………………………………………62
4.5.2　误差来源 ………………………………………………………63
4.5.3　消除误差的方法 ………………………………………………65
习题 …………………………………………………………………………66

第5章　X射线物相分析 ………………………………………………………68
5.1　定性分析 …………………………………………………………………68

5.1.1 基本原理……………………………………………………………… 68
  5.1.2 粉末衍射卡片…………………………………………………………… 69
  5.1.3 索引……………………………………………………………………… 70
  5.1.4 定性分析的过程………………………………………………………… 71
 5.2 定量分析………………………………………………………………………… 76
  5.2.1 基本原理………………………………………………………………… 76
  5.2.2 分析方法………………………………………………………………… 77
  5.2.3 其他问题………………………………………………………………… 83
 5.3 X射线衍射仪操作流程………………………………………………………… 85
  5.3.1 样品的制备……………………………………………………………… 85
  5.3.2 仪器的使用……………………………………………………………… 86
 习题……………………………………………………………………………………… 89

第6章 残余应力、晶粒尺寸、位错密度分析……………………………………… 91
 6.1 物体内应力的产生和分类……………………………………………………… 91
 6.2 X射线宏观应力测定的基本原理和案例分析………………………………… 93
  6.2.1 基本原理………………………………………………………………… 93
  6.2.2 案例分析………………………………………………………………… 97
 6.3 宏观应力测定方法……………………………………………………………… 99
  6.3.1 同倾法…………………………………………………………………… 99
  6.3.2 侧倾法…………………………………………………………………… 101
  6.3.3 样品要求………………………………………………………………… 101
  6.3.4 测量参数………………………………………………………………… 103
  6.3.5 测试过程………………………………………………………………… 104
  6.3.6 X射线法测量残余应力时需注意的问题……………………………… 108
 6.4 晶粒尺寸测量原理及方法……………………………………………………… 109
  6.4.1 半高宽法………………………………………………………………… 110
  6.4.2 抛物线法………………………………………………………………… 110
  6.4.3 案例分析………………………………………………………………… 112
 6.5 位错密度测试原理与方法……………………………………………………… 113
 习题……………………………………………………………………………………… 118

第7章 织构分析……………………………………………………………………… 119
 7.1 织构基础………………………………………………………………………… 119
 7.2 织构测试原理与方法…………………………………………………………… 121
  7.2.1 极图的测量……………………………………………………………… 121
  7.2.2 反极图的测定…………………………………………………………… 126

7.2.3　织构测量的实例 ………………………………………………………… 128
　　习题 ……………………………………………………………………………………… 133
第8章　X射线光电子能谱分析 ……………………………………………………………… 134
　8.1　X射线光电子能谱仪结构及基本原理 ……………………………………………… 134
　　　8.1.1　X射线光电子能谱仪结构 …………………………………………………… 134
　　　8.1.2　X射线光电子能谱仪基本原理 ……………………………………………… 136
　8.2　分析方法 ……………………………………………………………………………… 139
　　　8.2.1　元素定性分析 …………………………………………………………………… 140
　　　8.2.2　元素定量分析 …………………………………………………………………… 140
　　　8.2.3　化学态分析 ……………………………………………………………………… 141
　8.3　分析案例 ……………………………………………………………………………… 142
　　　8.3.1　定性分析案例 …………………………………………………………………… 142
　　　8.3.2　定量分析案例 …………………………………………………………………… 144
　　　8.3.3　化学态分析案例 ………………………………………………………………… 146
　8.4　X射线光电子能谱仪测试操作 ……………………………………………………… 146
　　习题 ……………………………………………………………………………………… 152
第9章　三维X射线显微镜 ………………………………………………………………… 153
　9.1　原理与操作方法 ……………………………………………………………………… 153
　　　9.1.1　三维X射线显微镜的结构 …………………………………………………… 155
　　　9.1.2　三维X射线显微镜的基本原理 ……………………………………………… 157
　　　9.1.3　三维X射线显微镜的使用步骤 ……………………………………………… 161
　　　9.1.4　三维X射线显微镜的发展 …………………………………………………… 163
　9.2　分析案例 ……………………………………………………………………………… 166
　　　9.2.1　形貌表征 ………………………………………………………………………… 166
　　　9.2.2　断裂力学 ………………………………………………………………………… 167
　　　9.2.3　三维晶体结构分析 ……………………………………………………………… 170
　　习题 ……………………………………………………………………………………… 174
参考答案 ………………………………………………………………………………………… 175
参考文献 ………………………………………………………………………………………… 193
附录A　原子散射因子在吸收限近旁的减少值Δf …………………………………………… 194
附录B　质量吸收系数$\mu_m = \mu_l/\rho$ ……………………………………………………………… 195
附录C　原子散射因子f ……………………………………………………………………… 197
附录D　各种点阵的结构因子F_{hkl} ………………………………………………………… 198
附录E　粉末法的多重性因子P_{hkl} ………………………………………………………… 199

附录 F　角因子 $\dfrac{1+\cos^2 2\theta}{\sin^2\theta\cos\theta}$ ……………………………………………… 200

附录 G　$\dfrac{\phi(x)}{x}+\dfrac{1}{4}$ ……………………………………………………………… 203

附录 H　某些物质的特征温度 $\varTheta$ …………………………………………………… 204

附录 I　特征 X 射线的波长和能量表 …………………………………………… 205

第1章　X射线物理学基础

1.1　X射线的历史

1895年，德国物理学家伦琴（Wilhelm Conrad Rontgen）发现了一种新型辐射——X射线（图1-1）。1895年11月8日傍晚，伦琴在研究阴极射线时，为了不让管内的可见光漏出管外以及防止外界光线对放电管的影响，他把房间全部弄黑，还用黑色硬纸给放电管做了个封套。可是当他切断电源后，却意外地发现1m以外的一个小工作台上有闪光，闪光是从一块荧光屏上发出的。然而，阴极射线只能在空气中行进几厘米，这是别人和他自己的实验早已证实的结论。于是他重复刚才的实验，把屏一步步地移远，直到2m以外仍可见到屏上有荧光，伦琴认为这不是阴极射线。经过反复实验，伦琴确信这是一种尚未为人所知的新射线，便取名为X射线。他发现X射线可穿透千页书、2～3cm厚的木板、几厘米厚的硬橡皮、15mm厚的铝板等，可是1.5mm的铅板几乎就完全把X射线挡住了。他偶然发现X射线可以穿透肌肉照出手骨轮廓，于是有一次他夫人到实验室来看他时，他请她把手放在用黑纸包严的照相底片上，然后用X射线对准照射15min，显影后，底片上清晰地呈现出他夫人的手骨像，手指上的结婚戒指也很清楚。这是一张具有历史意义的照片，它表明人类可借助X射线，隔着皮肉去透视骨骼。1895年12月28日，伦琴向维尔茨堡物理医学学会递交了第一篇X射线的论文《一种新射线——初步报告》，报告中叙述了实验的装置、实验过程、初步发现的X射线的性质等。X射线发现后，仅仅几个月，就出现了一项新发现——放射性的发现，使得X射线被应用于医学影像。1896年2月，苏格兰医生约翰·麦金泰尔在格拉斯哥皇家医院设立了世界上第一个放射科。1901年，第一届诺贝尔物理学奖评选时，29封推荐信中就有17封集中推荐伦琴。伦琴最终获得了第一届诺贝尔物理学奖。

在此后的很长一段时间内，人们只认识到这种X射线是肉眼看不见的，它可使照相底片感光，使荧光物质发光和使气体电离，并有很强的穿透力，对生物细胞有杀害作用，而对其本质则争论不一。直到1912年德国物理学家劳厄（Max von Laue）等发现了X射线在晶体中的衍射现象，确证了X射线是一种电磁波，证明了X射线的波动性和晶体内部结构的周期性，发表了《X射线的干涉现象》一文。1913年，英国物理学家布拉格父子（William Henry Bragg，William Lawrence Bragg）在劳厄发现的基础上，利用X射线衍射（X-ray diffraction，XRD）成功测定了NaCl、

KCl 等的晶体结构，从此开创了 X 射线晶体结构分析的历史。自此，X 射线衍射这一重要探测手段在人们认识自然、探索自然方面，特别在凝聚态物理、材料科学、生命医学、化学化工、地学、矿物学、环境科学、考古学、历史学等众多领域发挥了积极作用。

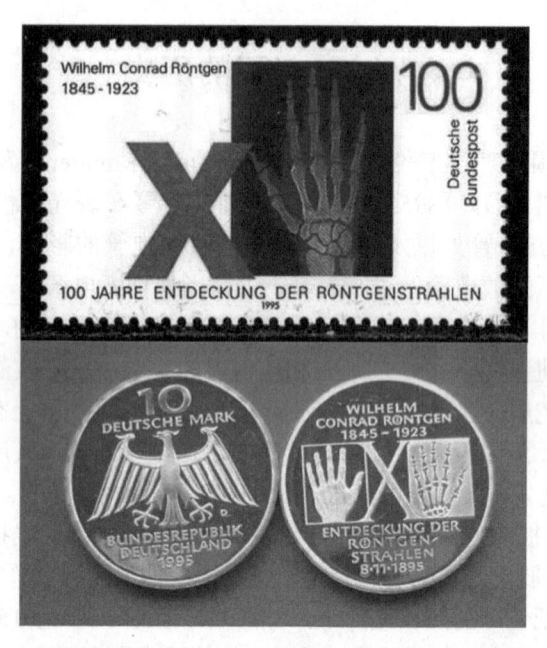

图 1-1　伦琴发现 X 射线 100 周年的纪念邮票与纪念币

1.2　X 射线的性质

X 射线和无线电波、可见光、紫外线、γ 射线等，本质上同属电磁波（电磁辐射），仅是彼此占据不同的波长范围而已，因此具有波粒二象性，即具有波动性和粒子性。只不过在某些场合（如 X 射线与 X 射线间相互作用）主要表现出波动的特性，而在另外一些场合（如 X 射线与电子、原子间的相互作用）主要表现出粒子的特性。描写 X 射线波动性质的物理量，如频率 ν、波长 λ 和描述其粒子特性的光量子（光子）能量 ε、动量 P，遵循普朗克关系式：

$$\varepsilon = h\nu = \frac{hc}{\lambda} \tag{1-1}$$

$$P = \frac{h}{\lambda} \tag{1-2}$$

式中，h 为普朗克常量，其值为 6.626×10^{-34} J·s；c 为光速，其值约为 3×10^{8} m/s。

值得注意的是，X射线虽然和可见光一样，与光传播有关的一些现象，如反射、折射、散射、干涉、衍射以及偏振等都会发生，但相对可见光而言，X射线的波长要短得多，而光子的能量要高得多。因此，上述物理现象在表现应用范畴和实用价值上，存在很大的差异。例如，X射线只有当它几乎平行地掠过光洁的固体表面时，才会发生类似可见光那样的全反射，其他情况下不会发生。在电磁波谱上，X射线处于紫外线与γ射线之间（图1-2），测量其波长的单位是纳米（nm，$1\text{nm}=10^{-9}\text{m}$）。X射线的波长在$0.001\sim10\text{nm}$范围内，用于晶体衍射分析的X射线波长范围为$0.05\sim0.25\text{nm}$。

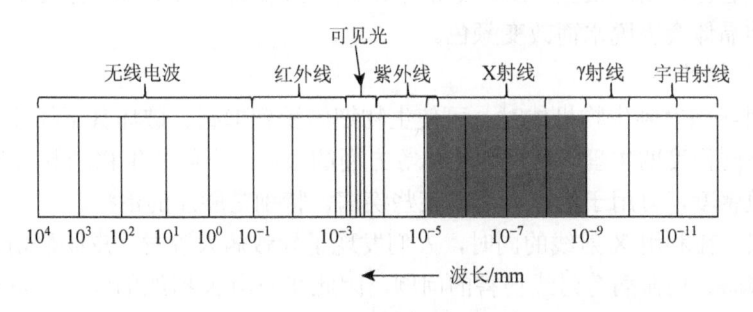

图1-2 电磁波谱

X射线的特性又分为物理特性、化学特性和生物特性。

1) 物理特性

(1) 穿透作用。X射线因其波长短、能量大，照在物质上时，仅一部分被物质所吸收，大部分经由原子间隙透过，表现出很强的穿透能力。X射线穿透物质的能力与X射线光子的能量有关，X射线的波长越短，光子的能量越大，穿透力越强。此外，X射线的穿透力也与物质密度有关，利用差别吸收这种性质可以把密度不同的物质区分开。目前，一些公共场合（如机场、火车站、展览会场等）采用的X射线安检系统正是基于X射线的这一性质而开发的。

(2) 电离作用。物质受X射线照射时，可使核外电子脱离原子轨道产生电离。利用电离电荷的多少可测定X射线的照射量，根据这个原理制成了X射线剂量检测仪。此外，在X射线电离作用下，气体能够导电；某些物质可以发生化学反应；在有机体内可以诱发各种生物效应，这些电离效应可用于各种场合。

(3) 荧光作用。X射线波长很短，属于不可见光，但它照射到某些化合物（如磷、铂氰化钡、硫化锌镉、钨酸钙等）时，可使物质发出荧光（可见光或紫外线），荧光的强弱与X射线量成正比。这种作用是X射线应用于透视的基础，利用这种荧光作用可制成荧光屏，用作透视时观察X射线通过人体组织的影像，也可制成增感屏，用作摄影时增强胶片的感光量。

（4）热作用。物质所吸收的 X 射线能大部分转化成热能，使物体温度升高。X 射线辐照剂量的量热法检测就是依据这种热作用。

（5）干涉、衍射、反射、折射作用。这些作用在 X 射线显微镜、波长测定和物质结构分析中都得到应用。

2）化学特性

（1）感光作用。X 射线同可见光一样能使胶片感光。胶片感光的强弱与 X 射线量成正比，当 X 射线通过人体时，因人体各组织的密度不同，对 X 射线量的吸收不同，胶片上所获得的感光度不同，从而获得 X 射线的影像。

（2）着色作用。某些物质，如铂氰化钡、铅玻璃、水晶等，受 X 射线长期照射，其结晶体会因脱水而改变颜色。

3）生物特性

X 射线照射到生物机体时，可使生物细胞受到抑制、破坏甚至坏死，致使机体发生不同程度的生理、病理和生化等方面的改变。不同的生物细胞对 X 射线有不同的敏感度，可用于治疗人体的某些疾病，特别是肿瘤的治疗。

当然，在利用 X 射线的同时，人们发现了导致病人脱发、皮肤烧伤、工作人员视力障碍、白血病等射线伤害的问题，因此在应用 X 射线的同时，也应注意其对正常机体的伤害，注意采取防护措施。

1.3　X 射线的产生及 X 射线谱

1.3.1　X 射线管

通常获得 X 射线是利用一种类似热阴极二极管的装置，将一定材料制作的板状阳极（靶）和阴极（灯丝）密封在一个玻璃-金属管壳内，阳极是使从阴极发射而来高速运动的电子突然减速并发射 X 射线的地方，须由导热性好、熔点高的金属材料制成，如铜、钴、镍、铁、铝等。阴极是发射高速运动电子的地方。

X 射线管工作时 X 射线产生的基本原理图如图 1-3 所示。整个 X 射线管处于真空状态，工作时阴极通电加热，在阳极和阴极间加以直流高压（数千伏至数十千伏），则阴极产生的大量热电子将在高压电场作用下飞速向阳极运动，在这些高速运动的电子与阳极碰撞的瞬间，电子的动能除转化成热能之外，其余能量转化为 X 射线，这些 X 射线通过 X 射线管窗口射出，即可提供给实验所用。X 射线管的窗口材料通常用金属铍（厚度约为 0.2 mm）做成，在 X 射线管的窗口材料选择中，主要遵循小原子序数材料和厚度小的原则，这是为了尽可能地降低窗口材料对 X 射线的吸收。

第1章 X射线物理学基础

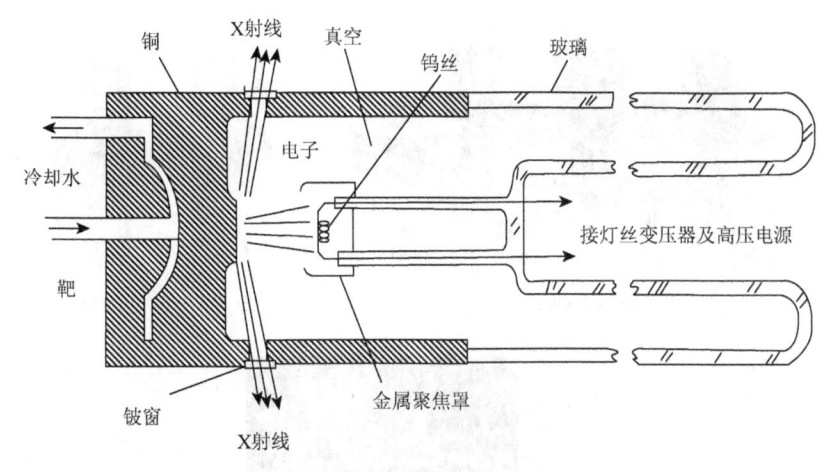

图1-3 X射线产生的基本原理图

值得指出的是，在 X 射线衍射工作中，一般总是希望获得细焦点和高强度的 X 射线，其中细焦点可提高分辨率，而高强度可缩短测试时的曝光时间。因此，往往需要高功率的 X 射线管，但过高的功率往往会使阳极材料难以承受其高温，目前常用 X 射线管的功率为 500~3000W。在保证阳极材料正常工作的前提下，为尽量提高功率，当前应用较多的还有旋转阳极 X 射线管，如图1-4所示，其优点在于因阳极不断旋转，电子束轰击部位不断改变，故提高功率也不会烧熔靶面。目前，这种旋转阳极的 X 射线管功率可达 100kW，比普通 X 射线管大数十倍。图1-5是目前市场商用的几种 X 射线管产品。

经 X 射线管产生的 X 射线，根据其波长可分为两种类型的波谱，即连续 X 射线谱和特征 X 射线谱（或标识 X 射线谱）。

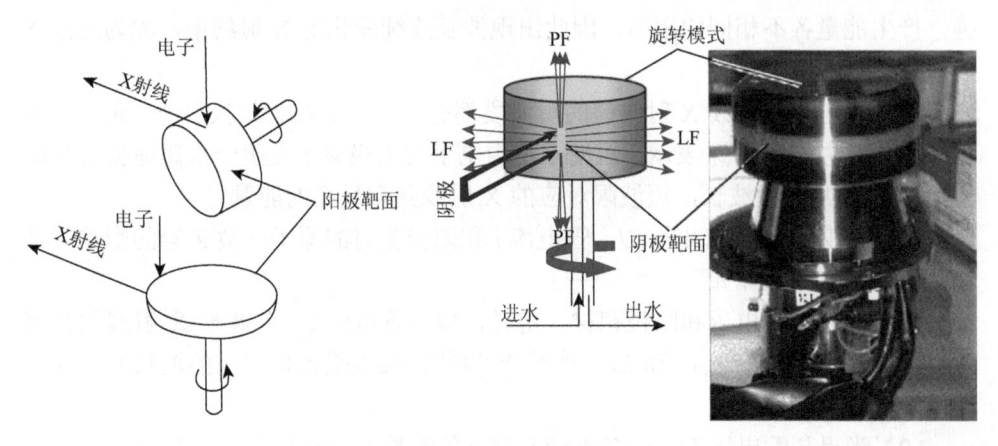

图1-4 旋转阳极 X 射线管

PF-点聚焦（point focus）；LF-线性聚焦（line focus）

(a) 包头X射线管 (b) 荧光分析X射线管

(c) 医用X射线管

图 1-5 目前市场商用的几种 X 射线管产品

1.3.2 连续 X 射线谱

具有连续波长的 X 射线构成连续 X 射线谱，它和可见光相似（波长连续变动），亦称多色 X 射线。高能电子与阳极靶的原子碰撞时，电子失去自己的能量，其中部分以光子的形式辐射，碰撞一次产生一个能量为 $h\nu$ 的光子，这样的光子流即 X 射线。单位时间内到达阳极靶面的电子是极大量的，绝大多数电子要经历多次碰撞，产生能量各不相同的辐射，因此出现波长连续变化的 X 射线谱，称为连续 X 射线谱。

不同管电压下连续 X 射线谱的短波段都有一个突然截止的极限波长值，称为短波限 λ_0，也常以 λ_{SWL} 表示。短波限是由电子与阳极原子发生一次碰撞就耗尽能量所产生的 X 射线波长，短波限对应的 X 射线具有最高的能量。

连续 X 射线谱受管电压 U、管电流 i 和阳极靶材的原子序数 Z 等的影响，其相互关系的实验规律如下。

（1）当保持管电压和阳极靶材一定时，提高管电流 i，各波长 X 射线的强度一致提高，但短波限 λ_{SWL} 和 λ_m（连续 X 射线谱强度最大值对应的波长）不变，如图 1-6(a)所示。

（2）当提高管电压 U（i、Z 不变）时，各波长 X 射线的强度都提高，λ_{SWL} 和 λ_m 减小，如图 1-6(b)所示。

（3）在相同的管电压和管电流下，阳极靶材的原子序数 Z 越高，连续 X 射线谱的强度越大，但 λ_{SWL} 和 λ_m 相同，如图 1-6(c)所示。

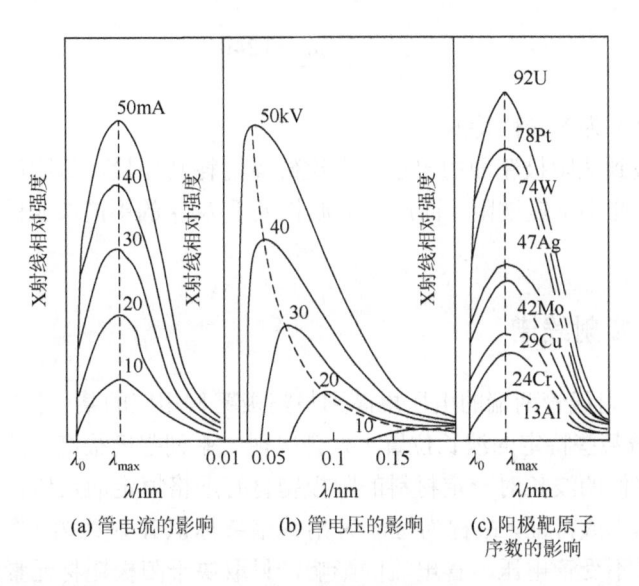

(a) 管电流的影响　　(b) 管电压的影响　　(c) 阳极靶原子序数的影响

图 1-6　管电压、管电流和阳极靶原子序数对连续 X 射线谱的影响

连续 X 射线谱的总强度取决于上述 U、i、Z 三个因素，即

$$I_{连} = \int_{\lambda_{SWL}}^{\infty} I(\lambda)\mathrm{d}\lambda = K_1 i Z U^2 \tag{1-3}$$

式中，K_1 为常数。

当 X 射线管仅产生连续 X 射线谱时，其效率 η 为

$$\eta = \frac{I_{连}}{iU} = K_1 Z U \tag{1-4}$$

由此可见，管电压越高，阳极靶材的原子序数越大，X 射线管的效率越高。但由于常数 K_1 是个很小的数[$(1.1\sim1.4)\times10^{-9}\mathrm{V}^{-1}$]，故即使采用钨阳极（$Z=74$），管电压为 100kV 时，其效率仍然很低，$\eta\approx1\%$。碰撞阳极靶的电子束大部分能量都耗费于使阳极靶发热，所以阳极靶多用高熔点金属制造，如 Ag、Mo、Cu、Ni、Fe 等，且 X 射线管在工作时要一直通水使靶冷却。

用量子力学的观点可以解释连续 X 射线谱的形成及其存在短波限的原因。在管电压 U 作用下，电子到达阳极靶时的动能为 eU（e 表示电子的电荷，约为 1.602×10^{-19}C），若一个电子在与阳极靶碰撞时，把全部能量给予一个光子，这就是一个光子所可能获得的最大能量，即 $h\nu_{max}=eU$，此光子的波长就是短波限 λ_{SWL}，即

$$v_{\max} = \frac{eU}{h} = \frac{c}{\lambda_{SWL}} \qquad (1\text{-}5)$$

所以

$$\lambda_{SWL} = \frac{hc}{eU} = \frac{1240}{U} \qquad (1\text{-}6)$$

式中，U 的单位为 V（伏特）。

绝大多数到达阳极靶面的电子经多次碰撞消耗其能量，每次碰撞产生一个光子，故其能量均小于短波限，而产生的波长大于 λ_{SWL} 的不同波长的辐射，构成连续 X 射线谱。

1.3.3 特征 X 射线谱

当加于 X 射线管两端的电压增高到与阳极靶材相应的某一特定值 U_K 时，在连续 X 射线谱某些特定的波长位置上，会出现一系列强度很高、波长范围很窄的线状光谱，它们的波长对一定材料的阳极靶材有严格恒定的数值，此波长可作为阳极靶材的标志或特征，故称为特征 X 射线谱或标识 X 射线谱（图 1-7）。特征 X 射线谱的波长不受管电压、管电流的影响，只取决于阳极靶材元素的原子序。布拉格（William Henry Bragg）发现了特征 X 射线谱，莫塞莱（Henry Gwyn Jeffreys Moseley）对其进行了系统探究，得出特征 X 射线谱波长 λ 和阳极靶原子序数 Z 之间的关系——莫塞莱定律，即

$$\sqrt{\frac{1}{\lambda}} = K_2(Z - \sigma) \qquad (1\text{-}7)$$

式中，K_2 和 σ 都是常数。该定律表明：阳极靶材的原子序数越大，相应的特征 X 射线谱波长越短。

特征 X 射线谱的产生机理与阳极物质的原子内部结构紧密相关。原子系统内的电子分布于各个能级。在电子轰击阳极的过程中，特征 X 射线谱的发射过程示意图如图 1-8 所示，当某个具有足够能量的电子将阳极靶原子的内层电子击出时，在低能级上出现空位，系统能量升高，处于不稳定激发态。较高能级上的电子向低能级上的空位跃迁，为保持体系能量平衡，在跃迁的同时，这些电子会将多余的能量以光子的形式辐射出特征 X 射线谱。当冲向阳极靶的电子具有足够能量将内层电子击出成为自由电子（二次电子）时，原子就处于高能的不稳定状态，必然自发地向稳态过渡。当 K 层出现空位时，原子处于 K 激发态，若 L 层电子跃迁到 K 层，原子转变到 L 激发态，其能量差以 X 射线光子的形式辐射出来，这就是特征 X 射线。L 层到 K 层的跃迁发射 K_α 谱线，由于 L 层内尚有能量差别很小的亚能级，不同亚能级上电子的跃迁所辐射的能量有差别而形成波长较短的 $K_{\alpha1}$ 谱

线和波长稍长的 $K_{\alpha 2}$ 谱线。若 M 层电子向 K 层空位补充，则辐射波长更短的 K_β 谱线。

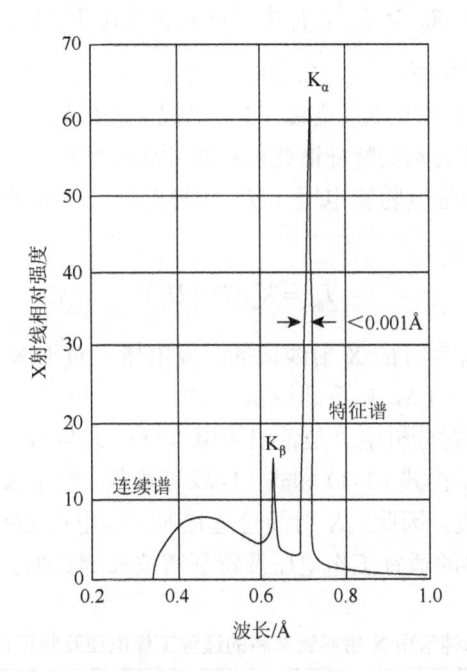

图 1-7 特征 X 射线谱

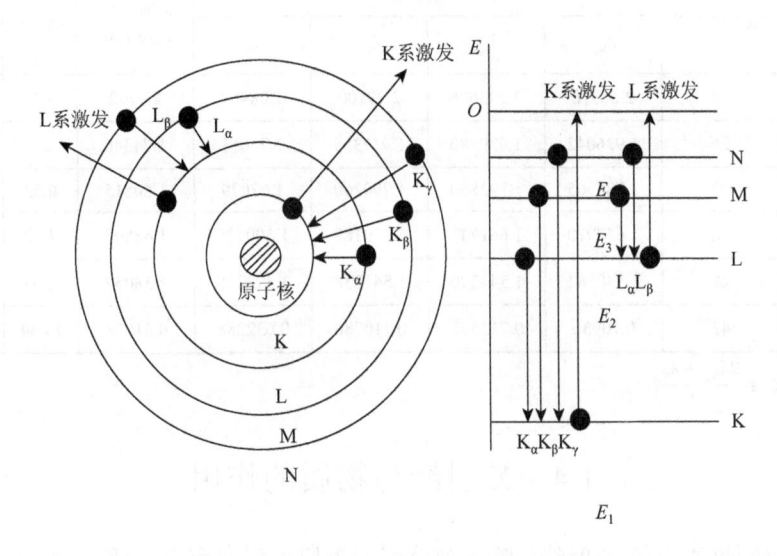

图 1-8 特征 X 射线谱的发射过程示意图

所辐射的特征 X 射线谱频率的计算公式为

$$h\nu = \omega_{n2} - \omega_{n1} \tag{1-8}$$

式中，ω_{n2}、ω_{n1} 分别为电子跃迁前后原子激发态的能量。

由以上分析可知：$\lambda_{K_\alpha} > \lambda_{K_\beta}$，但由于在 K 激发态下，L 层电子向 K 层跃迁的概率远大于 M 层跃迁的概率，所以 K_α 谱线的强度约为 K_β 的 5 倍。由 L 层内不同亚能级电子向 K 层跃迁所发射的 $K_{\alpha 1}$ 谱线和 $K_{\alpha 2}$ 谱线的关系是：$\lambda_{K_{\alpha 1}} < \lambda_{K_{\alpha 2}}$，$I_{K_{\alpha 1}} \approx 2I_{K_{\alpha 2}}$（$I$ 表示辐射强度）。各元素的特征谱波长和 K 系谱线的特征 X 射线波长见附录 I。

特征 X 射线谱的强度随管电压（U）和管电流（i）的提高而增大，其关系的实验公式为

$$I_{特} = K_3 i (U - U_n)^m \tag{1-9}$$

式中，K_3 为常数；U_n 为特征 X 射线谱的激发电压，对于 K 系谱线，$U_n = U_K$；m 为常数（K 系谱线 $m = 1.5$，L 系谱线 $m = 2$）。

在多晶材料的衍射分析中总是希望应用以特征 X 射线谱为主的单色光源，即有尽可能高的 $I_特/I_连$。由式（1-3）和式（1-9）可推得，对于 K 系谱线，当 $U/U_K = 4$ 时，$I_特/I_连$ 获得最大值。因此，X 射线管适宜的工作电压 $U \approx (3 \sim 5)U_K$。表 1-1 列出常用 X 射线管材料的适宜工作电压及特征谱波长等数据。

表 1-1　几种常用 X 射线管材料的适宜工作电压及特征谱波长参数

阳极靶元素	原子序数 Z	$\lambda_{K_{\alpha 1}}$	$\lambda_{K_{\alpha 2}}$	λ_{K_α}	λ_{K_β}	K 吸收限 λ_K/0.1nm	U_K/kV	$U_{适宜}$/kV
Cr	24	2.28970	2.293606	2.29100	2.08487	2.0702	5.43	20～25
Fe	26	1.936042	1.939980	1.937355	1.75661	1.74346	6.4	25～30
Co	27	1.788965	1.792850	1.790260	1.62079	1.60815	6.93	30
Ni	28	1.657910	1.661747	1.659189	1.500135	1.48807	7.47	30～35
Cu	29	1.540562	1.544390	1.541838	1.392218	1.38059	8.04	35～40
Mo	42	0.70930	0.713590	0.710730	0.632288	0.61978	17.44	50～55

注：$\lambda_{K_\alpha} = \dfrac{2\lambda_{K_{\alpha 1}} + \lambda_{K_{\alpha 2}}}{3}$。

1.4　X 射线与物质的作用

照射到物质上的 X 射线，除一部分可能沿原入射线束方向透过物质继续向前传播外，其余的在与物质相互作用的复杂物理过程中被衰减吸收，其能量转换和产物可归纳为 X 射线的散射、X 射线的真吸收、X 射线的衰减。

1.4.1　X 射线的散射

一束单色 X 射线通过晶体物质时将能量传给原子中的电子，电子获得能量后产生一定的加速度。具有加速度的电子将向外散射电磁波，这便是 X 射线的散射。X 射线被物质散射时，产生两种现象，即相干散射和非相干散射。

1. 相干散射

物质中的电子在 X 射线交变电场的作用下，产生强迫振动。这样每个电子在各方向产生与入射 X 射线同频率的电磁波。由于各电子所散射的电磁波波长相同，有可能相互干涉，故称为相干散射。晶体结构的特点是原子在空间规则排列，所以可把原子看成一个个分立的散射源，它们对 X 射线的相干散射便有利于分析晶体的衍射。因此，相干散射是 X 射线在晶体中产生衍射现象的基础。

2. 非相干散射

X 射线光子与束缚力不大的外层电子或自由电子碰撞时电子获得一部分动能成为反冲电子，X 射线光子离开原来的方向，能量减小，波长增加。非相干散射是康普顿（Arthur Holly Compton）和我国物理学家吴有训等发现的，所以称为康-吴效应，也称为康普顿效应，它会增加连续背景，给衍射图谱带来不利的影响。

1.4.2　X 射线的真吸收

1. 光电效应与荧光（二次特征）辐射

当入射 X 射线光子的能量足够大时，同样可以将原子内层电子击出。光子击出电子产生光电效应，被击出的电子称为光电子。被打掉了内层电子的受激原子，将随之发生如前所述的外层电子向内层跃迁的过程，同时辐射出波长一定的特征 X 射线。为区别于电子击靶时产生的特征辐射，这种由 X 射线激发产生的特征辐射称为二次特征辐射。二次特征辐射本质上属于光致发光的荧光现象，故也称为荧光辐射。

欲激发原子产生 K、L、M 等线系的荧光辐射，入射 X 射线光子的能量必须大于或至少等于从原子中击出一个 K、L、M 层电子所需做的功 W_K、W_L、W_M。产生光电效应时，入射 X 射线光子的能量被消耗掉并转化为光电子的逸出功和其所携带的动能。激发不同元素产生不同谱线的荧光辐射所需要的临界能量条件是不同的，所以它们的吸收限也是不相同的，原子序数越大，同名吸收限波长值越短。

同样，从激发荧光辐射的能量条件中还可得知，荧光辐射光子的能量一定小于激发它产生的入射 X 射线光子的能量,或者说荧光 X 射线的波长一定大于入射 X 射线的波长。在 X 射线衍射分析中,X 射线荧光辐射是有害的,它会增加衍射花样的背底,但在元素分析中,它又是 X 射线荧光光谱分析的基础。

2. 俄歇(Auger)效应

原子 K 层电子被击出,L 层电子向 K 层跃迁,其能量差可能不是以产生一个 K 系 X 射线光子的形式释放,而是被包括空位层在内的邻近电子或较外层电子所吸收,使该电子受激发而逸出原子成为自由电子,这就是俄歇效应,这个自由电子就称为俄歇电子,俄歇效应图解如图 1-9 所示。

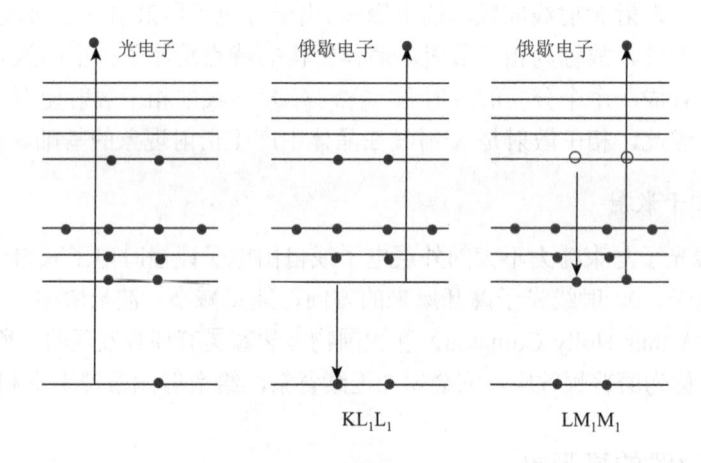

图 1-9 俄歇效应图解

俄歇电子能量低,一般只有几百电子伏。因此,只有表面几层原子所产生的俄歇电子才能逸出物质表面被探测到,所以俄歇电子可带来物质表层化学成分信息。此外,X 射线穿透物质时还有热效应,其一部分能量将转化为热能。把由于光电效应、俄歇效应和热效应而消耗的那部分入射 X 射线能量称为物质对 X 射线的真吸收。综上所述,由于 X 射线透过物质时,与物质相互作用产生了散射和真吸收过程,强度将被衰减。在大多数情况下(除很轻的元素外),X 射线的衰减主要是由真吸收造成的,散射只占很小一部分,因此在研究衰减规律时可忽略散射部分的影响。

1.4.3 X 射线的衰减

1. 衰减规律与线吸收系数

当一束单色 X 射线透过一层均匀物质时,其强度将随穿透深度的增加按指数规律减弱。如图 1-10 所示,设入射 X 射线强度为 I_0,透过厚度为 P 的物质后强度为 I,在被照射的物质中取一深度为 X 的小厚度元 $\mathrm{d}x$,照到此小厚度元上的 X 射线强度为 I_x,透过此厚度元的 X 射线强度为 $I_{x+\mathrm{d}x}$,则强度的改变为

$$\frac{I}{I_0} = \exp(-\mu_l P) \tag{1-10}$$

$$\mathrm{d}I_x = I_{x+\mathrm{d}x} - I_x \tag{1-11}$$

$$\frac{I_{x+\mathrm{d}x} - I_x}{I_x} = \frac{\mathrm{d}I_x}{I_x} = -\mu_l \mathrm{d}x \tag{1-12}$$

式中,I/I_0 为穿透系数或透射系数,I/I_0 越小表示 X 射线被衰减的程度越大。μ_l 为吸收系数,表征沿穿越方向单位长度上 X 射线强度衰减的程度。它不仅与 X 射线波长及吸收物质有关,而且强度是指单位时间内通过单位截面的能量,因此 μ_l 表示的是单位时间内单位体积物质对 X 射线的吸收,所以还与吸收物质的物理状态有关。

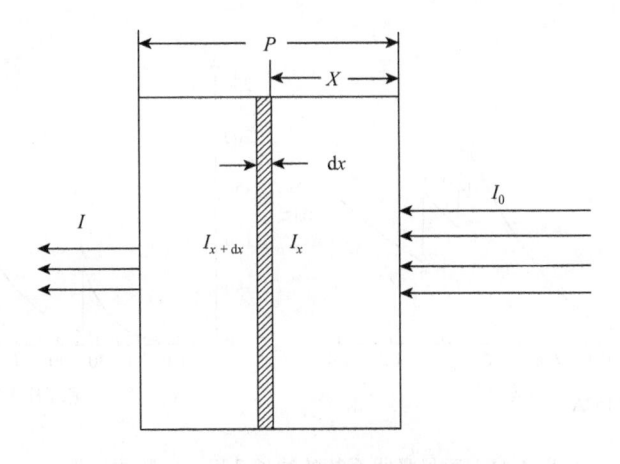

图 1-10 X 射线穿过物质过程的减弱图示

2. 质量吸收系数

质量吸收系数 μ_m 是单位质量物质对 X 射线的衰减程度,其值与温度、压力等物质状态参数无关,但与密度有关,其表达式为

$$\mu_m = \frac{\mu_l}{\rho} \tag{1-13}$$

式中，ρ 为被照射物质的密度。对于非单质元素组成的复杂物质，如固溶体、金属间化合物、正常化合物或混合物的质量吸收系数取决于各组元的质量吸收系数 μ_{mi} 及各组元的质量分数 w_i，即

$$\mu_m = \sum_{i=1}^{n} \mu_{mi} w_i \qquad (1\text{-}14)$$

式中，n 为吸收体中的组元数。

质量吸收系数还取决于吸收物质的原子序数 Z 和 X 射线的波长 λ，其关系的经验公式为

$$\mu_m \approx K_4 \lambda^3 Z^3 \qquad (1\text{-}15)$$

式中，K_4 为常数。物质的原子序数越大，对 X 射线的吸收能力越强。对于一定的吸收体，X 射线的波长越短，穿透能力越强，表现为吸收系数的下降。但随着波长的降低，μ_m 并非呈连续的变化，而是在某些波长位置上突然升高，出现了吸收限。每种物质都有它本身确定的一系列吸收限，这种带有特征吸收限的吸收系数曲线称为该物质的吸收谱（图 1-11），吸收限的存在暴露了吸收的本质。

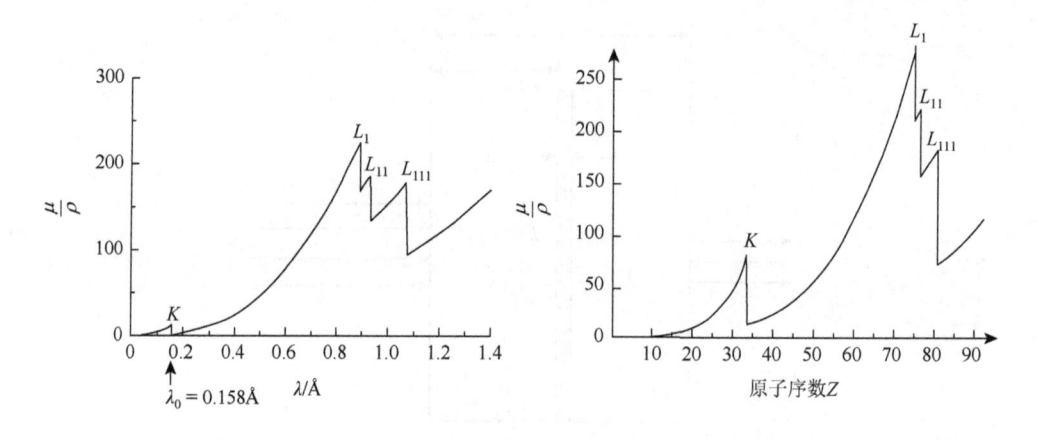

图 1-11　质量吸收系数随波长及原子序数的变化

1.4.4　吸收限的应用

1. 滤波片的选择

可以利用吸收限两侧吸收系数差很大的现象选择滤波片材料，用以吸收不需要的辐射而得到基本接近单色的光源。对于滤波片的选择，它的吸收限应位于辐射源的 K_α 和 K_β 之间，且尽量靠近 K_α。在此情况下，由图 1-12 中虚线所示的滤

波片（Zr）的吸收曲线可知，滤波片对于波长为λ_{K_α}的 X 射线的吸收很少，但对于位于吸收曲线中吸收限左边λ_{K_β}的 X 射线却具有很大的吸收系数，因此 X 射线经滤波片后λ_{K_β}的 X 射线被大量吸收，而λ_{K_α}的 X 射线吸收很少，实现了"滤波"的功能。表 1-2 为常用 X 射线管及与其相配用的滤波片各参数。

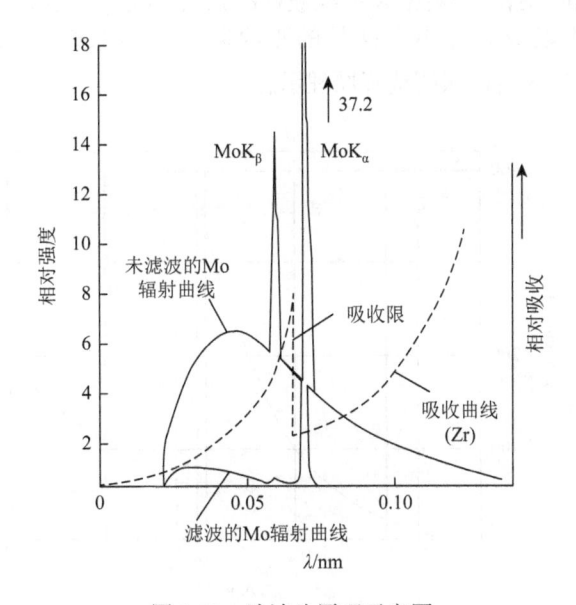

图 1-12 滤波片原理示意图

表 1-2 几种常用 X 射线管及与其相配用的滤波片各参数

阳极靶				滤波片				I/I_0
元素	Z	λ_{K_α}/0.1nm	λ_{K_β}/0.1nm	元素	Z	λ_K/0.1nm	厚度/mm	(K_α)
Cr	24	2.29100	2.08487	V	23	2.2691	0.016	0.5
Fe	26	1.937355	1.75661	Mn	25	1.89643	0.016	0.46
Co	27	1.790260	1.62079	Fe	26	1.74346	0.018	0.44
Ni	28	1.659189	1.500135	Co	27	1.60815	0.018	0.53
Cu	29	1.541838	1.392218	Ni	28	1.48807	0.021	0.40
Mo	42	0.710730	0.632288	Zr	40	0.68883	0.108	0.31

注：滤波后$I_{K_\beta}/I_{K_\alpha} \approx 1/600$。

在进行 X 射线衍射测试时，将滤波片置于入射线束或衍射线束光路中，滤波片对光源的 K_β 辐射吸收很强烈，而对 K_α 辐射吸收很少，经过滤波片后发射光谱变成如图 1-12 所示的形态。滤波片材料的选择原则是：滤波片的原子序数应比阳极靶材原子序数小 1 或 2，即当 $Z_{靶} \leq 40$ 时，$Z_{滤} = Z_{靶} - 1$；当 $Z_{靶} > 40$ 时，$Z_{滤} = Z_{靶} - 2$。

2. 阳极靶的选择

对于阳极靶的选择，为避免 X 射线被样品强烈吸收，应使入射 X 射线的波长略大于样品的吸收限或者远小于样品的吸收限。选用原则为 $Z_{靶} \leq Z_{样品} + 1$ 或 $Z_{靶} \gg Z_{样品}$。图 1-13 为阳极靶选择原理示意图。

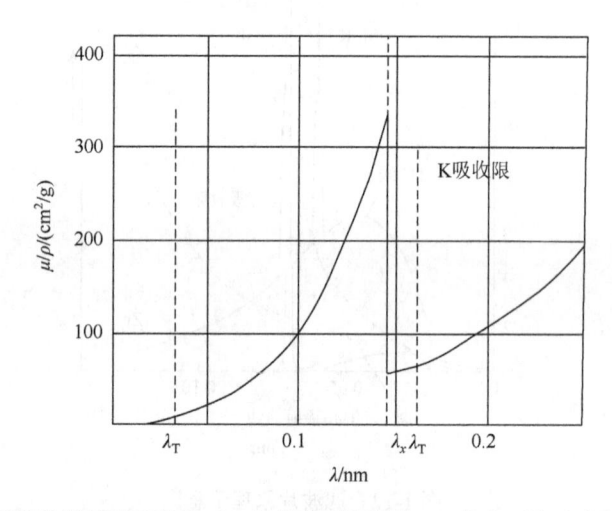

图 1-13 阳极靶选择原理示意图（λ_T 代表光源的波长；λ_x 代表可选元素靶的吸收限）

1.5 X 射线的防护

X 射线设备的操作人员可能遭受电震和辐射损伤两种危险。电震的危险在高压仪器的周围是经常存在的，X 射线的阴极端为危险的源头。在安装时可以采用把阴极端装在仪器台面之下或箱子里等方法加以保证。辐射损伤是指过量的 X 射线对人体产生有害影响。可使局部组织灼伤，可使人的精神衰退、头晕、毛发脱落、血液的组成和性能改变，以及影响生育等。应对的安全措施有：严格遵守安全条例、带笔状剂量仪、避免身体直接暴露在 X 射线下、定期进行身体检查和验血。具体防护措施如下。

1. 机房及机器的防护要求

（1）机房保证足够的空间，并有通风设备，尽量减少放射线对身体的影响。另外，机房墙壁应由一定厚度的砖、水泥或铅皮构成，以达到防护目的。

（2）X 射线球管置于足够厚度的金属套（球管套）内，球管套的窗口应有隔光器做适当的缩小,尽量减少原发射线的照射。X射线通过人体投照于荧光屏上,荧光屏的前方应有铅玻璃阻挡原发X射线,近代X射线检查床改为密封式,床周以金属板完全封闭,可减少散射线。

(3)在X射线检测工作区域应当拉安全警戒带,设置牢固、醒目的安全警告提示牌"射线检测,请勿靠近""当心电离辐射"等。

(4)用于X射线检测工作的仪器设备必须处于完好状态,每台仪器设备都应经检定合格并在有效期内,经检定不合格或已超过有效期的以及损坏的仪器设备不得投入使用。这是为了防止因设备损坏而造成人员伤亡。

2. 工作人员的防护

(1)工作人员不得将身体任何部位暴露在原发X射线中,尽可能避免直接用手在透视下操作,如骨折复位、异物定位及胃肠检查等。

(2)透视时须使用各种防护器材,如铅橡皮手套、铅围裙及铅玻璃眼镜等。利用隔光器使透视视野尽量缩小,曝光时间尽量缩短。

(3)照片时也要避免接触散射线,一般以铅屏风遮挡。若照片工作量大,宜在照片室内另设一个防护较好的控制室(用铅皮、水泥或厚砖砌成)。

(4)定期或不定期地对工作人员进行培训,提高专业技能水平的同时强化安全意识,培养良好的工作习惯。有些工作人员在X射线检测工作中马虎大意、忽略安全、不按相关规程操作,很可能出现事故危及其生命安全。

3. 患者的防护

(1)患者与X射线球管须保持一定的距离,一般不少于35cm。这是因为患者距X射线球管越近,接受放射量越大。球管窗口下须加一定厚度的铝片,减少穿刺力弱的长波X射线,因为这些X射线被患者完全吸收,而对荧光屏或胶片则无作用。

(2)患者应避免短期内反复多次检查及不必要的复查。对性成熟及发育期的妇女做腹部照射,应尽量控制次数及部位,避免伤害生殖器官。早期怀孕第一个月内,胎儿对X射线辐射特别敏感,易造成流产或畸胎,故早孕妇女应避免放射线照射骨盆部。对于男患者,在不影响检查的情况下,宜用铅橡皮保护阴囊,防止睾丸受到照射。

习 题

1. 若X射线管的额定功率为1.5kW,在管电压为35kV时,容许的最大电流是多少?
2. X射线的本质是什么?谁首先发现了X射线,谁揭示了X射线的本质?

3. X 射线有哪些特性？各自有什么作用？

4. 产生 X 射线需具备什么条件？

5. X 射线具有波粒二象性，其波动性和微粒性分别表现在哪些现象中？

6. 实验中选择 X 射线管阳极靶材以及滤波片的原则是什么？已知一个以 Fe 为主要成分的样品，试选择合适的 X 射线管阳极靶材和合适的滤波片。

7. 什么是连续 X 射线谱与特征 X 射线谱？

8. 特征 X 射线的波长与原子序数的关系如何？

9. 试总结衍射花样的背底来源，并提出一些防止和减少背底的措施。

10. 名词解释：相干散射、非相干散射、光电效应与荧光辐射、俄歇效应。

11. 一钨靶 X 射线管的管电压为 30kV，计算它发射的连续 X 射线的 λ_{SWL}。

12. 为什么会出现吸收限？K 吸收限为什么只有一个而 L 吸收限有三个？

13. 化合物 $CaSiO_3$ 中，含 Ca 34.5%，含 Si 24.1%，含 O 41.4%，该化合物的密度是 $2.72g/cm^3$，用 CuK_α 射线照射样品，求此物质线吸收系数（已知 $\mu_m(Ca) = 162cm^2/g$，$\mu_m(Si) = 60.6cm^2/g$，$\mu_m(O) = 11.5cm^2/g$）。

14. 激发原子产生荧光辐射能量的条件是什么？

15. 特征 X 射线与荧光 X 射线的产生机理有何异同？

16. 射线实验室用防护铅屏厚度通常至少为 1mm，试计算这种铅屏对 CrK_α、MoK_α 辐射的透射系数各为多少（质量吸收系数及密度见附录 B）。

第 2 章　X 射线衍射方向

X 射线衍射分析是以 X 射线在晶体中的衍射现象作为基础的。衍射可归结为两方面的问题，即衍射方向和衍射强度。本章所介绍的布拉格方程是阐明衍射方向的基本理论，而倒易点阵与埃瓦尔德图解则是解决衍射方向的有力工具。

晶体几何结构是更为基础的知识，在讨论上述内容之前最好有所了解。有关点阵、晶胞、晶系以及晶向指数、晶面指数等在材料相关专业的前续课程中可能已涉及，为适应衍射分析的需要，本章仅进行概要介绍。

2.1　晶体几何学简介

2.1.1　晶体结构与空间点阵

晶体是由原子在三维空间中规则排列而成的。这种堆砌模型复杂而烦琐。在研究晶体结构时一般只抽象出其重复规律，这种抽象的图形称为空间点阵。空间点阵上的阵点不只限于原子，也可以是离子、分子或原子团。为了方便，往往用直线连接阵点而组成空间格子。格子的交点就是点阵节点。纯元素物质点阵中的任何节点，都不具有特殊性，即每个节点有完全相同的环境（离子晶体如 NaCl、Na^+ 具有相同的环境，而 Cl^- 具有另一同样的环境）。可取任一节点作为坐标原点，并在空间三个方向上选取重复周期 a、b、c。在三个方向上的重复周期矢量 a、b、c 称为基本矢量。由基本矢量构成的平行六面体称为单位晶胞。单位晶胞在三个方向上重复即可建立整个空间点阵。

同一点阵，单位晶胞的选择有多种可能性，只有一种是最理想的。选择的依据：①最能反映点阵对称特性；②基本矢量长度 a、b、c 相等的数目最多，三个方向的夹角 α、β、γ 应尽可能为直角；③单胞体积最小。根据这些条件选择出来的晶胞，其几何关系、计算公式均最简单，称为布拉维晶胞，这是为了纪念法国结晶学家布拉维（Auguste Bravais）。

按照点阵的对称性，可将自然界的晶体划分为七大晶系，分别为立方晶系、四方晶系、六方晶系、斜方晶系、菱方晶系、单斜晶系、三斜晶系。每个晶系最多可包括四种点阵，分别为简单点阵、体心点阵、面心点阵、底心点阵。如果只在晶胞的角上有节点，则这种点阵为简单点阵。有时在晶胞的面上或体中也有节点，就称为复杂点阵，它包括底心点阵、体心点阵及面心点阵。在这些晶系中，只可能有 14 种布拉维点阵。表 2-1 为晶系与布拉维点阵。

表 2-1　晶系与布拉维点阵

晶系	单胞形状	点阵类型
立方	$a = b = c$, $\alpha = \beta = \gamma = 90°$	简单、体心、面心
四方	$a = b \neq c$, $\alpha = \beta = \gamma = 90°$	简单、体心
斜方	$a \neq b \neq c$, $\alpha = \beta = \gamma = 90°$	简单、底心、体心、面心
六方	$a = b \neq c$, $\alpha = \beta = 90°$, $\gamma = 120°$	简单
菱方	$a = b = c$, $\alpha = \beta = \gamma \neq 90°$	简单
单斜	$a \neq b \neq c$, $\alpha = \gamma = 90°$, $\beta \neq 90°$	简单、底心
三斜	$a \neq b \neq c$, $\alpha \neq \beta \neq \gamma \neq 90°$	简单

2.1.2　晶体学指数

描述晶体点阵的两个基本参数分别为晶面和晶向。可将晶体点阵在任意方向上分解为相互平行的节点平面簇称为晶面。同一取向的平面，不仅互相平行、间距相等，而且其上节点的分布相同。不同取向的节点平面其特征各异，在晶体学上习惯用（hkl）来表示一簇平面，称为晶面指数。实际上，h、k、l 是平面在三个坐标轴上截距倒数的互质比。晶体点阵是由阵点在空间中按照一定的周期规律排列而成的。

可将晶体点阵在任何方向上分解为平行的节点直线簇，阵点就等距离地分布在这些直线上，这些直线称为晶向。不同方向的直线簇阵点密度互异，但同一线簇中的各直线其阵点分布则完全相同，故其中的任一直线均可充当簇的代表。在晶体学上用晶向指数表示一直线簇。为确定某方向直线簇的指数，需将坐标系统引入。取点阵节点为原点，布拉维晶胞的基本矢量为坐标轴，并用过原点的直线来求取。设晶胞的三个基本矢量分别为 **a**、**b**、**c**。从原点出发，在 X 方向上移动 a 长度的 u 倍，然后沿 Y 方向移动 b 长度的 v 倍，再沿 Z 方向移动 c 长度的 w 倍，可到达直线上与原点最近的节点 M。若该点的坐标用[[uvw]]表示（注意此处用双括号），则该直线指数在数值上与此点坐标相同，并加上单括号表示，即[uvw]。u、v、w 是三个最小的整数，故用直线上其他节点确定出的晶向指数，其比值不变。

可将晶体点阵在任意方向上分解为相互平行的节点平面簇。同一取向的平面，不仅互相平行、间距相等，而且其上节点的分布亦相同。不同取向的节点平面其特征各异。

在晶体学上习惯用（hkl）来表示一簇平面，称为晶面指数，亦称米勒指数。实际上，h、k、l 是平面在三个坐标轴上截距倒数的互质比。为了求得晶面指数，需先求出晶面与三个坐标轴的截距（指用轴单位去量度截距所得的整倍数而非绝对长度），取其倒数，再化成互质整数比并加上圆括号。如图 2-1 所示，设晶胞的三个基本矢量全为 a，晶面与 X 轴截距为 a，与 Y 轴截距为无穷大，与 Z 轴截距为 a，所以该晶面的晶面指数为（101）。一般来说，知道了晶体点阵中任三点的坐标，就可将之代入方程中，从而求得包含该三点的平面的晶面指数。低指数的晶面在 X 射线衍射中具有较大的重要性。这些晶面上的原子密度较大，晶面间距也较大，如（100）、（110）、（111）、（210）、（310）等。

在同一晶体中，存在若干组等同晶面，其主要特征为晶面间距相等，晶面上节点分布相同。这些等同晶面构成晶面系或晶面族，用符号 {hkl} 来表示。在立方晶系中，{100} 晶面族包括（100）、（010）、（001）、（$\bar{1}$00）、（0$\bar{1}$0）、（00$\bar{1}$）六个等同晶面。

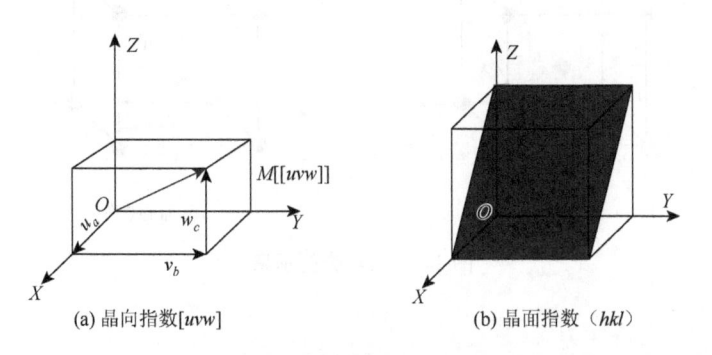

(a) 晶向指数[uvw]　　(b) 晶面指数（hkl）

图 2-1　晶向指数与晶面指数示意图

2.1.3　几种典型的立方晶系布拉维点阵

（1）简单点阵。8 个顶点上各有一个阵点，这 8 个阵点分别为 8 个相邻的平行六面体所共有。因此，每个阵胞共计占有 1 个阵点，并把这 1 个阵点的坐标标定为（0, 0, 0），如图 2-2(a)所示。

（2）底心点阵。除 8 个顶点上有阵点外，两个相对的面心上有阵点，面心上的阵点为 2 个相邻的平行六面体所共有。因此，每个阵胞占有 2 个阵点，这 2 个阵点的坐标分别为（0, 0, 0）和（1/2, 1/2, 0），如图 2-2(b)所示。

（3）体心点阵。除 8 个顶点外，体心上还有 1 个阵点，体心位置上的阵点由这个阵胞所独有，因此每个阵胞含有 2 个阵点，这 2 个阵点的坐标分别为（0, 0, 0）和（1/2, 1/2, 1/2），如图 2-2(c)所示。

（4）面心点阵。除 8 个顶点外，6 个面心上有 1 个阵点，每个面心上的阵点为 2 个相邻的平行六面体所共有。因此，每个阵胞含有 4 个阵点，这 4 个阵点的坐标分别为（0, 0, 0）、（0, 1/2, 1/2）、（1/2, 0, 1/2）、（1/2, 1/2, 0），如图 2-2（d）所示。

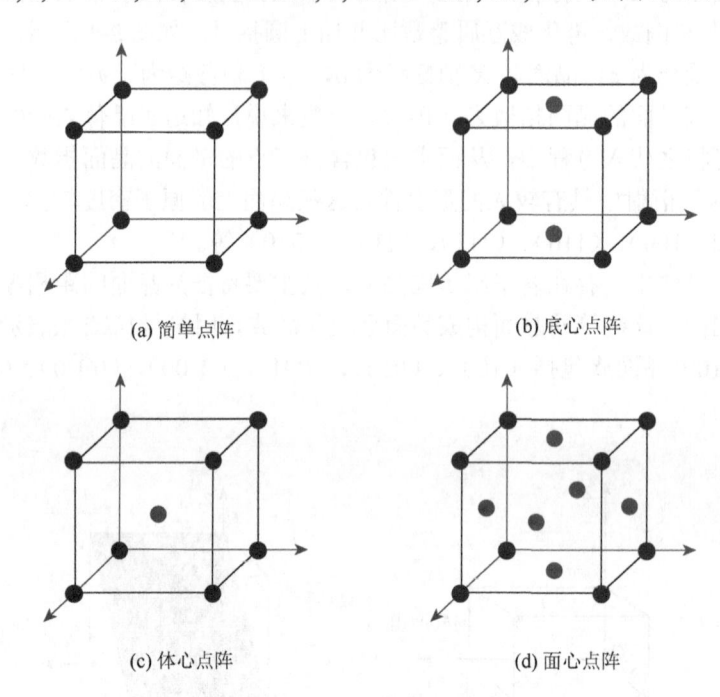

(a) 简单点阵

(b) 底心点阵

(c) 体心点阵

(d) 面心点阵

图 2-2　点阵类型示意图

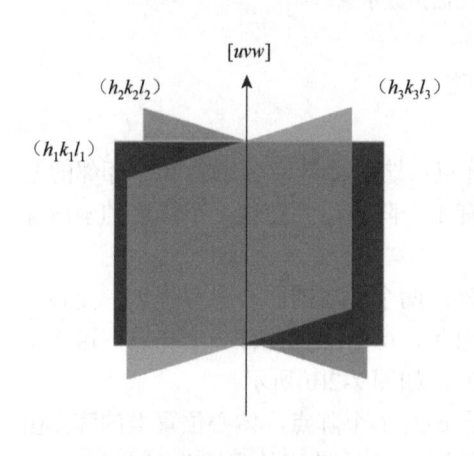

图 2-3　晶带示意图

2.1.4　晶带、晶面间距、晶面夹角

在晶体结构或空间点阵中，与某一晶向平行的所有晶面构成一个晶带，其中该晶向称为晶带轴，这些晶面称为晶带面。如图 2-3 所示。

平行晶面族（hkl）中两相邻晶面之间的距离称为晶面间距，常用符号 d_{hkl} 表示，或简写为 d。对于正交晶系的晶面间距，其公式为

$$d_{hkl} = \frac{1}{\sqrt{\dfrac{h^2}{a^2} + \dfrac{k^2}{b^2} + \dfrac{l^2}{c^2}}}$$

对于四方晶系，$a=b$，其公式为

$$d_{hkl} = \frac{1}{\sqrt{\frac{h^2+k^2}{a^2}+\frac{l^2}{c^2}}}$$

对于立方晶系，$a=b=c$，其公式为

$$d_{hkl} = \frac{a}{\sqrt{h^2+k^2+l^2}}$$

对于六方晶系的晶面间距，其公式为

$$d_{hkl} = \frac{1}{\sqrt{\frac{4}{3}\frac{h^2+hk+k^2}{a^2}+\frac{l^2}{c^2}}}$$

对于每一种晶体都有一组大小不同的晶面间距，它是点阵常数和晶面指数的函数，随着晶面指数增大，晶面间距减小。不同的晶面，其晶面间距（即相邻的两个平行晶面之间的距离）各不相同。总体来说，低指数的晶面其晶面间距较大，而高指数晶面的晶面间距较小。晶面间距最大的面晶总是阵点（或原子）最密排的晶面，晶面间距越小则晶面上的阵点排列就越稀疏。正是不同晶面和晶向上的原子排列情况不同，使晶体表现为各向异性。

晶面夹角为晶面法线的夹角。晶面$(h_1k_1l_1)$和$(h_2k_2l_2)$的夹角ϕ可通过以下公式求得

$$\cos\phi = \frac{h_1h_2+k_1k_2+l_1l_2}{\sqrt{h_1^2+k_1^2+l_1^2}\sqrt{h_2^2+k_2^2+l_2^2}} \tag{2-1}$$

2.2 衍射的概念与布拉格方程

2.2.1 衍射的概念

X射线在传播途中，与晶体中束缚较紧的电子相遇时，将发生经典散射。晶体由大量原子组成，每个原子又有多个电子。各电子所产生的经典散射线会相互干涉，使其在某些方向被加强，另一些方向则被削弱。电子散射线干涉的总结果称为衍射。

可以回顾一个波的干涉概念，振动方向相同、波长相同的两列波叠加，将造成某些固定区域的加强或削弱。若叠加的波为一系列平行波，则形成固定的加强或削弱的必要条件是这些波具有相同的波程（相位），或者其波程差为波长的整数倍（相当于相位差为2π的整数倍）。

2.2.2 X 射线在晶体中的衍射

排列在一条直线上无穷多的电子称为电子列。早期的研究指出，当 X 射线照射到电子列时，散射线相互干涉的结果，只能在某些方向上获得加强。在这些方向上，相邻电子散射线为同波程或波程差为波长的整数倍。忽略了同原子中各电子散射线的相位差时，原子列对 X 射线的散射情况当与电子列相同。

德国物理学家劳厄在 1912 年指出，当 X 射线照射晶体时，若要在某方向上能获得衍射加强，必须同时满足三个劳厄方程，即在晶体中三个相互垂直的方向上相邻原子散射线的波程差为波长的整数倍。

晶体既然可看成由平行的原子面组成，晶体的衍射线亦当由原子面的衍射线叠加而得。这些衍射线会由于相互干涉而大部分被抵消，只有其中一些可得到加强。更详细的研究指出，能够保留下来的那些衍射线，相当于某些网平面的反射线。因此，晶体对 X 射线的衍射可视为晶体中某些原子面对 X 射线的"反射"。将衍射看成反射，是导出布拉格方程的基础。

2.2.3 布拉格方程的导出

如图 2-4 所示，一束平行的单色 X 射线以 θ 角照射到原子面上，其中任意两个原子 A、B 的散射波在反射方向的光程差为

$$\delta = BC - AD = AB\cos\theta - AB\cos\theta = 0 \tag{2-2}$$

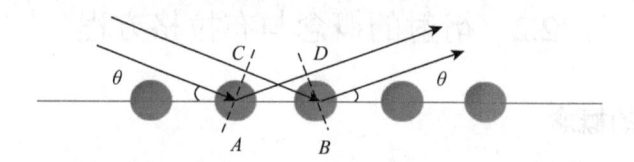

图 2-4 单色 X 射线在同一原子面上任意两个原子的反射

同一原子面上任意两个原子反射方向上的光程差总为零，说明它们的相位差相同，相干加强，产生衍射。

X 射线不仅可照射到晶体表面，而且可以照射到晶体内一系列平行的原子面。如果相邻两个晶面的反射线的相位差为 2π 的整数倍（或波程差为波长的整数倍），则所有平行晶面的反射线可一致加强，从而在该方向上获得衍射。如图 2-5 所示，晶体中任意两个相邻原子面 P_1 和 P_2，其晶面间距为 d_{hkl}。作原子面的法线与 P_1、

P_2 分别交于 A、B。平行 X 射线以 θ 角投射到原子面上时，A、B 位置原子的散射波在反射方向的光程差为

$$\delta = CB + BD = 2AB\sin\theta = 2d_{hkl}\sin\theta \tag{2-3}$$

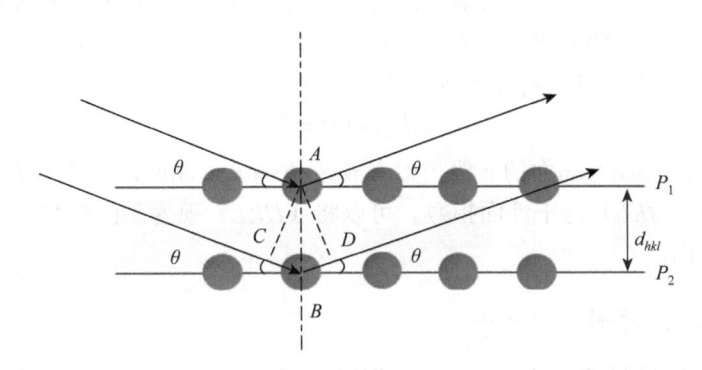

图 2-5 单色 X 射线在任意两个相邻原子面上任意两个原子的反射

如果散射（入射）X 射线的波长为 λ，则在这个方向上散射线互相加强的条件为

$$2d\sin\theta = n\lambda \tag{2-4}$$

式（2-4）就是著名的布拉格方程，其中 n 为衍射级数，d 为衍射晶面的晶面间距，θ 为入射线或反射线与反射面的夹角，称为掠射角，由于它等于入射线与衍射线夹角的一半，故又称为半衍射角，把 2θ 称为衍射角。布拉格方程是晶体衍射的必要条件，它反映了衍射线的方向与晶体结构的关系。

2.2.4 布拉格方程的讨论

将衍射看成反射，是布拉格方程的基础。X 射线在晶体中的衍射实质上是晶体中各原子散射波之间的干涉结果。只是由于衍射线的方向恰好相当于原子面对入射线的反射，所以可借用镜面反射规律来描述衍射几何。但是 X 射线的原子面反射和可见光的镜面反射不同。一束可见光以任意角度投射到镜面上都可以产生反射，而原子面对 X 射线的反射并不是任意的，只有当 λ、θ、d 三者之间满足布拉格方程时才能发生反射，所以把 X 射线这种反射称为选择反射。

布拉格方程在解决衍射方向时是极其简单而明确的。波长为 λ 的入射线以 θ 角投射到晶体中间距为 d 的晶面时，有可能在晶面的反射方向上产生反射（衍射）线，其条件为相邻晶面反射线的波程差为波长的整数倍。布拉格方程联系了晶面间距 d、掠射角 θ、反射级数 n 和 X 射线波长 λ 四个量，知道其中三个量就可通过公式求出其余的一个量。必须强调的是，在不同场合，某个量可能表现为常量或变量，故需仔细分析。

1. 衍射级数与干涉面指数

式（2-4）中的 n 称为衍射级数，如一级衍射和二级衍射，n 的存在使得衍射问题复杂化，不仅需要确定衍射线的衍射晶面，还要确定它的衍射级数。一般的说法是，把（hkl）的 n 级衍射看作 n（hkl）的一级反射。如果（hkl）的晶面间距是 d/n，布拉格方程可以写成以下形式：

$$2d_{HKL}\sin\theta = \lambda \quad (2\text{-}5)$$

这样就将（hkl）晶面的 n 级衍射看成（$nh\ nk\ nl$）晶面，即（HKL）晶面的一级衍射，称（HKL）为干涉面指数。可以将（HKL）视为晶面指数，但不一定是真实的原子面。

2. 衍射极限条件

掠射角的极限范围为 0°～90°，但过大或过小都会造成衍射的探测困难。$\sin\theta \leqslant 1$，使得在衍射中反射级数 n 或干涉晶面间距 d 都要受到限制。其中，$n \leqslant 2d/\lambda$，当 d 一定时，λ 减小，n 可增大，说明对于同一种晶面，当采用短波长 X 射线照射时，可获得较多级数的衍射，即衍射花样比较复杂。从干涉面的角度分析亦有类似的规律。在晶体中，干涉面的划取是无限的，但并非所有的干涉面均能参与衍射，因存在关系 $d \geqslant \lambda/2$，说明只有间距大于或等于 X 射线半波长的那些干涉面才能参与反射。很明显，当采用短波长 X 射线照射时，能参与反射的干涉面将会增多。

3. 布拉格方程的应用

布拉格方程是衍射分析中最重要的基础公式，它简单明确地阐明衍射的基本关系，应用非常广泛。归结起来，从实验上可有两方面的应用：其一是用已知波长的 X 射线去照射未知结构的晶体，通过衍射角的测量求得晶体中各晶面的晶面间距 d，从而揭示晶体的结构，这就是结构分析（衍射分析）；其二是用已知晶面间距的晶体来反射从样品发射出来的 X 射线，通过衍射角的测量求得 X 射线的波长，然后根据求得的波长值通过莫塞莱定律得到样品的原子序数信息，电子探针就是按照这一原理设计的。

2.3 X 射线衍射测试方法

布拉格方程是衍射的必要条件，对于一定的晶体（d 值一定），λ 与 θ 有严格的依赖关系，或连续改变 λ，或连续改变 θ，可使布拉格方程得到满足。有三种主要的 X 射线衍射测定方法：劳厄法、周转晶体法、粉末法。

1. 劳厄法（变 λ）

劳厄法是德国物理学家劳厄在 1912 年首先提出的，是最早的 X 射线分析方法，它用垂直于入射线的平底片记录衍射线而得到劳厄斑点。图 2-6 示意地描绘了这一方法，采用连续 X 射线照射不动的单晶体，因 X 射线的波长连续可变，故可从中挑选出其波长满足布拉格方程的 X 射线使之产生衍射。目前，劳厄法多用于单晶体取向测定及晶体对称性的研究。

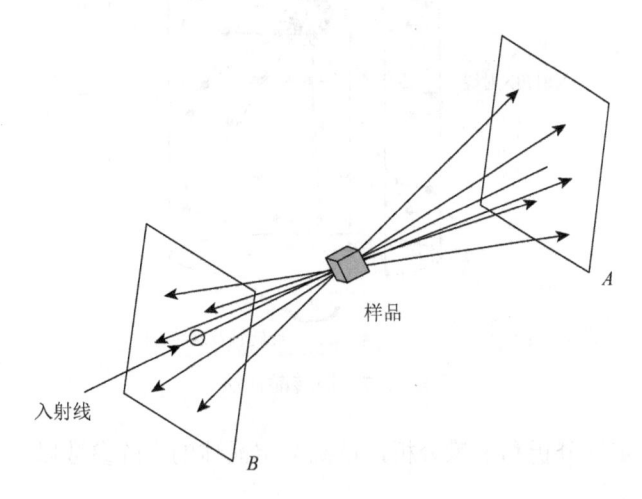

图 2-6 劳厄法

2. 周转晶体法（变 θ）

采用单色 X 射线照射转动的单晶体，并用一张以旋转轴为轴的圆筒形底片来记录，其示意图如图 2-7 所示。当晶体处于静止状态时，一般不能产生衍射。若晶体转动，则某晶面与入射 X 射线的夹角 θ 将连续变化，并在某特定位置满足布拉格关系而产生一个衍射斑点。衍射花样系呈层线分布。通常选择晶体某一已知点阵直线为旋转轴，通过层线可计算该方向上的点阵周期，测定多个方向上点阵周期之后就可确定晶体的结构。

3. 粉末法（变 d）

采用单色 X 射线照射多晶体，样品是由数量众多、取向混乱的微晶体组成的。各微晶体中某种指数的晶面在空间占有各种方位，这与运动的单晶体某种晶面在不同瞬时占有不同位置的情况相当，故这种几何布置亦可获得衍射。粉末法也称为粉晶法或多晶体法，是衍射分析中最常见的方法。粉末法主要用于测定晶体结

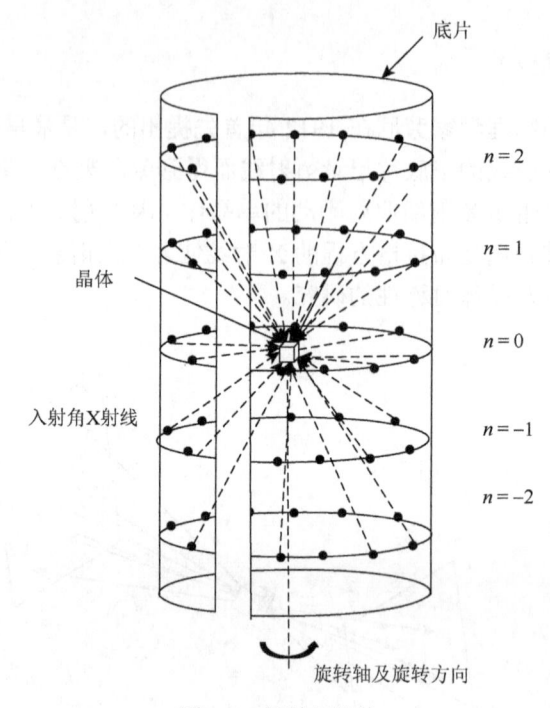

图 2-7　周转晶体法

构，进行物相定性分析和定量分析，精确测定晶体的点阵参数以及材料的应力、织构、晶粒大小等。

粉末法是各种多晶体 X 射线分析法的总称，其中以德拜-谢乐法最具典型性，它用窄圆筒底片来记录衍射花样，图 2-8 为其示意图。较重要的还有聚焦照相法，亦可用平底片记录，此法惯称针孔法。目前，最具实用性的是用电离计数器测定 X 射线衍射，这就是 X 射线衍射仪测量。

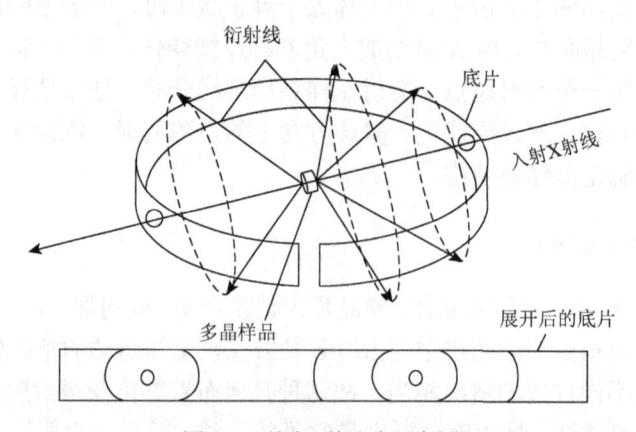

图 2-8　德拜-谢乐法示意图

2.4 倒易点阵与埃瓦尔德图解

如图 2-9 所示，入射线与衍射线的单位矢量 k 与 k' 之差垂直于衍射面，且其绝对值为

$$|k' - k| = 2\sin\theta \tag{2-6}$$

由布拉格方程可得

$$|k' - k| = \frac{\lambda}{d_{hkl}} \tag{2-7}$$

$k' - k$ 称为衍射矢量。由此可以将布拉格定律理解为：当满足衍射条件时，衍射矢量 $k' - k$ 的方向垂直于衍射面 (hkl)，即反射晶面的法线方向 N；衍射矢量 $k' - k$ 的长度与反射晶面族的晶面间距倒数成比例，而射线波长 λ 相当于比例系数。这一结果将引入一个解决衍射问题的矢量空间——倒易空间。

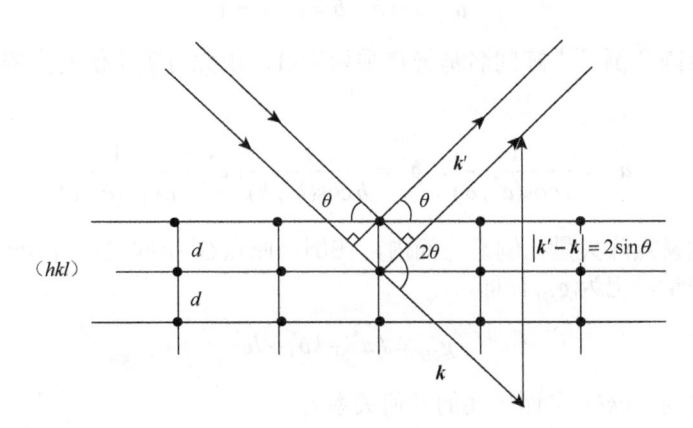

图 2-9 入射线单位矢量 k 与衍射线单位矢量 k' 的关系

1. 倒易点阵的定义和性质

如前所述，晶体是原子（或离子、分子或原子团等）在三维空间内呈周期性规则排列的物质，这种三维周期性排列可以概括地用点阵平移对称来描述，因此称这种点阵为晶体点阵。当晶体点阵与倒易点阵相提并论时，又常称其为正点阵。倒易点阵是埃瓦尔德在 1924 年建立的一种晶体学表达方法，它能十分巧妙地、正确地反映晶体点阵周期性的物理本质，是解析晶体衍射的理论基础，是衍射分析工作不可缺少的工具。

通常把晶体点阵（正点阵）所占据的空间称为正空间。倒易点阵是指在倒易

空间内与某一正点阵相对应的另一个点阵。正点阵和倒易点阵是在正、倒两个空间内相互对应的统一体，它们互为倒易而共存。

1）倒易点阵的定义

设正点阵的基本矢量为 $\boldsymbol{a}$、$\boldsymbol{b}$、$\boldsymbol{c}$，定义相应的倒易点阵基本矢量为 $\boldsymbol{a}^*$、$\boldsymbol{b}^*$、$\boldsymbol{c}^*$，则有

$$\boldsymbol{a}^* = \frac{\boldsymbol{b} \times \boldsymbol{c}}{v}, \quad \boldsymbol{b}^* = \frac{\boldsymbol{c} \times \boldsymbol{a}}{v}, \quad \boldsymbol{c}^* = \frac{\boldsymbol{a} \times \boldsymbol{b}}{v} \qquad (2\text{-}8)$$

式中，v 为正点阵单胞的体积，$v = \boldsymbol{a} \cdot (\boldsymbol{b} \times \boldsymbol{c}) = \boldsymbol{b} \cdot (\boldsymbol{c} \times \boldsymbol{a}) = \boldsymbol{c} \cdot (\boldsymbol{a} \times \boldsymbol{b})$。

2）倒易点阵的性质

（1）基本矢量（简称基矢）。按照矢量运算法则，根据式（2-8）有

$$\boldsymbol{a}^* \cdot \boldsymbol{b} = \boldsymbol{a}^* \cdot \boldsymbol{c} = \boldsymbol{b}^* \cdot \boldsymbol{a} = \boldsymbol{b}^* \cdot \boldsymbol{c} = \boldsymbol{c}^* \cdot \boldsymbol{a} = \boldsymbol{c}^* \cdot \boldsymbol{b} = 0 \qquad (2\text{-}9)$$

由式（2-9）可知，正点阵和倒易点阵异名基矢点乘积为 0，由此可确定倒易点阵基本矢量的方向。而由

$$\boldsymbol{a}^* \cdot \boldsymbol{a} = \boldsymbol{b}^* \cdot \boldsymbol{b} = \boldsymbol{c}^* \cdot \boldsymbol{c} = 1 \qquad (2\text{-}10)$$

可见，正点阵和倒易点阵同名基矢点乘积为 1，由此可确定倒易点阵基本矢量的大小，即

$$a^* = \frac{1}{a\cos(\boldsymbol{a}^*, \boldsymbol{a})}, \quad b^* = \frac{1}{b\cos(\boldsymbol{b}^*, \boldsymbol{b})}, \quad c^* = \frac{1}{c\cos(\boldsymbol{c}^*, \boldsymbol{c})} \qquad (2\text{-}11)$$

（2）倒易点阵矢量在倒易空间内，在倒易原点 O^* 指向坐标为 hkl 的阵点矢量称为倒易矢量，记为 $\boldsymbol{g}_{hkl}$，即

$$\boldsymbol{g}_{hkl} = h\boldsymbol{a}^* + k\boldsymbol{b}^* + l\boldsymbol{c}^* \qquad (2\text{-}12)$$

与正点阵中的（hkl）晶面之间的几何关系为

$$\boldsymbol{g}_{hkl} \perp (hkl), \quad g_{hkl} = \frac{1}{d_{hkl}} \qquad (2\text{-}13)$$

显然，用倒易矢量 $\boldsymbol{g}_{hkl}$ 可以表征正点阵中的（hkl）晶面的特性（方位和晶面间距）。

（3）倒易球（多晶体倒易点阵）。由以上讨论可知，单晶体的倒易点阵是由三维空间规则排列的阵点（倒易矢量的端点）所构成的，它与相应正点阵属于相同晶系。而多晶体是由无数取向不同的晶粒组成的，所有晶粒的同族{hkl}晶面（包括晶面间距相同的非同族晶面）的倒易矢量在三维空间任意分布，其端点的倒易阵点将落在以 O^* 为球心、以 $1/d_{hkl}$ 为半径的球面上，故多晶体的倒易点阵由一系列不同半径的同心球面构成。显然，晶面间距越大，倒易矢量的长度越小，相应的倒易球面半径就越小。

2. 埃瓦尔德图解

由式（2-7）可得

$$\frac{k'-k}{\lambda} = g_{hkl} \tag{2-14}$$

此即倒易空间的衍射方程式，它表示当（hkl）晶面发生衍射时，其倒易矢量的 λ 倍等于入射线与衍射线的单位矢量之差，它与布拉格方程是等效的。此矢量式可用几何图形表达，即埃瓦尔德图解。

如图 2-10 所示，入射矢量的端点指向倒易原点 O^*，以入射方向上的 C 点作为反射球心，反射球半径为 $1/\lambda$，球面过 O^*，$O^*C=1/\lambda$，若某倒易点（hkl）落在反射球面上，由反射球心 C 指向该点的矢量 k'/λ 必满足式（2-7）。埃瓦尔德图解法的含义是，被照晶体对应其倒易点阵，入射线对应反射球，反射球面通过倒易原点，凡倒易点落在反射球面上的干涉面均可能发生衍射，衍射线的方向由反射球心指向该倒易点，k' 与 k 之间的夹角即衍射角 2θ。

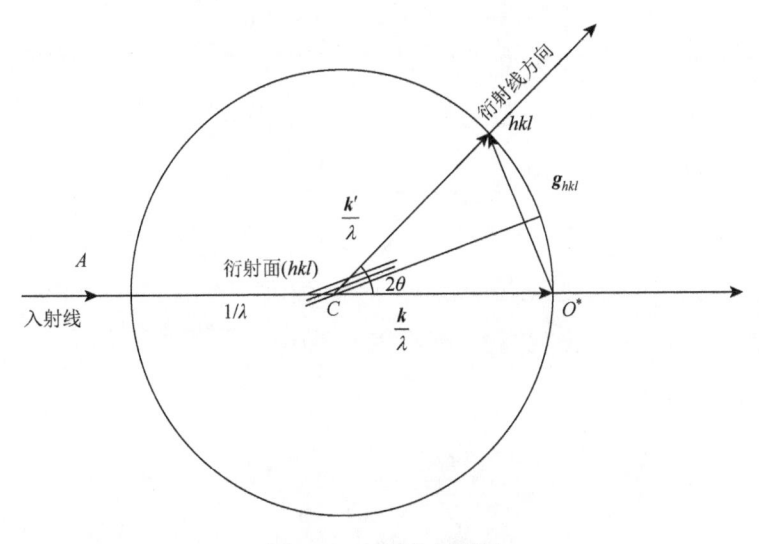

图 2-10 埃瓦尔德图解

习　题

1. 布拉格方程 $2d_{HKL}\sin\theta = \lambda$ 中的 d_{HKL}、θ、λ 分别表示什么？布拉格方程有何用途？

2. 什么叫干涉面？当波长为 λ 的 X 射线在晶体上发生衍射时，相邻两个（hkl）晶面衍射线的波程差是多少？相邻两个（HKL）干涉面的波程差又是多少？

3. 试述获取衍射花样的三种基本方法及其用途。

4. 证明$(1\bar{1}0)$、$(1\bar{2}1)$、$(\bar{3}21)$、$(0\bar{1}1)$、$(1\bar{3}2)$晶面属于[111]晶带。

5. 试计算$(\bar{3}11)$及$(\bar{1}32)$的共同晶带轴。

6. 七大晶系有哪些?

7. 什么是晶带轴?

8. 试述布拉格方程在实验上的用途。

第 3 章 X 射线衍射强度

3.1 多晶体衍射图谱的形成

本章主要介绍多晶体衍射强度。为使讲述较为形象具体，拟从多晶体的德拜衍射花样的形成谈起。

德拜-谢乐法采用一束特征 X 射线垂直照射多晶体样品，并用圆筒窄条底片记录。通常，X 射线照射到的微晶体数可超过 10 亿个。在多晶体样品中，各微晶体的取向是杂乱无章的，某种晶面在空间的方位按等概率分布。当用波长为 λ 的 X 射线照射时，某微晶体中晶面间距为 d 的晶面（暂称为 d 晶面）若要发生反射，必要的条件是它在空间相对于入射 X 射线的 θ 角需满足布拉格方程。上述微晶体数在 10 亿以上的且取向杂乱无章的晶体中，必然很多都不满足这一条件，对应的 d 晶面便不能参与衍射。但也必然有相当一部分晶体满足这一条件，其 d 晶面便能参与衍射。各微晶体中满足布拉格方程的 d 晶面，因为这些晶面与入射 X 射线均呈同一 θ 角，其在空间排列成一个圆锥面。该圆锥面以入射线为轴、以 2θ 为顶角。对应地，其反射线亦呈锥面分布，顶角为 4θ（图 3-1）。

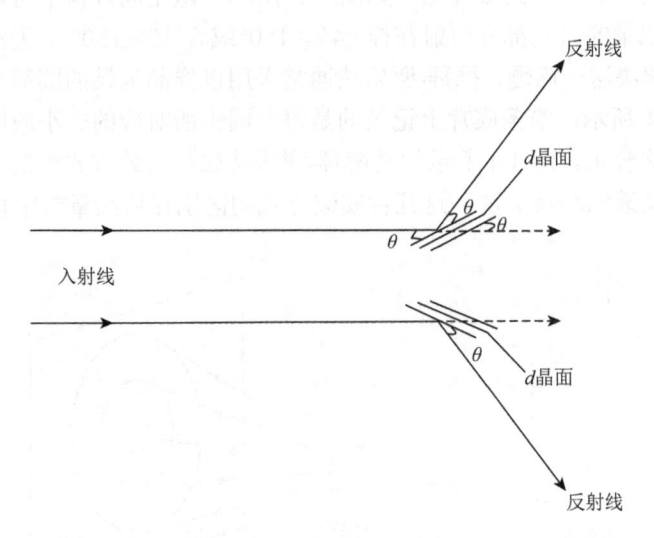

图 3-1 d 晶面及其反射线的平面分布（$4\theta \leqslant 180°$）

各微晶中间距为 d 的晶面，将产生顶角为 4θ 的一个反射锥面。因晶体中存在

一系列 d 值不同的晶面,故对应也出现一系列 θ 值不同的反射圆锥面。当 $4\theta = 180°$ 时,圆锥面将演变成一个与入射线垂直的平面。当 $4\theta > 180°$ 时,将形成一个与入射线方向相反的背反射圆锥,如图 3-2 所示。

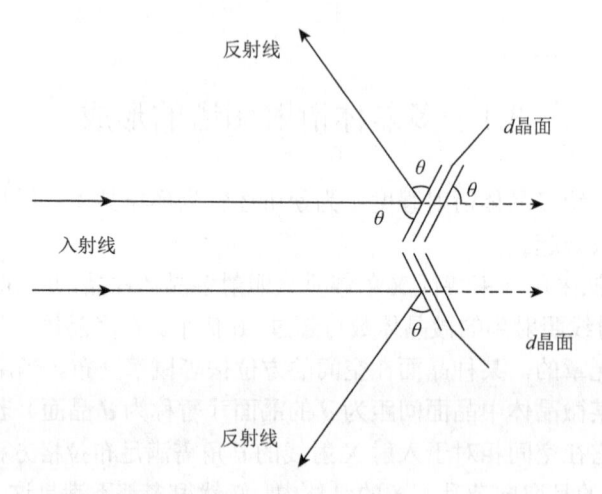

图 3-2 d 晶面及其反射线的平面分布($4\theta > 180°$)

可见,当单色 X 射线照射多晶样品时,衍射线将分布在一组以入射线为轴的圆锥面上,如果在垂直于入射线的方向上放置一个平底片,那么这些衍射圆锥面将以同心圆的形式投影到底片上,如图 3-3 所示。从空间几何上可以看出,这种平底片上所记录的只是部分衍射花样($4\theta > 180°$或者$4\theta \leqslant 180°$),无法记录全部衍射花样。为解决这一问题,德拜-谢乐法通常采用以样品为轴的圆筒窄条底片来记录,如图 3-4 所示,窄条底片上记录的是每个圆锥所对应的一小段圆弧对,每个圆弧对呈对称分布。图 3-4 所示的是德拜-谢乐法底片安装方式中的正装法。除此之外,还有偏装法和反装法,这几种安装方式的区别在后续章节中再详细讲解。

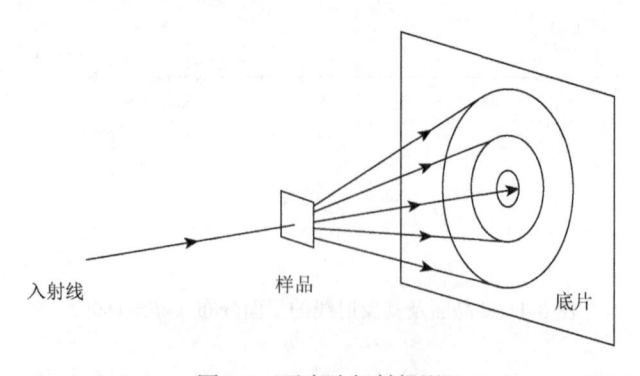

图 3-3 平底片衍射投影

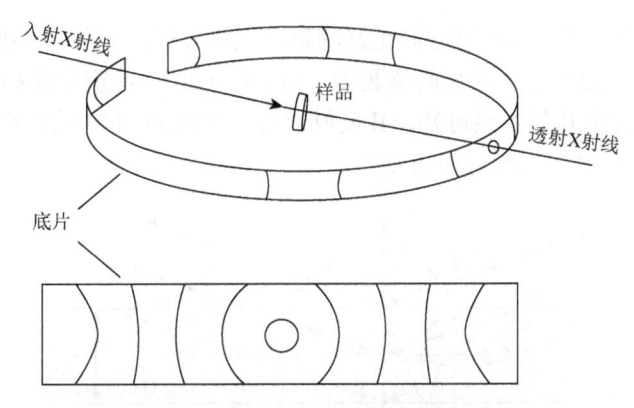

图 3-4 德拜-谢乐法底片安装方式正装法示意图

同一张照片上的衍射线，其衍射强度（体现在底片上为浓淡程度）是不一样的。衍射方向的理论只能说明衍射线出现的位置，但弧线的强度却有赖于衍射强度理论来解决。应该指出，在 X 射线衍射分析中，经常会涉及衍射强度问题。例如，物相定量分析、固溶体有序度测定、内应力及织构测定等都必须进行衍射强度的准确测定。

从应用的角度出发，衍射强度的研究偏重宏观效果，若要弄清衍射强度的本质，需从微观的角度进行。晶体是原子三维的周期性堆砌，而 X 射线衍射则是以电子对波的散射和干涉作为基础的。在第 1 章中已讨论了电子及原子对 X 射线的散射，本章进而讨论单位晶胞乃至整个晶体的衍射强度。最后还需要考虑衍射几何与实验条件的影响，从而得出多晶体衍射线的积分强度。

3.2 单位晶胞对 X 射线的散射与结构因子

3.2.1 结构因子问题的引出

简单点阵只由一种原子组成，每个晶胞只有一个原子，它分布在晶胞的顶角上，单位晶胞的散射强度相当于一个原子的散射强度。其他一些复杂点阵晶胞中含有 n 个相同或不同种类的原子，它们除占据单胞的顶角外，还可能出现在体心、面心或其他位置。此时，可将复杂点阵看成由简单点阵平移穿插而得，复杂点阵单胞的散射波振幅应为单胞中各原子的散射波振幅的矢量合成。由于衍射线的相互干涉，某些方向的强度将会加强，而某些方向的强度将会减弱甚至消失，这种规律习惯称为系统消光。研究单胞结构对衍射强度的影响，在衍射分析的理论和应用中都十分重要。

晶体结构对衍射强度的影响很大，例如，以体心立方（001）晶面的衍射为例

（图 3-5），假设如图示的入射方向正好满足布拉格方程，即两个（001）晶面上入射线和反射线的波程差为波长的整数倍。如果在（001）晶面中间插入一个（002）晶面，那么由图中几何关系可知，其反射波与上下两个（001）原子面的波程差为 $\lambda/2$，强度互相抵消，无衍射现象发生。

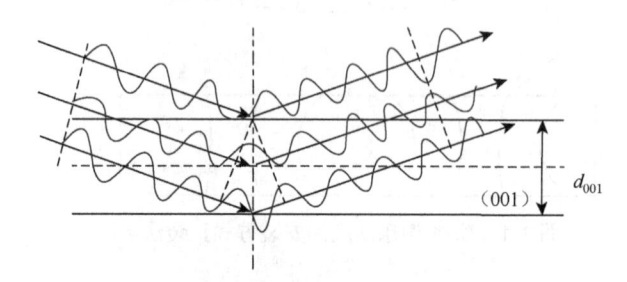

图 3-5　体心立方（001）晶面的衍射

再如，底心晶胞和体心斜方晶胞如图 3-6 所示，两者具有两个同种原子的晶胞，区别仅在于其中有一个原子移动了向量 $c/2$。发生衍射的几何示意图如图 3-7 所示，底心晶胞中，散射波 1′ 和 2′ 的波程差 $AB+BC=\lambda$，在 θ 方向产生衍射束。体心斜方晶胞（001）晶面上，与底心晶胞相比，多了一个（002）晶面，该晶面上的原子在受到 X 射线照射后将产生反射线 3′，而该线与 1′ 线的波程差 $DE+EF$ 只有 $\lambda/2$，故产生相消干涉而互相抵消。同理，2′ 和 3′ 也会产生同样的结果，最终导致（001）晶面反射强度为零。

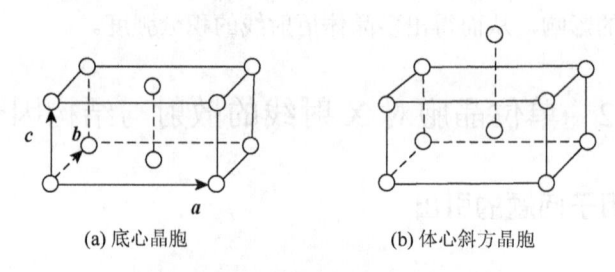

(a) 底心晶胞　　(b) 体心斜方晶胞

图 3-6　底心晶胞和体心斜方晶胞

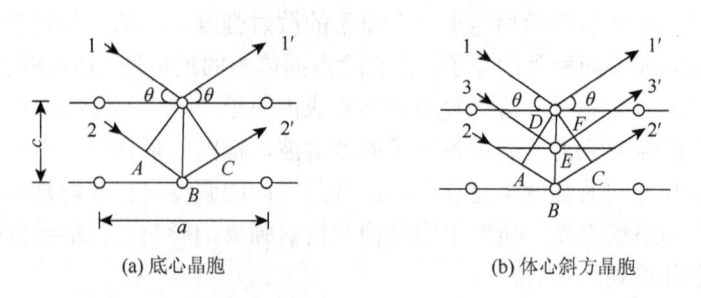

(a) 底心晶胞　　(b) 体心斜方晶胞

图 3-7　底心晶胞和体心斜方晶胞（001）晶面的衍射

可见，晶胞中原子的位置与衍射强度之间关系非常密切，反映这个关系的基本参数就是结构因子。结构因子能够反映在满足布拉格定律的条件下一个晶胞衍射的强度。定量表征原子排布以及原子种类对衍射强度影响规律的参数——结构因子，即晶体结构对衍射强度的影响因子。

3.2.2 结构因子

结构因子是定量表征原子排布以及原子种类对衍射强度影响规律的参数，用单胞内所有原子的散射波在衍射方向上的合成振幅来表示。

1. 一个电子对 X 射线的散射

X 射线为电磁波，其电场会对任一荷电质点施加一个力。与电子作用时将迫使电子绕平衡位置振动。电子振动时，电子在其运动期间连续地加速和减速，振动电子发出电磁波。实质就是电子在入射光束作用下所辐射的散射光束，该散射光束频率和波长与入射光束相同。汤姆孙曾根据经典动力学导出：一个电荷为 e、质量为 m 的自由电子，在强度为 I_0 且偏振化了的 X 射线（电场矢量始终在一个方向振动）作用下，在距其 R 远处，在空间任意一点 P 处散射波强度为

$$I_e = \frac{I_0}{R^2}\left(\frac{\mu_0}{4\pi}\right)^2\left(\frac{e^2}{mc}\right)^2\frac{1+\cos^2 2\theta}{2} \tag{3-1}$$

式中，$\frac{1+\cos^2 2\theta}{2}$ 称为偏振因数或极化因子，它表明电子散射非偏振化 X 射线的经典散射波的强度，在空间的分布是有方向性的。可见，一个电子的散射本领很小，即使实验中探测到的是大量电子散射干涉的结果，相对入射线强度而言，散射强度也是很弱的。

2. 一个原子对 X 射线的散射

原子是由原子核及核外电子组成的。由于核的质量比电子大得多，如一个质子的质量就是一个电子质量的 1840 倍，相应的散射强度也只有一个电子散射强度的 $1/1840^2$。因此，在计算原子的散射时，可以忽略原子核对 X 射线的散射，只考虑电子散射 X 射线的贡献。

如果原子中的 Z 个电子都集中在一点上，则各个电子散射波之间将不存在周相差。若以 A_e 表示一个电子散射波的振幅，那么一个原子散射 X 射线的强度 I_e

应是一个电子散射强度的 Z^2 倍。然而，实际上原子中的电子是按电子云状态分布在核外空间的，不同位置电子散射波间存在周相差，如图 3-8 所示。由于一般用于衍射分析的 X 射线的波长与原子尺度为同一数量级，这个周相差便不可忽略，它使得合成电子散射波的振幅减小。

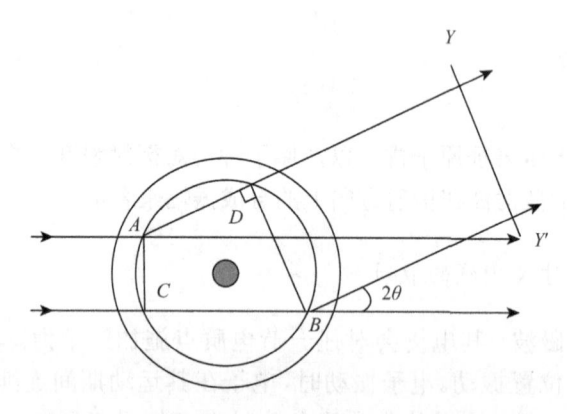

图 3-8　一个原子中不同位置电子散射波的周相差

在某方向上原子的散射波振幅与一个电子散射波振幅的比值，用原子散射因子 f 表示：

$$f = \frac{\text{一个原子相干散射波的振幅}}{\text{一个电子相干散射波的振幅}} = \frac{A_a}{A_e} \tag{3-2}$$

图 3-9 为 f-$\sin\theta/\lambda$ 曲线。可以看出，只有在 $\sin\theta/\lambda = 0$ 处（沿入射线方向）$f = Z$，Z 为原子序数，在其他散射方向，总是 $f < Z$。随着 θ 增大，在这个方向上的电子散射波间周相差加大，f 减小；当 θ 固定时，波长越短，周相差越大，f 越小。f 将随 $\sin\theta/\lambda$ 增大而减小。各种元素的原子散射因子具体数值也可用理论计算得出，其数值列于附录 C。

上述原子散射的计算是在假定电子处于无束缚、无阻尼的自由电子状态。然而，在实际的原子中，核外电子会受到原子核的束缚，电子受到的束缚越严重，其与自由电子之间的散射能力差异就越大。在一般情况下，这种差异可以忽略不计，但当入射 X 射线的波长接近所测试样品的吸收限 λ_K 时，这种效应则不能忽视，f 会显著减小，此时的原子散射因子将变为 $f - \Delta f$，Δf 随 λ/λ_K 变化关系列于附录 A。

3. 一个晶胞对 X 射线的散射

简单点阵只由一种原子组成，每个晶胞只有一个原子，它分布在晶胞的顶角上，单位晶胞的散射强度相当于一个原子的散射强度。

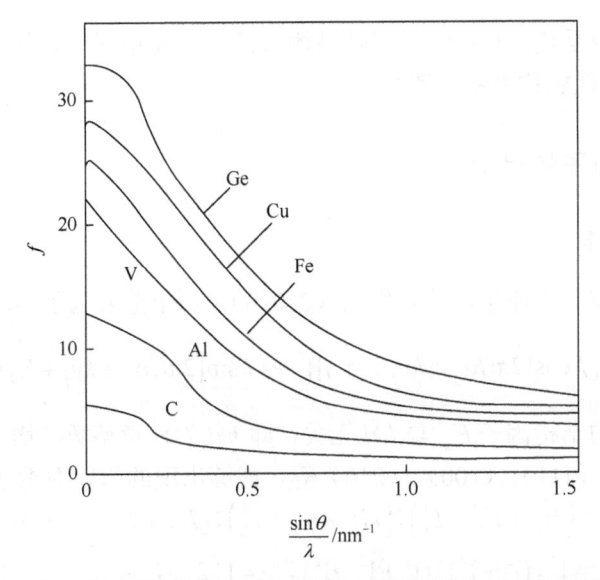

图 3-9 原子散射因子与电子散射波的周相差之间的关系图

复杂点阵晶胞中含有 n 个相同或不同种类的原子，它们除占据单胞的顶角外，还可能出现在体心、面心或其他位置。复杂点阵单胞的散射波振幅应为单胞中各原子散射振幅的矢量合成。由于衍射线的相互干涉，某些方向的强度将会加强，而某些方向的强度将会减弱甚至消失。这种规律称为系统消光（或结构消光）。

若单胞中各原子的散射振幅分别为 $f_1A_e, f_2A_e, \cdots, f_iA_e, \cdots, f_nA_e$（$A_e$ 为一个电子相干散射波振幅，不同种类原子其 f 不同），它们与入射波的相位差分别为 $\phi_1, \phi_2, \cdots, \phi_j, \cdots, \phi_n$（原子在单胞中不同位置的 ϕ 不同），则所有这些原子散射波振幅的合成就是单胞的散射波振幅 A_b。

引入一个以单个电子散射能力为单位的，反映一个晶胞散射能力的参量，其称为结构因子 F_{hkl}：

$$F_{hkl} = \frac{一个晶胞所有原子的相干散射波的振幅}{一个电子相干散射波的振幅} = \frac{A_b}{A_e} \quad (3\text{-}3)$$

$$F_{hkl} = \sum_{j=1}^{n} f_j e^{i\phi_j} \quad (3\text{-}4)$$

式（3-3）和式（3-4）包含两方面的数据：各原子的散射振幅及其相位差。其合成关系可在复数平面上表示：

$$e^{i\phi} = \cos\phi + i\sin\phi \quad (3\text{-}5)$$

F_{HKL} 表示以一个电子散射振幅度量的单胞中所有原子的散射波在（HKL）反射方向上的合成振幅。当 $F_{HKL} = 0$ 时，（hkl）面即使与入射 X 射线满足布拉格方程也无衍射（也是说，布拉格方程是晶体材料发生 X 射线衍射的必要条件而非充分条件），这种现象称为系统消光。

3.2.3 结构因子的计算

1. 简单点阵

单胞中只有一个原子，其坐标为 (0, 0, 0)，原子散射因子为 f，因此

$$|F_{hkl}|^2 = \{f\cos[2\pi(hx_j + ky_j + lz_j)]\}^2 + \{f\sin[2\pi(hx_j + ky_j + lz_j)]\}^2 = f^2 \quad (3-6)$$

简单点阵的结构因子 F_{hkl} 与 hkl 无关，即 hkl 为任意整数时均能产生衍射，如 (100)、(110)、(111)、(200)、(210) 等。能够出现的衍射面指数平方和之比是

$$\left(H_1^2 + K_1^2 + L_1^2\right) : \left(H_2^2 + K_2^2 + L_2^2\right) : \left(H_3^2 + K_3^2 + L_3^2\right) : \cdots$$
$$= 1^2 : (1^2 + 1^2) : (1^2 + 1^2 + 1^2) : \cdots = 1 : 2 : 3 : \cdots$$

2. 体心点阵

单胞中有两种位置的原子，原子散射因子分别为 f_1、f_2，即顶角原子[坐标为 (0, 0, 0)]，以及体心原子[坐标为 (1/2, 1/2, 1/2)]，原子散射因子均为 f。

$$|F_{hkl}|^2 = \left[f_1\cos 2\pi(0) + f_2\cos 2\pi\left(\frac{h}{2} + \frac{k}{2} + \frac{l}{2}\right)\right]^2$$
$$+ \left[f_1\sin 2\pi(0) + f_2\sin 2\pi\left(\frac{h}{2} + \frac{k}{2} + \frac{l}{2}\right)\right]^2$$
$$= f^2[1 + \cos\pi(h + k + l)]^2 \quad (3-7)$$

（1）当 $H + K + L =$ 奇数时，$|F_{hkl}|^2 = f^2(1-1) = 0$，即该晶面的散射强度为零，这些晶面的衍射线不可能出现，如 (100)、(111)、(210)、(300)、(311) 等。

（2）当 $H + K + L =$ 偶数时，$|F_{hkl}|^2 = f^2(1+1)^2 = 4f^2$，即体心点阵只有指数之和为偶数的晶面可产生衍射。如 (110)、(200)、(211)、(220)、(310) 等。

因此，体心点阵能够出现的衍射面指数平方和之比是

$$\left(H_1^2 + K_1^2 + L_1^2\right) : \left(H_2^2 + K_2^2 + L_2^2\right) : \left(H_3^2 + K_3^2 + L_3^2\right) : \cdots$$
$$= (1^2 + 1^2) : (2^2) : (2^2 + 1^2 + 1^2) : \cdots = 2 : 4 : 6 : \cdots$$

3. 面心点阵

单胞中有四种位置的原子，它们的坐标分别是 (0, 0, 0)、(0, 1/2, 1/2)、(1/2, 1/2, 0)、(1/2, 0, 1/2)，其原子散射因子均为 f。

$$|F_{hkl}|^2 = \left[f_1\cos 2\pi(0) + f_2\cos 2\pi\left(\frac{K}{2}+\frac{L}{2}\right) + f_3\cos 2\pi\left(\frac{H}{2}+\frac{K}{2}\right) + f_4\cos 2\pi\left(\frac{H}{2}+\frac{L}{2}\right)\right]^2$$
$$+ \left[f_1\sin 2\pi(0) + f_2\sin 2\pi\left(\frac{K}{2}+\frac{L}{2}\right) + f_3\sin 2\pi\left(\frac{H}{2}+\frac{K}{2}\right) + f_4\sin 2\pi\left(\frac{H}{2}+\frac{L}{2}\right)\right]^2$$
$$= f^2[1 + \cos\pi(K+L) + \cos\pi(H+K) + \cos\pi(H+L)]^2$$

(3-8)

（1）当 H、K、L 全为奇数或全为偶数时，$|F_{hkl}|^2 = f^2(1+1+1+1)^2 = 16f^2$。

（2）当 H、K、L 为奇偶混杂时，$|F_{hkl}|^2 = f^2(1-1+1-1)^2 = 0$（消光）。

因此，面心点阵只有指数为全奇或全偶的晶面才能产生衍射，如（111）、（200）、（220）、（311）、（222）、（400）等，能够出现衍射线。其晶面指数平方和 N 值比是 3∶4∶8∶11、12∶16∶19∶20∶24。

结构因子只与原子的种类及在单胞中的位置有关，而不受单胞的形状和大小的影响。例如，对于体心点阵，无论是立方晶系、正方晶系还是斜方晶系，其消光规律均是相同的，可见系统消光的规律有较广泛的适用性。各种点阵的结构因子见附录 D。

由异类原子组成的物质，如化合物，其结构因子的计算与上述大体相同，但由于组成化合物的元素有别，其原子散射因子也有差别。此时，若不同原子在晶胞中的位置是无序的，则可按综合散射因子（根据各种原子在晶胞中出现的概率，对它们的原子散射因子进行权重加和计算）来进行分析；若不同原子在晶胞中的排列是有序的，则须根据晶胞不同位置（不同坐标）对应的原子种类（不同原子散射因子）进行计算。显然，因不同原子对应的原子散射因子不同，此时以上推导的消光规律可能不适用。例如，某些固溶体在发生有序化转变后，不同元素的原子将固定地占据单胞中某些特定位置，导致晶体的衍射线分布亦将随之变化。

3.3 多晶体衍射强度

多晶粉末的衍射强度除与结构因子有关外，还与衍射方向、样品吸收等因素有关。影响多晶体衍射强度的因素有结构因子、多重性因子、角因子（包括极化因子和洛伦兹因子）、吸收因子、温度因子等。

3.3.1 多重性因子

对于多晶体样品，因同一 {hkl} 晶面族的各晶面组面间距相同，由布拉格方程可知，它们具有相同的 θ，其衍射线构成同一衍射圆锥的母线。通常将同一晶面

族中等同晶面数 P 称为多重性因子，用 P_{hkl} 表示。显然，在条件相同的情况下，多重性因子越大，则参与衍射的晶粒数越多，或者说，每一晶粒参与衍射的概率越高。对于立方晶系{100}晶面族，$P = 6$；{111}晶面族，$P = 8$；{123}晶面族，$P = 48$。各晶系、各晶面族的多重性因子见附录 E。

3.3.2 角因子

角因子包括极化因子和洛伦兹因子，其中极化因子在前面已经叙述，表达式为 $\frac{1+\cos^2 2\theta}{2}$。多晶体的衍射强度除与上述的非理想实验条件有关外，还与积分强度、参加衍射的晶粒分数、单位弧长衍射强度有关，这三种影响均与布拉格角有关，因而可将其归并在一起，统称为洛伦兹因子。洛伦兹因子可说明衍射的几何条件对衍射强度的影响。

1. 积分强度

每个衍射圆锥是由数目巨大的微晶体反射 X 射线形成的，底片上的衍射线是在相当长时间曝光后得到的，故所得衍射强度为累积强度。从横断面去考察一根衍射线（相当于观测圆锥面的厚度），得知其强度近似呈概率分布，如图 3-10 所示。分布曲线所围成的面积（扣除背景强度后）称为衍射积分强度。衍射强度分布曲线，即衍射峰，可利用 X 射线衍射仪直接采集得到。

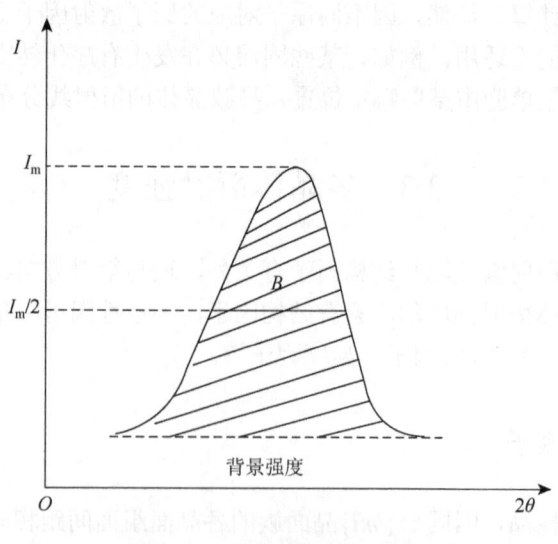

图 3-10 衍射线的积分强度

衍射积分强度近似等于 I_mB，其中 I_m 为顶峰强度，B 为在 $I_m/2$ 处的衍射线宽度。I_m 和 $1/\sin\theta$ 成比例，而 B 和 $1/\cos\theta$ 成比例，故衍射积分强度与 $1/(\sin\theta\cos\theta)$（即 $1/\sin2\theta$）成比例。

2. 参加衍射的晶粒分数

多晶样品中各晶粒的取向是杂乱无章的。如图 3-11 所示，被照射的全部晶粒，其（hkl）面的投影将均匀分布在倒易球面上。能参与形成衍射环的晶面，在倒易球面的投影只是有阴影线的环带部分（理想情况下，只有与入射线成严格 θ 角的晶面可参与衍射，实际上衍射可发生在小角度 $\Delta\theta$ 范围内）。环带面积与倒易球面面积之比，即参与衍射的晶粒分数。

$$\text{参加衍射的晶粒分数} = \frac{2\pi r^*\sin(90°-\theta)r^*\Delta\theta}{4\pi(r^*)^2} = \frac{\cos\theta}{2}\Delta\theta \tag{3-9}$$

式中，r^* 为倒易球半径；$r^*\Delta\theta$ 为环带宽。计算表明，参与衍射的晶粒分数与 $\cos\theta$ 成正比。

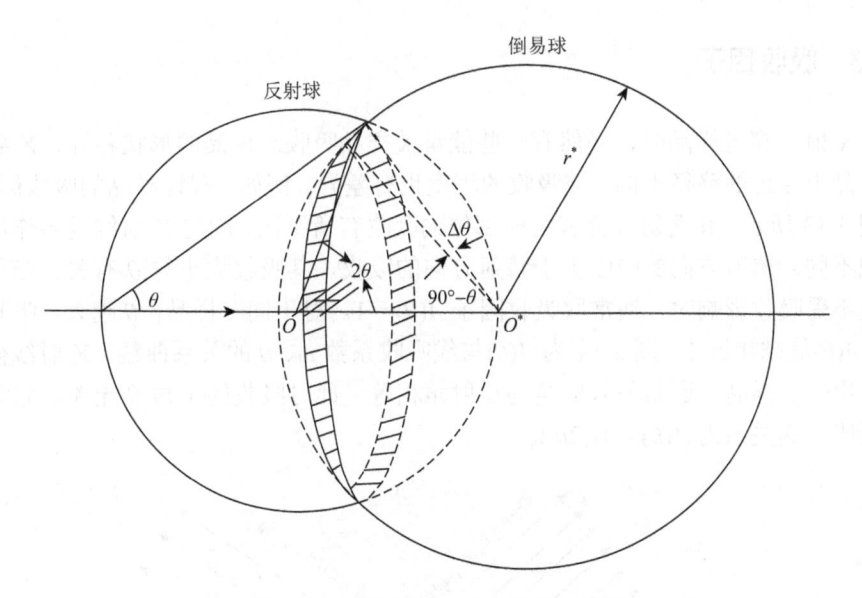

图 3-11 参加衍射的晶粒分数示意图

3. 单位弧长衍射强度

图 3-12 表明，衍射角为 2θ 的衍射环，其上某点至样品的距离若为 R，则衍射环的半径为 $R\sin2\theta$，衍射环的周长为 $2\pi R\sin2\theta$，可见单位弧长的衍射强度反比于 $\sin2\theta$。

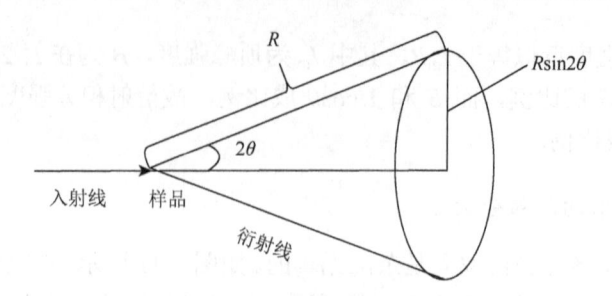

图 3-12 德拜-谢乐法衍射几何

结合以上 3 个因素，洛伦兹因子表述为

$$\text{洛伦兹因子} = \frac{1}{\sin 2\theta} \cos\theta \frac{1}{\sin 2\theta} = \frac{1}{4\sin^2\theta\cos\theta} \quad (3\text{-}10)$$

将洛伦兹因子与偏振因子再合并，得到一个与掠射角 θ 有关的函数，称为角因子，或称洛伦兹-偏振因子。实际应用中多只涉及相对强度，故通常称 $1/(\sin^2\theta\cos\theta)$ 为洛伦兹因子，而称 $(1 + \cos^2 2\theta)/(\sin^2\theta\cos\theta)$ 为角因子，不同角度对应的角因子可由附录 F 直接查出。

3.3.3 吸收因子

X 射线穿过样品时，必然有一些能量被样品吸收。样品的形状各异，X 射线在样品中穿过的路径不同，被吸收的程度也有差异。例如，圆柱样品的吸收因子，如图 3-13 所示，其透射部位和背射部位的吸收有所不同，因与 X 射线发生作用的体积不同，透射方向的吸收大于背射方向的吸收，其吸收大小与 θ 有关。当衍射强度不受吸收影响时，通常取吸收因子 $A(\theta) = 1$。对于同一样品，θ 越大，吸收越小，$A(\theta)$ 值越接近 1。图 3-14 为 $A(\theta)$ 与线吸收系数 μ_l、θ 的关系曲线。X 射线衍射仪采用平板样品，通常使入射角与反射角相等，此时吸收因子与 θ 无关，它与 μ_l 成反比，其关系为 $A(\theta) = 1/(2\mu_l)$。

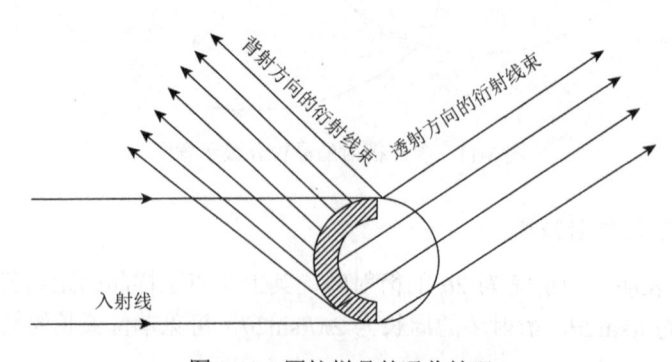

图 3-13 圆柱样品的吸收情况

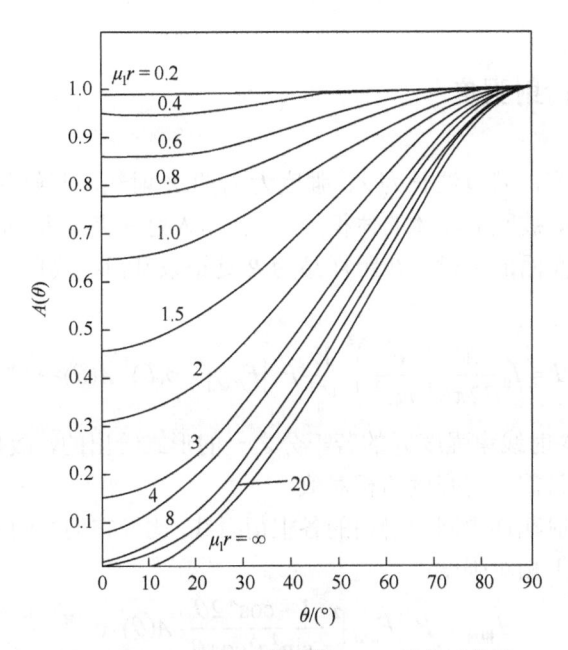

图 3-14　$A(\theta)$ 与线吸收系数 μ_l、θ 的关系曲线

r 为样品半径

3.3.4　温度因子

晶体中的原子（或离子）始终围绕其平衡位置振动，其振幅随温度的升高而加大。这个振幅与原子间距相比不可忽略。当温度升高、原子振动加剧时，必然给衍射带来影响，主要表现在：①晶胞膨胀；②衍射强度减小；③产生非相干散射。温度因子定义是有热振动时的衍射强度与无热振动时的衍射强度之比，即 e^{-2M}。

显然，e^{-2M} 是个小于 1 的量。由固体物理理论可导出：

$$M = \frac{6h^2}{m_a k\Theta}\left[\frac{\phi(x)}{x} + \frac{1}{4}\right]\frac{\sin^2\theta}{\lambda^2} \tag{3-11}$$

式中，h 为普朗克常量；m_a 为原子的质量；k 为玻尔兹曼常量；Θ 为以热力学温度表示的晶体的特征温度平均值（见附录 H）；$x = \Theta/T$，其中 T 为样品的热力学温度；$\phi(x)$ 为德拜函数（$\left[\frac{\phi(x)}{x} + \frac{1}{4}\right]$ 见附录 G）；θ 为掠射角；λ 为 X 射线波长。

由式（3-11）可见，θ 一定时，温度 T 越高，M 越大，e^{-2M} 越小，衍射强度 I 随之减小；T 一定时，衍射角 θ 越大，M 越大，e^{-2M} 越小，衍射强度 I 随之减小。

3.3.5 粉末法衍射强度

综合以上内容，若以波长为 λ、强度为 I_0 的 X 射线，照射到单位晶胞体积为 V_0 的多晶样品上，被照射晶体的体积为 V，在与入射线夹角为 2θ 的方向上产生了指数为 (HKL) 晶面的衍射，在距样品为 R 处记录到衍射线单位长度上的积分强度为

$$I = I_0 \frac{\lambda^3}{32\pi R}\left(\frac{e^2}{mc^2}\right)^2 \frac{V}{V_0^2} P \cdot |F_{HKL}|^2 \cdot \phi(\theta) \cdot A(\theta) \cdot e^{-2M} \qquad (3\text{-}12)$$

式（3-12）是以入射线束强度 I_0 的若干分之一的形式给出的，故是绝对积分强度。实际工作中一般只需考虑强度的相对值。

对于同一衍射花样中同一物相的各根衍射线，比较它们之间的相对积分强度，此时仅需考虑以下相对强度：

$$I_{相对} = P \cdot |F_{HKL}|^2 \cdot \frac{1+\cos^2 2\theta}{\sin^2\theta \cos\theta} \cdot A(\theta) \cdot e^{-2M} \qquad (3\text{-}13)$$

若比较同一衍射花样中不同物相的衍射，尚需考虑各物相的被照射体积和它们各自的单胞体积。

习　题

1. 用单色 X 射线照射圆柱形多晶体样品，其衍射线在空间将形成什么图案？为摄取德拜相，应当采用什么样的底片去记录？
2. 试说明衍射仪法与德拜-谢乐法的优缺点。
3. 原子散射因子的物理意义是什么？某元素的原子散射因子及其原子序数有何关系？
4. 多重性因子的物理意义是什么？某立方晶系晶体，其{100}的多重性因子是多少？若该晶体转变为四方晶系，这个晶面族的多重性因子会发生什么变化？为什么？
5. 多晶体衍射的积分强度表示什么？
6. 洛伦兹因子是表示什么对衍射强度的影响？其表达式是综合了哪几方面考虑而得出的？
7. 试简要总结由分析简单点阵到复杂点阵衍射强度的整个思路和要点。
8. 多晶体衍射强度温度因子的影响有哪些？
9. 试述原子散射因子 f 和结构因子 F_{hkl} 的物理意义。结构因子与哪些因素有关系？
10. 当体心立方点阵的体心原子和顶点原子种类不相同时，关于 $H+K+L$ 为偶数时衍射存在，$H+K+L$ 为奇数时衍射相消的结论是否仍成立？

第4章 多晶体分析方法

4.1 粉末多晶体衍射方法及成像原理

工程材料大都在多晶形式下使用，故多晶体 X 射线分析法具有重大实用价值。所用样品大多为粉晶（粉末），故常称粉末法。粉末法是最常用的多晶体衍射方法。粉末法以光源（X 射线管）发出的单色光（特征 X 射线，一般为 K_α 射线）照射（粉末）多晶体（圆柱形）样品，用底片或记录仪记录产生的衍射线。粉末法成像原理如图 4-1 所示。样品是由细小的多晶体粉末物质组成的。理想的情况下，在样品中有无数个小晶粒（X 射线照射的体积约为 $1mm^3$，有 10^9 个晶粒），且各个晶粒的方向是随机的、无规则的。

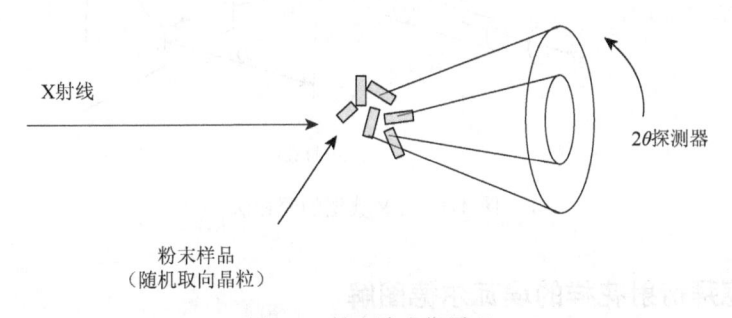

图 4-1 粉末法成像原理

粉末法可分为照相法和 X 射线衍射仪法。其中，照相法根据样品和底片的相对位置不同可以分为三种：①德拜-谢乐法；②聚焦照相法；③针孔法。这三种方式的示意图如图 4-2 所示。其中德拜-谢乐法应用最普遍，因此本章主要针对德拜-谢乐法和目前应用更广泛且自动化程度更高的 X 射线衍射仪法进行介绍。

4.2 粉末照相法

较早的 X 射线衍射分析多采用聚焦照相法，而德拜-谢乐法是常用的照相法，通常说的照相法即指德拜-谢乐法，德拜-谢乐法照相装置称为德拜相机。

(a) 德拜-谢乐法

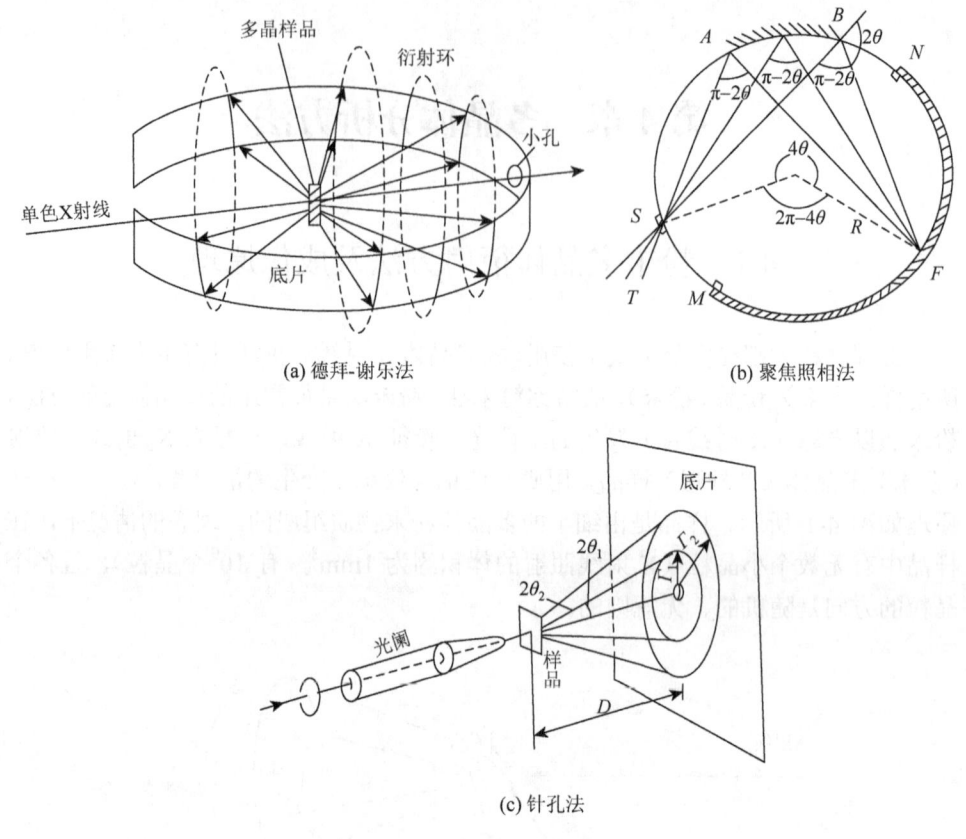

(b) 聚焦照相法

(c) 针孔法

图 4-2　三种典型的照相法

4.2.1　德拜衍射花样的埃瓦尔德图解

第 3 章开头已对德拜衍射花样做过介绍。用埃瓦尔德图解来说明德拜花样更为简单明了。在粉末样品中，各晶粒同一晶面族的（HKL）晶面间距均相等，故其倒易矢量具有同一长度，$g_{HKL} = 1/d_{HKL}$。由于各微晶体的取向混乱、均匀，故对应的倒易节点均匀分布在半径为 $1/d_{HKL}$ 的球面上。这个球称为倒易球，其球心在倒易点阵原点 O^* 上（图 4-3）。倒易矢量长度互异的倒易点（对应间距不同的晶面），分布在不同的倒易球面（如图中的（111）、（200）、（220）等同心倒易球面）上。令入射线的方向与倒易点阵某矢量一致，从 O^* 点沿这一方向截取 $1/\lambda$ 长度得 O 点，以 O 点为球心、$1/\lambda$ 为半径作球，此球称为反射球。按埃瓦尔德图解法，凡与反射球面相交的倒易点所对应的晶面均有可能参与反射。每个倒易球面与反射球面相交成一个圆周。从反射球心 O 作各圆周的引线为衍射线束，它组成若干个以 O 为顶点并以入射线为轴线的圆锥面。

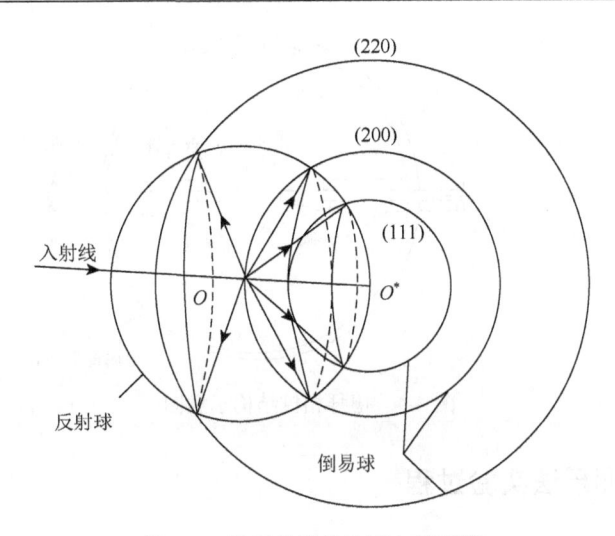

图 4-3　德拜花样的埃瓦尔德图解

如果晶面间距 d_{HKL} 增大，则 g_{HKL} 变小，即倒易球半径变小，对应的衍射圆锥夹角也变小，从而使德拜花样图上衍射弧对距离缩短。当 λ 一定时，反射球的半径一定，d 过小将使倒易球半径太大而无法与反射球相交。根据几何关系，能获得衍射的最大倒易球半径为

$$g = \frac{1}{d} \leqslant \frac{2}{\lambda} \tag{4-1}$$

即

$$d \geqslant \frac{\lambda}{2} \tag{4-2}$$

这一条件在讨论布拉格方程时已经介绍过。

4.2.2　德拜相机

德拜相机的结构示意图如图 4-4 所示，由金属筒形外壳、光阑和承光管组成，德拜相机为圆筒形的暗盒，其直径一般为 57.3mm 或 114.6mm（这两个直径是为了方便分析德拜花样结果而设置的）。入射 X 射线从光阑的中心线进入，照射样品后的透射线进入承光管。从承光管端部的铅玻璃可看到 X 射线光点及样品的暗影。用细长的照相底片围成圆筒使其紧贴金属筒形外壳的内壁，使样品（通常为细棒状）位于圆筒的轴心，入射 X 射线与圆筒轴垂直地照射到样品上，衍射圆锥的母线与底片相交成多个圆弧对。

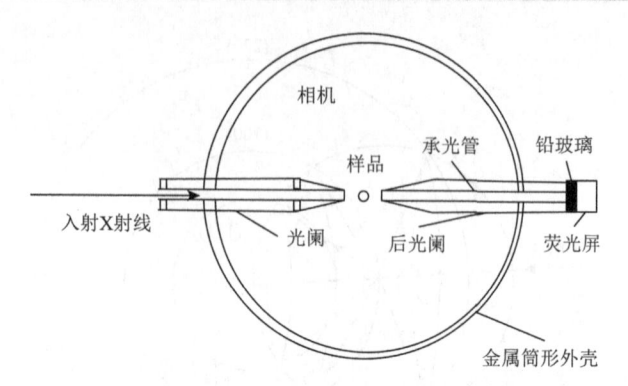

图 4-4　德拜相机结构示意图

4.2.3 德拜-谢乐法实验过程

1. 样品制备

常用的样品为圆柱形的粉末集合体或多晶体的细棒。大块金属和合金要锉成粉末，然后过筛。制备圆柱形样品的方法如下。

（1）玻璃丝涂胶水在粉末中滚动。
（2）将粉末填在玻璃毛细管中。
（3）将粉末用胶水调好填入金属毛细管中，然后用金属细棒将粉末推出 2～3mm，余下部分作为支撑柱。
（4）金属细棒直接作为样品（这种样品易产生择优取向）。

2. 底片安装

底片通常围在相机壳的内腔。按照与入射线的相对位置，底片可有三种安装法：正装、反装和偏装，示意图如图 4-5 所示。

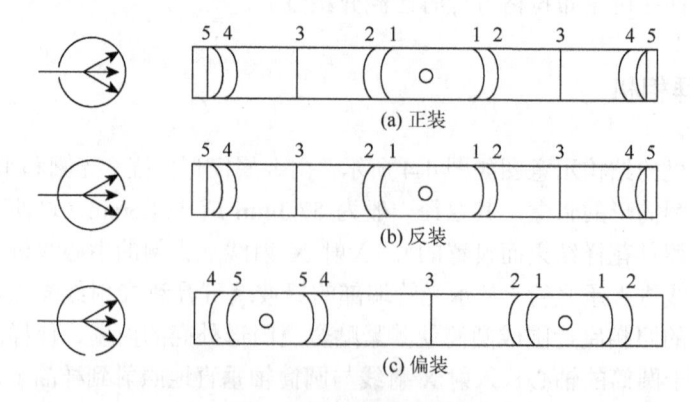

图 4-5　底片安装法示意图

正装：X射线从底片接口处入射，照射样品后从中心孔穿出，低角的弧线接近中心孔。这种方法常用于物相分析。

反装：X射线从底片中心处入射，照射样品后从底片接口处穿出，高角的弧线接近中心孔。这种方法便于获得高角区附近的高分辨率衍射结果。

偏装：底片上有两个孔（孔分别在光阑和承光管位置处），X射线先后从这两个孔中通过，可获得精确的有效周长，防止底片收缩误差和相机尺寸误差。

3. 摄照规程

摄照规程的选择主要分为X射线管阳极元素、滤波片、管电压、管电流、曝光时间。

4. 衍射花样的测量和计算

对各弧对标号，测量有效周长 C_0，测量弧对间距 $2L$，计算 θ 和 d，估计各线条的相对强度值 I/I_1（最强线强度），查粉末衍射文件（powder diffraction files，PDF）卡片，标注衍射线指数（指标化），判别物质的点阵类型并计算点阵参数。

衍射花样的测量主要是测量衍射线的相对位置和相对强度，然后计算出 θ 角和晶面间距。图4-6所示为德拜-谢乐法的衍射几何，图中绘出了3个衍射圆锥的纵剖面。首先测量衍射圆弧的弧对间距 $2L$，从图中衍射几何可以得出计算 θ 角的公式：

$$2L = R \cdot 4\theta \tag{4-3}$$

式中，R 为相机半径；θ 为弧度，若用角度表示，则

$$2L = R \cdot 4\theta \frac{2\pi}{360°} = \frac{4R}{57.3}\theta$$

$$\theta = 2L\frac{57.3}{4R} \tag{4-4}$$

对于背射区，即当 $2\theta > 90°$ 时，有

$$2L_0 = R \cdot 4\phi$$

$$2\phi = 180° - 2\theta, \quad \phi = 90° - \theta \tag{4-5}$$

同样将式中 ϕ 用角度表示，可得到

$$2L_0 = R \cdot 4\phi \frac{2\pi}{360°} = \frac{4R}{57.3}(90° - \theta)$$

$$\theta = 90° - 2L_0 \frac{57.3}{4R} \tag{4-6}$$

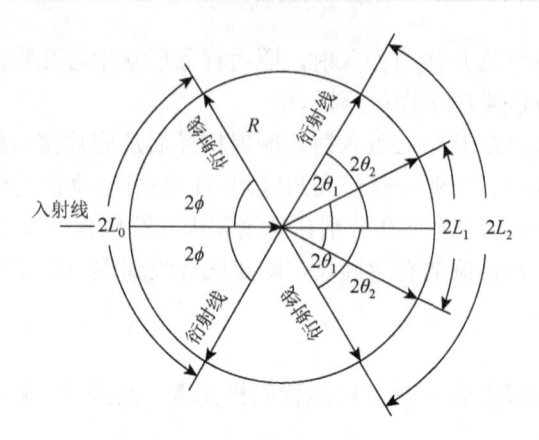

图 4-6 德拜-谢乐法衍射几何

计算出 θ 角后,可利用布拉格方程计算出每对衍射圆弧所对应的反射面的晶面间距。

对于各线条的相对强度,根据不同要求采用不同方式。一般把一张衍射花样中的线条分为很强(VS)、强(S)、中(M)、弱(W)和很弱(VW)五个等级。当精度要求不高时,一般可以用目测估计;精度要求较高时,用黑度仪测量出每条衍射线弧对的黑度值,再求出其相对强度;如果需要更精确的衍射强度数据,则依靠 X 射线衍射仪来完成。

查 PDF 标准衍射卡片。根据得到的 d 系列与 I 系列,对照物质的 PDF 标准衍射卡片,若与某卡片符合得很好,则该卡片所载物质即待定物质。

衍射花样的指数化就是确定每个衍射圆环所对应的干涉指数。不同晶系的指数化方法是不相同的,在金属及其合金的研究中经常遇到的是立方晶系、六方晶系和正方晶系的衍射花样。

5. 立方晶系德拜相的计算

立方晶系的晶面间距:

$$d = \frac{a}{\sqrt{H^2 + K^2 + L^2}} \tag{4-7}$$

根据布拉格方程:

$$\sin\theta = \frac{\lambda}{2a}\sqrt{H^2 + K^2 + L^2} \tag{4-8}$$

两边平方,可得

$$\sin^2\theta = \frac{\lambda^2}{4a^2}\sqrt{H^2 + K^2 + L^2} \tag{4-9}$$

对于同一底片上同一物质的衍射线,因 $\lambda^2/(4a^2)$ 为常数,故掠射角正弦的平方比等于干涉面指数平方和之比。

从结构因子的计算可知,在不发生消光条件的前提下,对于简单立方点阵,晶面指数平方和 $\sin^2\theta$ 之比是 1∶2∶3∶4∶5∶6∶8∶9∶⋯;体心立方点阵应为 2∶4∶6∶8∶10∶12∶14∶16∶18∶⋯(1∶2∶3∶4∶5∶⋯);面心立方点阵应为 3∶4∶8∶11∶12∶16∶19∶⋯。因此,立方晶系中各晶体结构衍射线的出现顺序如图 4-7 所示。

1 2 3 4 5 6 7 8 9 10 11 12 13 14 15 16 17 18 19 20 21 22 23 24	
	简单立方点阵
	体心立方点阵
	面心立方点阵
	金刚石立方点阵

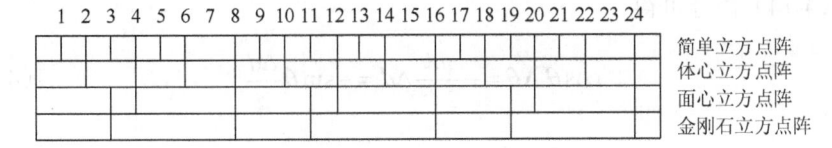

图 4-7 立方晶系中各晶体结构衍射线的出现顺序

按此算出 $\sin^2\theta$ 之比后,即可判别物质的点阵类型。但这项工作还有一些明显的困难,例如,要区分简单立方点阵与体心立方点阵,如果衍射线条数目多于 7 根,则间隔比较均匀的是体心立方点阵,而出现线条空缺的为简单立方点阵,因为简单立方点阵不可能出现指数平方和为 7、15、23 等数值的线条。但当衍射线条数目较少(少于 7 根)时,这一简单判别方法便不能利用。此时可以将头两根线的衍射强度作为判别。由于相邻线条 θ 角相差不大,在衍射强度诸因子中,多重性因子将起主导作用。简单立方点阵花样头两根线的指数为 100 及 110,其多重性因子分别为 6 及 12,故应第二条线强度较强;体心立方点阵花样头两条线的指数为 110 与 200,情形恰巧相反。

4.2.4 德拜相机的分辨本领

德拜相机的分辨本领表示当一定波长的 X 射线照射到两个间距相近的晶面上时,底片上两根相应的衍射线条分离的程度。分辨本领也可以表示当两种波长相近的 X 射线照射到同一晶面上时,底片上两根衍射线条分离的程度。例如,晶面间距差为 Δd 的两种晶面,相应的线条距离若为 ΔL,则相机的分辨本领 φ 为

$$\varphi = \frac{\Delta L}{\dfrac{\Delta d}{d}} \tag{4-10}$$

按德拜-谢乐法衍射的几何关系(图 4-6)可知,若相机的半径为 R,某衍射圆锥的顶角为 4θ,弧对间距为 $2L$,则

$$2L = R \cdot 4\theta \tag{4-11}$$

即
$$L = R \cdot 2\theta \tag{4-12}$$
故
$$\Delta L = R \cdot 2\Delta\theta \tag{4-13}$$

将布拉格方程写成

$$\sin\theta = \frac{n\lambda}{2d} \tag{4-14}$$

将式（4-14）微分可得

$$\cos\theta\,\Delta\theta = -\frac{n\lambda}{2d^2}\Delta d = -\sin\theta\frac{\Delta d}{d} \tag{4-15}$$

即

$$\frac{\Delta d}{d} = -\cot\theta\,\Delta\theta \tag{4-16}$$

将式（4-16）与 $d = \dfrac{n\lambda}{2\sin\theta}$ 代入式（4-10）并略去无实际意义的负号，可得

$$\varphi = 2R\frac{n\lambda}{\sqrt{4d^2 - (n\lambda)^2}} \tag{4-17}$$

由式（4-17）可知，当采用大直径相机和长波辐射时，分辨本领均可提高，而被照射的晶面间距减小时，亦可提高分辨本领。可见，相机的分辨本领并非完全取决于相机本身的属性。

从相机分辨本领的讨论中还可得出某些重要概念，例如，将式（4-16）改写为

$$\Delta\theta = -\tan\theta\frac{\Delta d}{d} \tag{4-18}$$

式（4-18）表明，晶面间距的微小变化在高 θ 角的线条上将有明显的反映（线条分开或线条位移）。因此，高 θ 角的线条对于进行诸如点阵参数精确测定等工作是非常重要的。

在高角度区分辨率高的性质也是前面讲到的反装法适于获得高分辨率结果的原因；此外，若不清楚测试过程底片安装采用了哪种安装方式时，由于高角度区分辨率比低角度区高，此时入射 X 射线 K_α 双线（$K_{\alpha 1}$ 和 $K_{\alpha 2}$）波长微小差异也会在衍射弧对中产生位置偏差，因此在高角度区产生的衍射线是以相互分离距离很小的"双线"形式存在的，所以可以根据此特征来区分底片中的高角度区和低角度区。

4.3 X射线衍射仪

4.3.1 X射线衍射仪的构造和几何光学

1. 构造

X射线衍射仪由X射线发生器、测角仪、辐射探测器、自动记录单元及控制单元等部分组成，如图4-8所示。

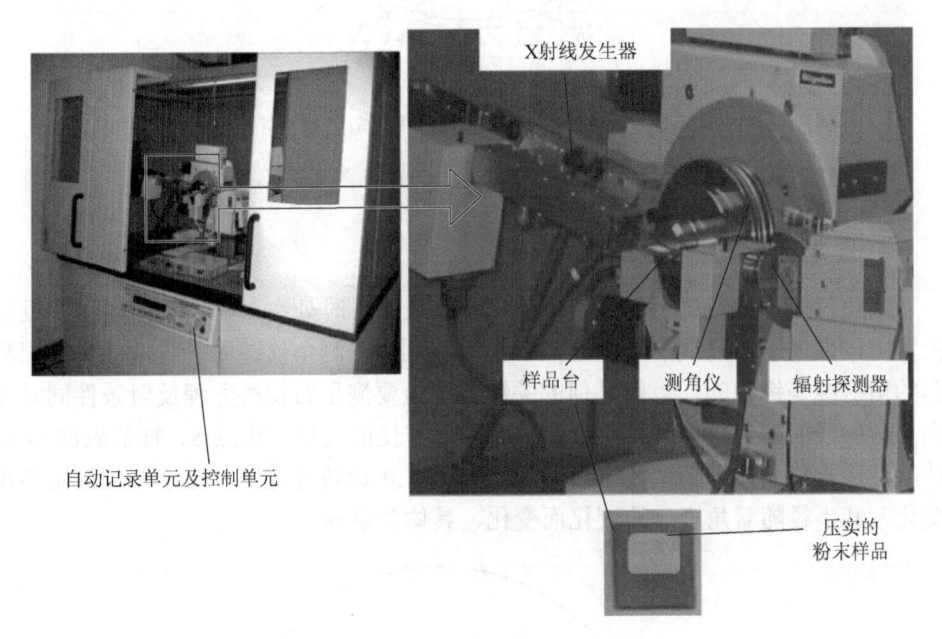

图 4-8 X射线衍射仪的构造

2. 测角仪介绍

测角仪（图4-9）是X射线衍射仪的核心部分，它由以下几部分构成。

（1）样品台：测角仪圆中心是样品台H。

（2）X射线源：由X射线管的靶台上的S（X射线源）发出，S垂直于纸面，位于以O为圆心的圆周上，与O轴平行。

（3）光路布置：S发出X射线照到样品（位于测角仪的圆心位置）上，衍射线通过接收狭缝F进入计数管C。S与C位于同一圆周上，这个圆周称为测角仪圆。

（4）测量动作：工作时，支架E与样品台H同时转动，但转动的角速度为1∶2的比例关系，这一动作称为θ-2θ联动。

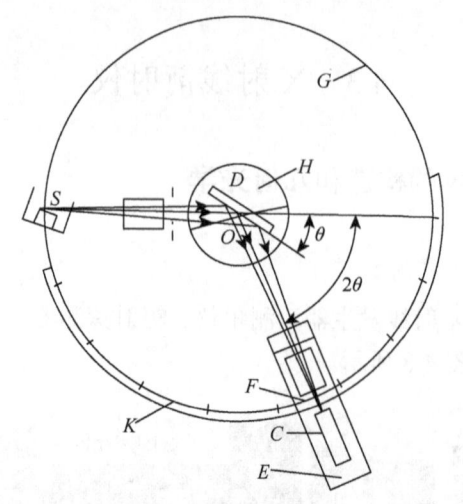

G-测角仪圆；S-X射线源；D-样品；H-样品台；F-接收狭缝；C-计数管；E-支架；K-刻度尺

图 4-9　测角仪构造示意图

3. 测角仪的衍射几何

测角仪这种独特的衍射几何，使得样品表面时时处在入射线和衍射线的反射位置上，保证了衍射线的良好聚焦。衍射线刚好在测角仪圆周上收敛，进入探测器的衍射线是锋锐的。衍射几何的关键问题是要满足布拉格方程反射条件同时要满足衍射线的聚焦条件。为达到聚焦目的，需使射线管的焦点 S、样品表面 O 和计数器接收狭缝 F 位于聚焦圆上（图 4-10），在运转过程中，这个聚焦圆始终在变化，其半径随着角度 θ 的变化而变化，具体关系为

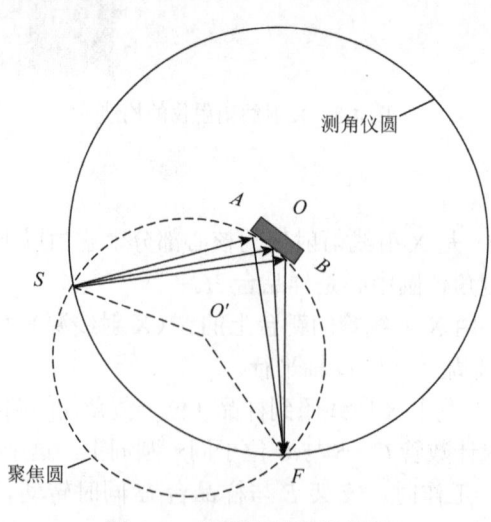

图 4-10　测角仪的聚焦几何

$$r = R/(2\sin\theta) \tag{4-19}$$

式中，r 为聚焦圆半径；R 为测角仪圆半径；θ 为衍射半角。

4.3.2 X射线探测器

衍射仪的 X 射线探测器为计数管。它根据 X 射线光子的计数来探测衍射线存在与否以及它们的强度。它与检测记录装置一起代替了照相法中底片的作用。其主要作用是将 X 射线信号变成电信号。主要有以下几种计数器。

1. 正比计数器（PC）

正比计数器也称为充 Xe 正比计数器，是以气体电离为基础的。正比计数器所产生的脉冲大小与被吸收的 X 射线光子的能量成正比。

2. 闪烁计数器（SC）

闪烁计数器是利用 X 射线激发某种物质会产生可见的荧光，而荧光的多少与 X 射线强度成正比的特性制造的。

3. 固体探测器

固体探测器也称为半导体探测器，目前常用的有锂漂移硅（Si(Li)）或锂漂移锗（Ge(Li)）固体探测器，固体探测器能量分辨率好、分析速度快、检测效率高。固体探测器是单点探测器，也就是说，在某一时刻，它只能测定一个方向上的衍射强度。

4. 阵列探测器

阵列探测器一般用硅二极管制作。这种一维的（线型）或二维的（面型）阵列探测器，既能同时分别记录到达不同位置上 X 射线的能量和数量，又能按位置输出。

4.3.3 计数测量电路

计数测量电路是指：将探测器接收的信号转换成电信号并进行计量后，输出可读取数据的电子电路部分。它的主要组成部分是脉冲高度分析器、定标器和计数率计。其中，脉冲高度分析器对探测器测到的脉冲信号进行甄别，剔除对衍射分析不需要的干扰脉冲，从而降低背底、提高峰背比。定标器和计数率计是对甄别后的脉冲进行计数的电路，进而获得 X 射线的衍射强度。

综上所述，X 射线管发出单色 X 射线照射在样品上，所产生的衍射由探测器测定衍射强度，目前的衍射仪都用计算机将这些强度信号进行自动处理。由测角仪确定角度 2θ，得到衍射强度随 2θ 变化的衍射花样。

4.4 X 射线衍射仪法的测量方法和参数

4.4.1 制备样品的方法

与照相法的粉末样品制备一样，样品中晶体微粒的线性大小以在 10^{-3}mm 数量级为宜，对于无机非金属样品，可以将它们放在玛瑙研钵中研细至用手指搓摸无颗粒感即可。金属或合金样品用锉刀锉成粉末。

与照相法不同的是，在 X 射线衍射仪技术中通常都采用平板状样品。样品板为一表面平整光滑的矩形玻璃板，其上开有一个矩形（也有圆形的）的窗孔或不穿透的凹槽。

制备样品中应注意的问题如下。

（1）样品粉末的粗细：样品粉末的粗细对衍射峰的强度有很大的影响。要使样品晶粒的平均粒径在 5μm 左右，以保证有足够的晶粒参与衍射。

（2）样品的择优取向：具有片状或柱状完全解理的样品物质，其粉末一般都呈细片状或细棒状，在制作样品的过程中易于形成择优取向，从而引起各衍射峰之间的相对强度发生明显变化，有的甚至成倍变化。

4.4.2 X 射线衍射仪的工作方式

1. 连续扫描

连续扫描就是让样品台和探测器以 1：2 的角速度做匀速圆周运动，从而获得衍射图谱。连续扫描图谱可方便地看出衍射线峰位、线形和相对强度等。这种工作方式测试效率高，也具有一定的分辨率、灵敏度和精确度，非常适合大量的日常物相分析工作；能进行峰位测定、线形、相对强度测定，主要用于物相的定性和定量分析工作。

2. 步进扫描

步进扫描又称阶梯扫描。步进扫描工作是不连续的，样品台每转动一定的角度即停止，探测器等后续设备开始工作，并以定标器记录测定在此期间衍射线的总计数，然后样品台继续转动一定角度，重复测量，输出结果。

3. 衍射线峰位的确定及衍射强度的测量

1) 衍射线峰位的确定

峰位确定主要有三种方法：图形法、曲线拟合法和重心法。

（1）图形法分为半高宽（full width at half maximum，FWHM）中点法、峰顶法、切线法。

半高宽中点法：以衍射峰半高宽的中点作为衍射峰 2θ 位置，如图 4-11 中 $P_{1/2}$ 所示；或者以衍射峰 2/3、3/4、7/8 高度的中点为衍射峰 2θ 位置，如图 4-11 中 $P_{2/3}$、$P_{3/4}$ 和 $P_{7/8}$ 所示。

峰顶法：以衍射峰的峰顶位置，如图 4-11 中的 P_0 作为衍射峰 2θ 位置。

切线法：在衍射峰两翼最近于直线的位置各引一条延长线，以它们的交点位置，如图 4-11 中 P_x 作为衍射峰 2θ 位置。

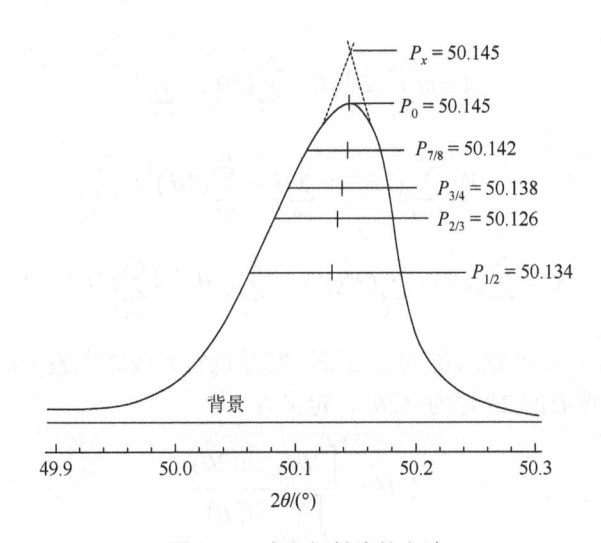

图 4-11　确定衍射峰的方法

（2）曲线拟合法：将衍射线顶部的 m 个强度数据用抛物线来拟合，如衍射峰顶部 $0.8I_{max} \sim I_m$ 区间的强度数据，以拟合线的顶点所对应的 2θ 作为峰顶点的位置 $2\theta_p$。

抛物线方程为

$$I_i = C_1 + C_2(2\theta_i) + C_3(2\theta_i)^2, \quad i=1,2,\cdots,m \tag{4-20}$$

抛物线顶点角度，即 $2\theta_p$ 为

$$2\theta_p = -C_2/(2C_3) \tag{4-21}$$

用抛物线来拟合峰顶曲线，即用回归分析确定系数 C_1、C_2、C_3，抛物线方程的正则方程组为

$$\begin{cases} C_1 m + C_2 \sum_{i=1}^{m}(2\theta_i) + C_3 \sum_{i=1}^{m}(2\theta_i)^2 = \sum_{i=1}^{m} I_i \\ C_1 \sum_{i=1}^{m}(2\theta_i) + C_2 \sum_{i=1}^{m}(2\theta_i)^2 + C_3 \sum_{i=1}^{m}(2\theta_i)^3 = \sum_{i=1}^{m}(2\theta_i) I_i \\ C_1 \sum_{i=1}^{m}(2\theta_i)^2 + C_2 \sum_{i=1}^{m}(2\theta_i)^3 + C_3 \sum_{i=1}^{m}(2\theta_i)^4 = \sum_{i=1}^{m}(2\theta_i)^2 I_i \end{cases} \quad (4\text{-}22)$$

解方程得到系数 C_1、C_2、C_3，得到衍射峰位角 $2\theta_p$ 为

$$2\theta_p = \frac{1}{2} \frac{A\sum_{i=1}^{m}(2\theta_i)^4 + B\sum_{i=1}^{m}(2\theta_i)^3 + C\sum_{i=1}^{m}(2\theta_i)^2}{A\sum_{i=1}^{m}(2\theta_i)^3 + B\sum_{i=1}^{m}(2\theta_i)^2 + C\sum_{i=1}^{m}(2\theta_i)} \quad (4\text{-}23)$$

式中，

$$A = m\sum_{i=1}^{m}(2\theta_i) I_i - \sum_{i=1}^{m}(2\theta_i) \times \sum_{i=1}^{m} I_i$$

$$B = \sum_{i=1}^{m}(2\theta_i)^2 \times \sum_{i=1}^{m} I_i - \sum_{i=1}^{m}(2\theta_i)^2 I_i$$

$$C = \sum_{i=1}^{m}(2\theta_i) \times \sum_{i=1}^{m}(2\theta_i)^2 I_i - \sum_{i=1}^{m}(2\theta_i)^2 \times \sum_{i=1}^{m}(2\theta_i) I_i$$

（3）重心法：重心法又称为矩心法，它是以背景线之上整个衍射峰面积重心的 2θ 为峰位，重心的 2θ 记为 $\langle 2\theta \rangle$，定义为

$$\langle 2\theta \rangle = \frac{\int 2\theta I_{(2\theta)} \mathrm{d}(2\theta)}{\int I_{(2\theta)} \mathrm{d}(2\theta)} \quad (4\text{-}24)$$

式中，$I_{(2\theta)}$ 为 2θ 处减去背景的衍射强度。重心法用衍射峰的全部数据来确定衍射峰位置，因此结果受其他因素的干扰较小，重复性较好。但计算工作量较大，适用于计算机程序处理的方法。用衍射峰形的重心代表峰形的位置，更重要的优点是：所有影响峰形位置的 n 个因素分别产生的峰形重心的位移若为 $C_1, C_2, \cdots, C_n$，则产生的峰形重心的总位移 C 就是对 n 个因素的重心位移求和

$$C = C_1 + C_2 + \cdots + C_n = \sum_{i=1}^{n} C_i \quad (4\text{-}25)$$

2）衍射强度的测量

在 X 射线衍射仪技术中，由定标器所测得的计数率是与衍射强度呈线性关系

的,这样的衍射强度称为绝对强度,其单位为 cps,即每秒计数值(counts per second)。但在大多情况下,特别是在物相分析工作中,只需要对比同一次扫描中所得到的各个衍射峰之间的相对强度。此时,以最强峰的强度作为 100,然后与其他各个衍射峰进行对比测定。

衍射强度的表示分为峰高强度和积分强度。

(1) 峰高强度:以扣除背底后的峰顶高度代表整个衍射峰的强度。具体的作法是在两个峰脚之间作一条直线,从它以上的峰高作为衍射峰的强度。它最大的缺点是,一个衍射峰所表现的峰高,受实验条件的影响相当大,在不同实验条件下,峰高可有明显的变化。但由于测量峰高极为简便,在对强度 I 值的精度要求不高时,如一般的物相定性分析工作中,仍常采用峰高强度。

(2) 积分强度:也称累积强度。它是以整个衍射峰在背景线以上部分的面积作为峰的强度。它的优点是,尽管峰的高度和形状可随实验条件的不同而变化,但峰的面积却比较稳定。因此,在诸如物相定量分析等要求强度尽可能精确的情况下,都采用积分强度。过去用求积仪或透明方格纸计数测量峰的面积,现在可用计算机直接测量。

4.4.3 实验参数的选择

1. 阳极靶的选择

阳极靶的选择原则是使阳极靶材所产生的特征 X 射线不激发样品元素的荧光 X 射线。若样品的 K 吸收限为 λ_K,应选择靶的 K_α 波长稍稍大于 λ_K,并尽量靠近 λ_K,这样不产生 K 系荧光,而且吸收最小。一般原则是 $Z_{靶} \leqslant Z_{样} + 1$ 或 $Z_{靶} \gg Z_{样}$。切记:当阳极靶元素的原子序数比样品大 2~3 时,激发荧光 X 射线的现象最为严重。

2. 滤波片的选择

一般情况下 $Z_{滤} = Z_{靶} - 1$,因此一旦阳极靶确定,滤波片也就确定了。

3. 管电压和管电流的选择

实验中所采用的管电压也取决于所采用的阳极靶材。管电压取阳极靶元素 K 系激发电压的 3~5 倍。管电压确定后,管电流可根据 X 射线管的功率确定。

4. 狭缝的选择

一般来说,增加狭缝宽度可导致衍射强度增高,但同时使分辨率下降。在测角仪的光路中,有发散狭缝、防散射狭缝及接收狭缝。

5. 时间常数的选择

时间常数指衍射强度记录时间间隔的长短。增大时间常数可使衍射线及背底变得平滑，但同时使衍射峰向扫描方向偏移，造成衍射线的不对称宽化。但过小的时间常数会使背底的波动加剧，使弱线不易识别。

6. 扫描速度的选择

扫描速度指计数管在测角仪圆上均匀转动的角速度。增大扫描速度，可节约测试时间，但同时将导致强度和分辨率下降，并使衍射峰的位置向扫描方向偏移。

4.5 点阵常数的测定

任何一种晶体材料的点阵常数都与它所处的状态有关。当外界条件（如温度、压力）以及化学成分、内应力等发生变化时，点阵常数都会随之改变。这种点阵常数变化是非常微小的，通常在 10^{-5}nm 量级。精确测定这些变化对研究材料的相变、固溶体含量及分解、晶体热膨胀系数、内应力、晶体缺陷等诸多问题非常有用，所以精确测定点阵常数的工作在这些情况下显得十分必要。

4.5.1 基本原理

用 X 射线法测定物质的点阵常数，是通过测定某晶面的掠射角 θ 来计算的。以立方晶系为例：

$$a = \frac{\lambda\sqrt{H^2 + K^2 + L^2}}{2\sin\theta} \tag{4-26}$$

式中，波长 λ 是由阳极靶材产生的特征 X 射线的波长，是经过精确测定的，有效数字甚至可达 7 位，对于一般的测定工作，可以认为没有误差；H、K、L 均是整数，无所谓误差。因此，点阵常数 a 的精度主要取决于 $\sin\theta$ 的精度。

θ 角的测定精度取决于测试仪器和测试方法。以德拜-谢乐法为例分析，测定衍射线的 θ 时，其误差有多种来源，概括起来主要是相机的半径误差、底片的伸缩误差、样品的偏心误差及样品的吸收误差等。

由 $\sin\theta$ 的函数曲线特性可知，当 $\Delta\theta$ 一定时，$\sin\theta$ 的变化与 θ 所在范围有很大关系，如图 4-12 所示。当 θ 角位于低角度区时，若存在 $\Delta\theta$ 的测量误差，对应的 $\Delta\sin\theta$ 误差范围很大；当 θ 角位于高角度区时，若存在同样 $\Delta\theta$ 的测量误差，对应的 $\Delta\sin\theta$ 误差范围变小；当 θ 角趋近于 90°时，尽管存在同样大小的 $\Delta\theta$ 测量误差，对应的 $\Delta\sin\theta$ 误差却趋近于零。因此，要获得尽可能小的误差，需尽可能地选取高角度区的衍射线作为分析对象。

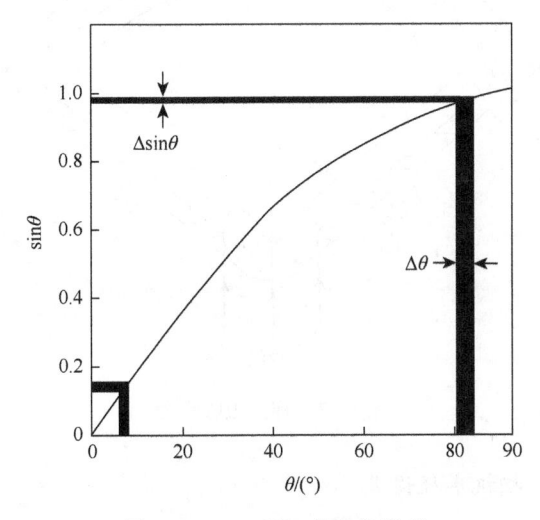

图 4-12 $\sin\theta$ 随 θ 的变化关系

4.5.2 误差来源

德拜-谢乐法常用于点阵常数的精确测定，其系统误差来源主要有以下几个方面。

1. 样品吸收误差

样品对 X 射线的吸收会使 X 射线的波长发生波动，进而将使衍射线偏离理论位置，在计算德拜相时应予以考虑。金属材料对 X 射线吸收较强烈，使照射深度一般不超过 0.02mm，故可认为仅是样品表面受到照射。

入射 X 射线照射到半径为 ρ 的样品后，会产生一个顶角为 4θ 的衍射圆锥面。在底片上记录的弧对其平均理论距离为 $2L_0$。X 射线只能照射到样品的半个圆柱表面，而参与形成该圆锥面的物质又只是其中的一部分。它由圆柱面的两根切线所限定。这部分物质在底片上所形成的衍射线宽度为 b。可见，由于样品的吸收，衍射线弧对距离已较理论值大一些，如图 4-13 所示。衍射线有一定宽度，如果测量的是弧对外缘距离 $2L_{外缘}$，则从图中可看出，它与 $2L_0$ 及 ρ 有简单的关系：

$$2L_{外缘} = 2L_0 + 2\rho \tag{4-27}$$

利用式（4-27）即可修正由样品吸收引起的衍射线位置的误差。该修正法不仅适用于金属，还适用于对 X 射线吸收较弱的其他物质，因为弱吸收虽使衍射线的宽度 b 增大，但并不影响衍射线的外缘位置。

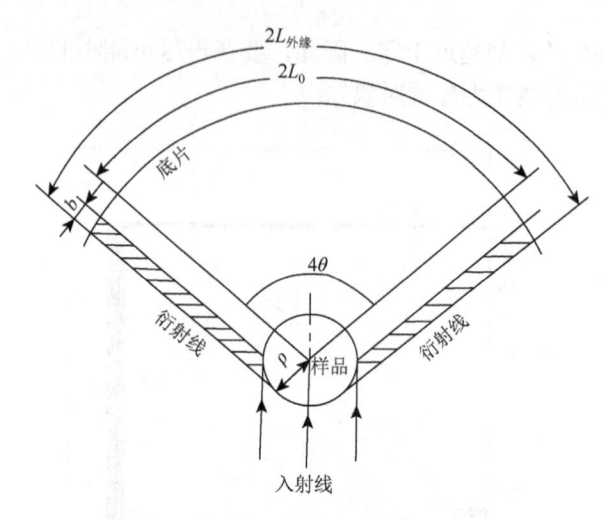

图 4-13 样品吸收误差

2. 底片伸缩、相机半径误差

在对弧对距离的测量与计算中，需要用到相机半径（底片周长），而在实际测量过程中底片往往因热胀冷缩导致周长发生变化；另外，在安装底片时接头对接不理想也会造成误差。如果直接采用相机半径进行计算，相机的长期使用也会不可避免地造成相机半径发生变化。

为避免这些误差因素，在底片安装时可采用偏装法，在此基础上利用有效周长来进行计算。从偏装底片上可以直接测量出底片所围成圆筒的周长，这个周长称为有效周长 C_0。按图 4-14 可有以下关系：

$$C_0 = A + B \tag{4-28}$$

采用经吸收校正的线对距离 $2L_0$ 及有效周长 C_0 可计算得到较准确的 θ：

$$\theta = \frac{90°}{C_0} \cdot 2L_0 \tag{4-29}$$

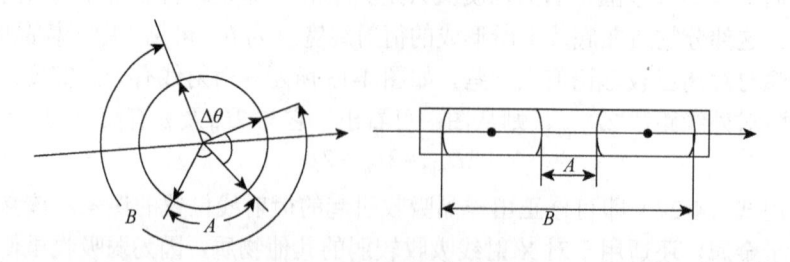

图 4-14 有效周长的测量

4.5.3 消除误差的方法

1. 采用精密实验技术

精密实验技术的要点有以下几个方面。
(1) 采用不对称装片法（偏装法）以消除由于底片收缩和相机半径不精确所产生的误差。
(2) 将样品轴高精度地对准相机中心，消除样品偏心误差。
(3) 利用背射衍射线和减小样品直径等措施减小吸收误差。
(4) 采用大直径相机，衍射线位置采用精密的比长仪进行测定。
(5) 曝光期间必须将整个相机的温度变化保持在 0.01℃以内（消除晶格热胀冷缩误差）。

2. 应用数学处理方法

1) 直线外推法（立方晶系）

由前面分析可知，如果所测得的衍射线 θ 角趋近于 90°，那么误差（$\Delta a/a$）趋近于 0。但是，要获得 $\theta = 90°$ 的衍射线是不可能的。于是人们考虑采用直线外推法来解决问题。直线外推法是以 $\cos^2\theta$ 为横坐标，以点阵常数 a 为纵坐标；求出一系列衍射线的 θ 角及其所对应的点阵常数 a；在所有点阵常数 a 坐标点之间作一条直线交于 $\theta = 90°$ 处的纵坐标轴上，从而获得 $\theta = 90°$ 时的点阵常数，这就是精确的点阵常数。

以 $\cos^2\theta$ 作为外推函数时，只有在满足以下条件时才能得出较好的结果。
(1) 在高角度区 $\theta = 60° \sim 90°$ 有数目多、分布均匀的衍射线。
(2) 至少有一根很可靠的衍射线在 80°以上。
(3) 在满足以上条件，θ 角测量精度为 0.01°时，测量的最佳精度可达两万分之一。
(4) 若 $\theta = 60° \sim 90°$ 的衍射线不够多，可采用尼尔逊（J. B. Nelson）外推函数 $g(\theta) = \cos^2\theta/\sin\theta + \cos^2\theta/\theta$，精度可达五万分之一。

2) 最小二乘法

直线外推法仍存在不少问题。首先，要画出一条最合理的直线以表示各实验点的趋势，主观色彩较重；其次，图纸的刻度欠细致精确，应对更高的要求存在困难。采用最小二乘法处理，可以克服这些缺点。

在此拟将最简单的最小二乘法原理进行浅显的介绍。若对某物理量做 n 次等精度测量，其结果分别为 $L_1, L_2, L_3, \cdots, L_i, \cdots, L_n$。通常，人们采用其算术平均值 L

作为该量的"真值"。按照最小二乘法原理，L 可能并非该量的最佳值。$L-L_i$ 称为残差或误差。按以下方法确定的 L 值是最理想的，即它能使各次测量误差的平方和最小。这种方法可以将测量的偶然误差减至最小。在点阵常数测定中，因为同时存在系统误差，平均直线与纵坐标的截距才表示欲得的精确数值。为求出截距，可采用最小二乘法。

最小二乘法原理：

$$\Delta y_1 = a + bx_1 - y_1 \tag{4-30}$$

式中，a 为直线截距；b 为斜率；(x_i, y_i) 为试验点。

所有实验点误差的平方和为

$$\sum \Delta y^2 = (a+bx_1-y_1)^2 + (a+bx_2-y_2)^2 + \cdots + (a+bx_i-y_i)^2 + \cdots \tag{4-31}$$

式中，a 为直线截距；b 为斜率；(x_i, y_i) 为试验点。

按最小二乘法原理，误差平方和为最小的直线是最佳直线。求 $\sum \Delta y^2$ 最小值的条件是

$$\frac{\partial \sum \Delta y^2}{\partial a} = 0 \quad \text{及} \quad \frac{\partial \sum \Delta y^2}{\partial b} = 0$$

即

$$\begin{aligned} \sum Y &= \sum a + b \sum X \\ \sum XY &= a \sum X + b \sum X^2 \end{aligned} \tag{4-32}$$

式中，纵坐标 Y 为点阵参数值；横坐标 X 为外推函数值。

以上方程组称为正则方程组。将求解此方程组，即得误差平方和为最小值的 a 和 b 最佳值，从而可作出最佳直线。

习　题

1. 某一粉末相上背射区线条与透射区线条比较起来，其 θ 较高还是较低？相应的 d 较大还是较小？

2. 衍射仪测量在入射光束、样品外形、样品吸取以及衍射线记录等方面与德拜-谢乐法有何不同？

3. 测角仪在采集衍射图时，如果样品表面转到与入射线成 30°角，则计数管与入射线所成角度为多少？能产生衍射的晶面，与样品的自由表面是何种几何关系？

4. 试用埃瓦尔德图解来说明德拜衍射花样的形成。

5. CuK$_\alpha$ 辐射（$\lambda = 0.15418$nm）照射银（面心立方）样品，测得第一衍射峰位置 $2\theta = 38°$，试求 Ag 的点阵常数。

6. 试总结德拜-谢乐法衍射花样的背底来源，并提出一些防止和减少背底的措施。

7. X 射线多晶衍射，实验条件应考虑哪些问题？结合自己的课题拟定实验方案。

第5章 X射线物相分析

5.1 定 性 分 析

化学分析、光谱分析、X射线荧光光谱分析、X射线微区域分析（电子探针）等均可测定样品的元素组成，但X射线衍射却可鉴别样品中的物相。物相包括纯单质、化合物和固溶体。当待测样品由单质或其混合物组成时，X射线物相分析所指示的是单质，因为此时单质就是物相；但当单质元素相互组成化合物或固溶体时，所给出的是化合物或固溶体而非它们的组成元素。

物相定性分析是十分有效且应用广泛的分析方法，在材料、冶金、机械、化工、地矿、环保、医药、食品等行业中经常涉及。在区分物质的同素异构体时，X射线分析准确且迅速。例如，已经测定的各种结构的 Al_2O_3 就有近20种，它们均容易被X射线法所区分，而其他方法对此却无能为力。

5.1.1 基本原理

X射线衍射分析以晶体结构为基础。每种结晶物质都有其特定的结构参数，包括点阵类型、单胞大小、单胞中原子（离子或分子）的数目及其位置等，而这些参数在X射线衍射花样中均有所反映。尽管物质的种类千千万万，但却没有两种衍射花样完全相同的物质。某种物质的多晶体衍射线条数目、位置以及强度，是该种物质的特征，因而可以成为鉴别物相的标志。

如果将几种物质混合后检测，则所得结果将是各单独物相衍射线的简单叠加。根据这一原理，就有可能从混合物的衍射花样中，将各物相一个一个地寻找出来。如果拍摄了大量标准单相物质的图样，则物相分析就变成了简单的对照工作，但这种做法并非总是可行的，因为它首先要求每个实验室制作并储存大量的图样；其次是要将已知和未知图样一一对比，也绝非轻而易举之事。必须制定一套迅速检索的办法。这套办法由哈纳沃特（Hanawalt）于1938年创立。图样上线条的位置由衍射角 2θ 决定，而 θ 取决于波长 λ 以及晶面间距 d，其中 d 是由晶体结构决定的基本量。因此，在卡片上列出一系列 d 及对应的强度 I，就可以代替衍射图样。应用时，只需将所测图样经过简单的转换就可与标准卡片相对照，而且在摄照待测图样时不必局限于使用与制作卡片时同样的波长。如果待测图样的 d 及 I 系列与某标准样能很好地对应，就可认为样品的物相就是该标准物质。由于标准卡片的数量很多，对照工作必须借助索引进行。

物相定性分析不仅是最基本的和应用最广泛的分析方法，而且物相分析的知识往往也是其他衍射分析方法的基础，故对卡片、索引及其使用需有一个较为清楚的认识。

5.1.2 粉末衍射卡片

卡片出版经历了几个阶段：1941 年开始，由美国材料试验协会（American Society of Testing Materials，ASTM）整理出版；1969 年起改由粉末衍射标准联合委员会（Joint Committee on Powder Diffraction Standards，JCPDS）出版；1978 年进一步与国际衍射数据中心（The International Center for Diffraction Data，ICDD）联合出版，即 JCPDS/ICDD；1992 年后的卡片统由 ICDD 出版。至 1997 年，已有卡片 47 组，包括有机物相、无机物相约 67000 个。新老卡片的形式不尽相同。图 5-1 所示为 1996 年出版的第 46 组 PDF 标准衍射卡片（ICDD）的一例。

		$d/Å$	Int	hkl	$d/Å$	Int	hkl
SmAlO₃ Aluminum Samarium Oxide	1	3.737 3.345 2.645	62 5 100	110 111 112	5		
Rad. Cu $K_{\alpha 1}$ λ1.540598 Filter Ge Mono. d-sp Guinier Cut off 3.9 Int. Densitometer $I/I_{cor.}$ 3.44 Ref. Wang, P., Shanghai Inst. of Ceramics, Chinese Academy of Sciences, Shanghai, China, ICDD Grant-in-Aid, (1994)	2	2.4948 2.2549 2.1593 1.8701 1.8149	4 2 46 62 6	003 211 202 220 203			
Sys. Tetragonal S.G. a 5.2876(2)b c7.4858(7) A C1.4157 α β γ Z4 mp Ref. Ibid. D_x 7.153 D_m SS/FOM F_{19} = 39(.007, 71)	3	1.6727 1.6320 1.5265 1.3900 1.3220	41 7 49 6 33	222 311 312 115 400			
Integrated in tensities, Prepared by heating the compact powder mixture of Sm₂O₃ and Al₂O₃ according to the stoichiometric ratio of SmAlO₃ at 150℃ in molybdenum silicide-resistance furnace in air for 2days. Silicon used as internal standard. To replace 9-82 and 29-83.	4	1.3025 1.2462 1.1822 1.1677 1.1274 1.1149	1 19 18 5 15 2	205 330 420 421 422 333			

图 5-1 SmAlO₃ 的粉末衍射卡片

波长单位暂用埃（Å），1Å = 0.1nm

（1）第 1 栏为物质的化学式及英文名称，有时在栏的右边还列出"点"式或结构式。

（2）第 2 栏为获得衍射数据的实验条件，其中 Rad.为辐射种类，如 $CuK_{\alpha 1}$、MoK_α 等；λ 为辐射波长，单位为 Å；Filter 为滤片名称，如采用单色器就注明 Mono.，d-sp 是测定晶面间距所用方法或仪器，如 X 射线衍射仪；Cut off 表示该仪器所能测量的最大晶面间距；Int.为用以测定相对衍射强度的仪器或方法，如黑度计、衍射仪等；I/I_{cor} 为参比强度值。

（3）第 3 栏主要为物质的晶体学数据，其中 Sys.为晶系；S.G.为空间群符号；a、b、c 为单胞在三个轴上的长度；$A = a/b$，$C = c/a$ 为轴比；α、β、γ 为晶胞轴间夹角；Z 为单位晶胞中的化学式单位的数目（元素指其单胞中的原子数；化合物指其单胞中的化学式单位的数目）。该栏尚有物质的熔点、密度（用 X 射线衍射法测得的密度为 D_x）；SS/FOM 为品质指数，表明所测晶面间距的完善性和精密度。第 2 栏及第 3 栏中的 Ref.给出数据的来源并注明年份。

（4）第 4 栏列出样品来源、制备或化学分析数据等。此外，若获得资料的温度以及卡片的替换等进一步的说明亦列于本栏中。

（5）第 5 栏列出物质的一系列晶面间距 d，衍射强度 Int（以最强线的强度为 100 时的相对强度，老卡片的符号为 I/I_1）及晶面指数 hkl。

5.1.3 索引

利用卡片档案的索引进行检索可大大节约时间。索引按物质分为有机相和无机相两类。按检索方法又有字母索引和数字索引（Hanawalt 索引）两种。

1. 字母索引

根据物质英文名称的第一个字母顺序排列。在每一行上列出卡片的质量标记、物质名称、化学式、衍射花样中三根最强线的 d 值和相对强度及卡片序号。检索者一旦知道了样品中的一种或数种物相或化学元素，便可利用这种索引进行检索。被分析的对象中所可能含有的物相往往可以从文献中查到或估计出来，这时可通过字母索引将有关卡片找出，与待定衍射花样对比，即可迅速确定物相。

2. Hanawalt 索引（检索手册）

当检索者完全没有待测样品的物相或元素信息时，可以利用此种索引进行检索。它是一种数字索引，采用 Hanawalt 组合法，即将最强线的晶面间距 d_1 处于某一范围内（如 0.265～0.269nm）者归入一组。不同年份出版的索引其分组及系目内容不尽相同。以 1995 年的无机相 Hanawalt 检索手册为例，将晶面间距 d_1 从 0.00

至 999.99 共分为 40 组。组的顺序按晶面间距范围从大到小排列，组的晶面间距范围及其误差在每页顶部标出。在每组内则按次强线的晶面间距 d_2 减小的顺序排列，而对 d_2 值相同的几列又按 d_1 值递减的顺序安排。

衍射花样中的三强线顺序，常会因各种因素的影响而有所变动。为避免由此带来的检索困难，常将同种物质衍射花样中几根最强线的晶面间距顺序调换排列，使同一物质在索引的不同部位出现不止一次。目前除使用印刷类型的卡片、卡片书、索引等以外，磁盘、光盘类型的数据库及索引使用也日益广泛。借助计算机查阅变得更加快速方便。

5.1.4 定性分析的过程

1. 过程概述

定性分析从摄照衍射花样开始，可在 X 射线衍射仪上绘画衍射图，或者用 X 射线晶体分析仪摄照德拜相，从衍射花样上要测量出各衍射线对应的晶面间距及相对强度。

晶面间距 d 的测量：物相分析对 d 值的要求并不很高。在衍射花样上，可取衍射峰的顶点或者中线位置（估计即可）作为该线的 2θ 值，按横坐标估计到 0.01°，并借助工具书（按布拉格公式计算出的表格或曲线）查出相应的 d 值。对德拜相可根据要求选用米尺或比长仪测量。相对强度 I/I_1 的测量：在衍射图上习惯只测量峰高而不必采用积分强度，除非在峰宽差别很大的场合下。峰高也允许大致估计而无须精确测量。可将最高峰定为 100，并按此定出其他峰的相对高度。德拜相常采用目测强度，如采用最强、强、中、弱、最弱五级，或采用 100，90，…，10 的十级标准。

目前的 X 射线衍射仪一般通过计算机自动采集数据并处理，可自动输出对应各衍射峰的 d、I 数值表。当获得按晶面间距递减的 d 系列及对应的 I/I_1 后，物相鉴定可按以下一般程序进行。

（1）从前反射区（$2\theta < 90°$）中选取强度最大的三根衍射线，并使其 d 值按强度递减的次序排列，又将其余线条之值按强度递减顺序列于三强线之后。

（2）从 Hanawalt 索引中找到对应的 d_1（最强线的晶面间距）组。

（3）按次强线的晶面间距 d_2 找到接近的几行。在同一组中，各行系按 d_2 递减顺序安排，此点对于寻索十分重要。

（4）检查这几行数据最强线的晶面间距 d_1 是否与实验值很接近。得到肯定之后再依次比对第三强线，第四、第五直至第八强线，并从中找出最可能的物相及其卡片号。

（5）从档案中抽出卡片，将实验所得 d 及 I/I_1 与卡片上的数据详细对照，如果对应得很好，物相鉴定即告完成。如果待测样品数列中第三个 d 值在索引各行均找不到对应，说明该衍射花样的最强线与次强线并不属于同一物相，必须从待测花样中选取下一根线作为次强线，并重复（3）～（5）的检索程序。

当找出第一物相之后，可将其线条剔出，并将残留线条的强度归一化，再按程序（1）～（5）检索其他物相。注意不同的物相的线条有可能相互重叠。

考虑到实验数据可能有误差，故允许所得的 d 及 I/I_1 与卡片上的数据略有出入。一般来说，d 是可以较精确得出的，误差约为 0.2%，不能超过 1%，它是鉴定物相最主要的根据；而 I 的误差则允许稍大一些，因为导致强度不确定的因素较多。

2. MDI Jade 软件物相检索

物相检索就是"物相定性分析"。它的基本原理是基于以下三条原则：①任何一种物相都有其特征的衍射谱；②任何两种物相的衍射谱不可能完全相同；③多相样品的衍射峰是各物相的机械叠加。因此，通过实验测量或理论计算，建立一个"已知物相的卡片库"，将所测样品的图谱与 PDF 卡片库中的标准卡片一一对照，就能检索出样品中的全部物相。物相检索包括以下步骤。

（1）给出检索条件：包括检索子库（有机还是无机、矿物还是金属等）、样品中可能存在的元素等。

（2）计算机按照给定的检索条件进行检索，将最可能存在的前 100 种物相列出一个表。

（3）从列表中检定出一定存在的物相。

一般来说，判断一个相是否存在有三个条件：①标准卡片中的峰位与测量峰的峰位是否匹配，一般情况下标准卡片中出现的峰的位置，样品谱中必须有相应的峰与之对应，即使三条强线对应得非常好，但有另一条较强线位置明显没有出现衍射峰，也不能确定存在该相，但是当样品存在明显的择优取向时除外，此时需要另外考虑择优取向问题；②标准卡片的峰强比与样品峰的峰强比要大致相同，但一般情况下，对于金属块状样品，由于择优取向的存在，峰强比不一致，因此峰强比仅可作为参考；③检索出来的物相包含的元素在样品中必须存在，如果检索出一个 FeO 相，但样品中根本不可能存在 Fe 元素，即使其他条件完全吻合，也不能确定样品中存在该相，此时可考虑样品中存在与 FeO 晶体结构大体相同的某相。对于无机材料和黏土矿物，一般参考特征峰来确定物相，而不要求全部峰的对应，因为一种黏土矿物中包含的元素也可能不同。下面介绍 MDI Jade 软件中物相检索的步骤。

1）第一轮：初步检索

打开一个图谱，不进行任何处理，鼠标右击 S/M 按钮，打开检索条件设置对话框，取消勾选 Use chemistry filter 复选框，同时选择多种 PDF 子库，检索对象选择为"主相"（S/M Focus on Major Phases）再单击 OK 按钮，进入 Search/Match Display 窗口。如图 5-2 所示，Search/Match Display 窗口分为三块：最上面是全谱显示窗口，可以观察全部 PDF 卡片的衍射线与测量谱的匹配情况，中间是放大窗口，可观察局部匹配的细节，通过右边的按钮可调整放大窗口的显示范围和放大比例，以便观察得更加清楚。窗口的最下面是检索列表，从上至下列出最可能的 100 种物相，一般按 FOM 由小到大的顺序排列，FOM 是匹配率的倒数。数值越小，表示匹配性越高。在这个窗口中，鼠标所指的 PDF 卡片行显示的标准谱线是蓝色（MDI Jade 中，如图 5-2 中黑色箭头所示），已选定物相的标准谱线为其他颜色，会自动更换颜色，以保证当前所指物相谱线的颜色一定为蓝色（MDI Jade 中）。在列表右边的按钮中，上下双向箭头用来调整标准线的高度，左右双向箭头则可调整标准线的左右位置，这个功能在固溶体合金的物相分析中很有用，因为固溶体的点阵常数与标准卡片的谱线对比总有偏移（固溶原子的半径与溶质原子半径不同造成晶格畸变）。物相检定完成，关闭这个窗口返回到主窗口中。使用这种方式，一般可检测出可能的物相。

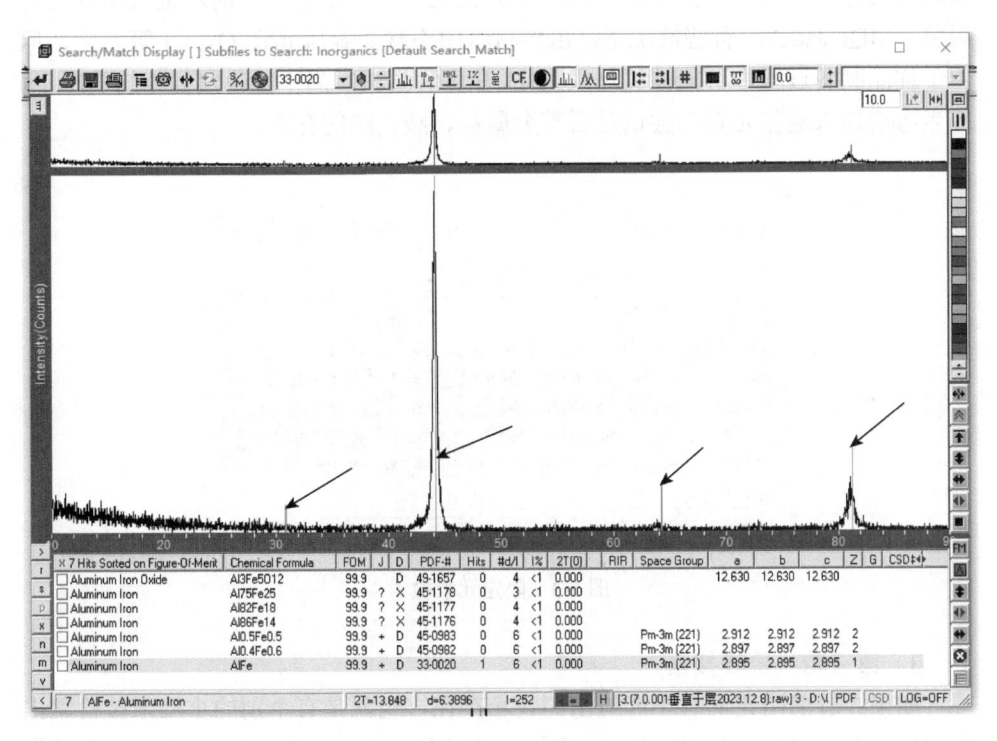

图 5-2 可能的物相检索

2）第二轮：限定条件的检索

限定条件主要是限定样品中存在的元素或化学成分，勾选 Use chemistry filter 复选框，进入一个元素周期表对话框，如图 5-3 所示。将样品中可能存在的元素全部输入，单击 OK 按钮，返回到前一对话框界面，此时可选择检索对象为次要相或微量相（S/M Focus on Minor Phases 或 S/M Focus on Trace Phases）。其他下面的操作就完全相同了。

此步骤一般能将剩余相都检索出来。如果检索尚未全部完成，即还有多余的衍射线未检定出相应的相来，可逐步减少元素个数，重复上面的步骤，或按某些元素的组合，尝试一些化合物的存在。如某样品中可能存在 Al、Sn、O、Ag 等元素，检定是否存在 Sn-O 化合物，此时元素限定为 Sn 和 O，暂时去掉其他元素。在化学元素选定时，有三种选择，即"不可能"、"可能"和"一定存在"。"不可能"就是不存在，也就是不选该元素。"可能"就是被检索的物相中可能存在该元素，也可能不存在该元素，如选择了三个元素 Li、Mn、O 都为"可能"，则在这三种元素的任意组合中去检索。"一定存在"表示被检索的物相中一定存在该元素，如选定 Fe 为"一定存在"，而 O 为可能，则检索对象为 Fe 和 Fe 的全部氧化物相。"可能"的左键单击标记为蓝色，"一定存在"的左键双击标记为绿色（MDI Jade）。有些情况下，虽然材料中不含非金属元素 O、Cl 等元素，但由于样品制备过程中可能被氧化或氯化，在多种尝试后尚不能确定物相的情况下，应当考虑加入这些元素，尝试是否有金属盐、酸、碱的存在。

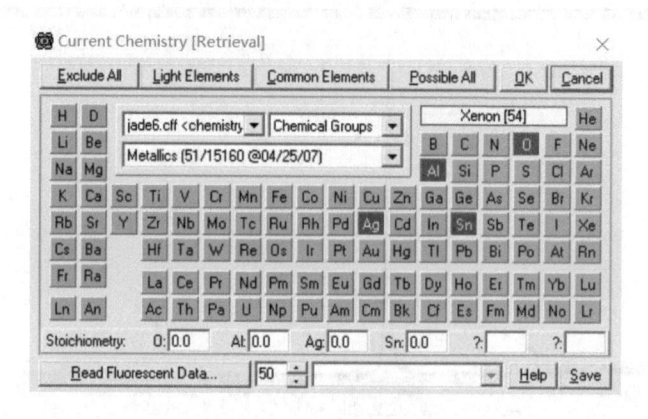

图 5-3 限定元素检索

3）第三轮：单峰搜索

如果经过前两轮尚有不能检出的物相存在，也就是有个别的小峰未被检索出物相来，那么此时最有可能成功的就是单峰搜索。在过程概述部分上有"三强线"检索法，这里使用单峰搜索，即指定一个未被检索出的峰，在 PDF 卡片库中搜索在此处出现衍射峰的物相列表，然后从列表中检出物相，方法如下。

在主窗口中选择"计算峰面积"Peak Paint 按钮，在峰下画出一条底线，该峰被指定，鼠标右击 S/M 按钮，检索对象变为灰色不可调。此时，可以限定元素或不限定元素，软件会列出在此峰位置出现衍射峰的标准卡片列表，如图 5-4 所示。其他操作与三强线检索法相同。通过以上三轮搜索，99.9%的样品都能检索出全部物相。另外，虽然 PDF 卡片每年都有更新，目前已超过 140000 张卡片，但并不是每个物相都一定能从卡片库中找到。这时应当考虑是否有新的物相产生，或者是检索中存在错误。

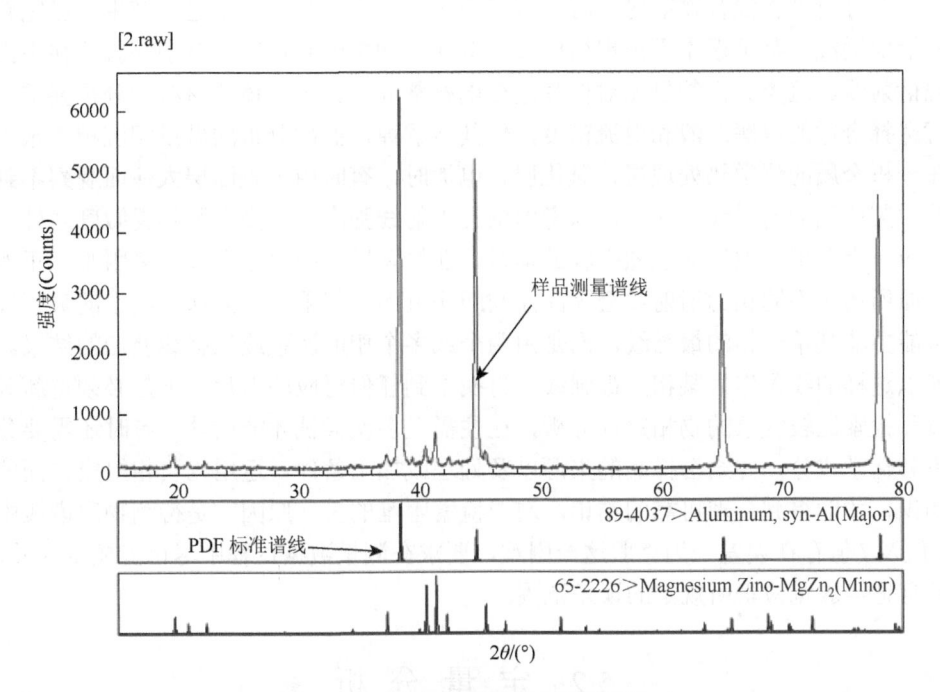

图 5-4 与 PDF 标准衍射卡片谱线比对

3. 可能碰到的困难

定性分析的原理和方法虽然简单，但在实际工作中往往会碰到很多问题，不但涉及衍射谱线的问题，更主要的是物相鉴别，即卡片检索中的问题。

1）关于 d 值和 I 值的偏差

晶面间距 d 值是定性物相分析的主要依据，但由于样品和测试条件与标准状态的差异，不可避免地存在测量误差，导致 d 测量值与卡片上的标准值之间有一定偏差，这种偏差随 d 值的增大即 2θ 的减小而增大，定性分析所允许的 d 值偏差可参考索引中 d 值大小对照组处。当被测物相中含有固溶元素时，此偏差可能更大，这就依赖于测试者根据样品本身情况加以判断。

衍射强度 I 值对样品物理状态和实验条件等很敏感，即使采用衍射仪获得较为准确的强度测量，也可能与卡片上的数据存在差异，当测试所用的辐射波长与卡片不同时，相对强度的差别则更为明显。如果不同相的晶面间距相近，那么必然造成衍射线的重叠，也就无法确定各物相的衍射强度。当存在织构时，会使衍射相对强度出现反常分布。这些都是实测相对强度与卡片数据不符的原因。因此，在定性分析中不要过分计较衍射强度的问题。

2) 定性分析的难点

在分析多相混合物衍射谱时，若某个相的含量过少，将不足以产生自己完整的衍射谱线，甚至根本不出现衍射线。例如，钢中的碳化物、夹杂物就往往不出现衍射线。这类分析须事先对样品进行电解萃取，针对具体的材料和分析要求，可选择合适的电解溶液和电流密度，使其溶解掉，而欲分析的微量相沉积下来。在分析金属的化学热处理层、氧化层、电镀时，有时由于表面层太薄而观察不到其中某些相的衍射线。这时，除考虑增加入射线强度、提高探测器灵敏度之外，还应考虑采用能被样品强烈吸收的辐射。在检索过程中也会遇到很多困难。正如上面所述，不同相的衍射线会因晶面间距相近而互相重叠，致使谱线中的最强线可能并非某单一相的最强线，而是由两个或多个相的次强或三强线叠加的结果。若以这样的线条作为某相的最强线，将找不到任何对应的卡片，于是必须重新假设和检索比较复杂的物相定性分析，往往需经多次尝试才能成功。有时还需要分析其化学成分，并结合样品的来源以及处理或加工条件，运用物质相组成方面的知识，才能得到合理可靠的结论。造成检索困难的另一原因，是待测物质谱线中 d 值及 I 值存在误差。为克服这一困难，要求在测量数据过程中尽可能减少误差，并且适当放宽检索所规定的误差范围。

5.2 定 量 分 析

测试时若鉴别物相种类的同时还要求测定各物相的相对含量，就必须进行定量分析。物相定量分析的依据是：各相衍射线的强度随该相含量的增加而提高。由于各物相对 X 射线的吸收不同，"强度"并不正比于"含量"，需加以修正。

5.2.1 基本原理

定量分析的依据是物质中各相衍射线的强度。多晶材料衍射强度由衍射强度公式决定，原本该式只适用于单相物质，但对其稍加修改后，也可用于多相物质。设样品是由 n 个相组成的混合物，其中第 j 相的衍射相对强度可表示为

$$I_j = (2\bar{\mu}_1)^{-1} \left[\left(V / V_c^2 \right) P^2 \left| F_{hkl} \right|^2 L_p \mathrm{e}^{-2M} \right]_j \tag{5-1}$$

式中，$(2\bar{\mu}_1)^{-1}$ 为对称衍射，即入射角等于反射角时的吸收因子，$\bar{\mu}_1$ 为样品平均线

吸收系数；V 为样品被照射体积；V_c 为晶胞体积；P 为多重性因子；F_{hkl} 为结构因子；L_p 为角因子；e^{-2M} 为温度因子。

材料中各相的线吸收系数不同，当第 j 相的含量改变时，平均线吸收系数 $\bar{\mu}_l$ 也随之改变。若第 j 相的体积分数为 f_j，并假定样品被照射体积 V 为单位体积，则第 j 相被照射的体积 $V_j = Vf_j = f_j$。当混合物中第 j 相的含量改变时，强度公式中除 f_j 及 $\bar{\mu}_l$ 外，其余各项均为常数，它们的乘积定义为强度因子，则第 j 相某根衍射线的强度 I_j 和强度因子 C_j 分别为

$$I_j = (C_j f_j) / \bar{\mu}_l$$

$$C_j = \left[(1/V_c^2) P^2 L_p e^{-2M} \right], \quad j = 1, 2, \cdots, n \tag{5-2}$$

用样品的平均质量吸收系数 $\bar{\mu}_m$ 代替平均线吸收系数 $\bar{\mu}_l$，可以证明

$$I_j = (C_j w_j) / (\rho_j \bar{\mu}_m) \tag{5-3}$$

式中，w_j 及 ρ_j 分别是第 j 相的质量分数和质量密度。

当样品中各相均为晶体材料时，体积分数 f_j 和质量分数 w_j 必然满足

$$\sum_{j=1}^{n} f_j = 1, \quad \sum_{j=1}^{n} w_j = 1 \tag{5-4}$$

式（5-1）~式（5-4）就是物相定量分析的基本公式，通过测量各物相衍射线的相对强度，借助这些公式即可计算出它们的体积分数或质量分数。这里的相对强度是相对积分强度，而不是相对计数强度。

5.2.2 分析方法

X 射线物相定量分析，其常用方法包括绝热法、直接对比法、内标法、外标法以及 K 值法等。

1. 绝热法

1）绝热法特点

绝热法定量分析时不掺入标准物质，而是以系统内的某一个相作为标准物质。要求样品中不包含非晶相，各个相的 K 值已知。

优点：①不需要加入标准物质，是块状样品定量分析的可选方法；②不加入标准物质，不稀释样品中物质的含量，有利于减小测量误差；③一个样一次扫描就能计算出全部物相的含量。

2）绝热法基本原理

设一个样中含有 n 个相，则 n 个相的质量分数之和等于 1：

$$\sum_{i=1}^{n} w_i = 1 \tag{5-5}$$

设 n 个相的编号为 $i = 1, 2, \cdots, n$，以其中的 i 为待测相，s 为标准物质，可以写出 $n-1$ 个方程：

$$\frac{I_i}{I_s} = K_s^i \frac{w_i}{w_s} \tag{5-6}$$

式中，K_s^i 为第 i 相相对于 s 相的 K 值。

由式（5-5）与式（5-6）可得

$$w_i = \frac{I_i}{K_s^i \sum_{i=1}^{n} \frac{I_i}{K_s^i}} \tag{5-7}$$

式（5-7）就是绝热法的实用方程。

3）绝热法实例（Al-Zn-Mg 合金中析出相 $MgZn_2$ 含量计算）

Al-Zn-Mg 合金是航空航天用轻质结构材料，这种合金是可热处理强化合金，通过固溶—淬火—时效，析出弥散的第二相 $MgZn_2$。现需要计算某种时效条件下 $MgZn_2$ 相的质量分数，X 射线衍射图谱如图 5-5 所示。

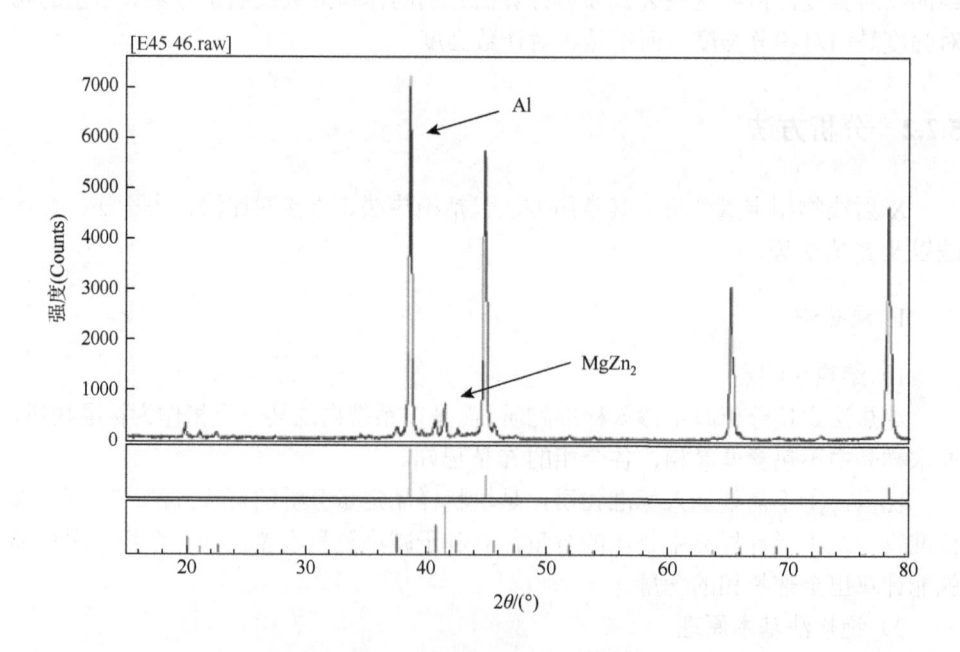

图 5-5 $MgZn_2$ 质量分数计算 X 射线衍射图谱

利用 MDI Jade 软件可精确测量 Al 最强峰和 MgZn$_2$ 的面积分别为 7101、551，查得两相 PDF 卡片上的 K 值分别为 4.1、3.43，利用式（5-7）可得

$$w_{MgZn_2} = \frac{551}{\frac{3.43}{4.1}\left(7101 + \frac{551}{\frac{3.43}{4.1}}\right)} = 8.4879\% \tag{5-8}$$

计算结果中 MgZn$_2$ 的质量分数约为 8.5%，而合金中实际的 Mg + Zn 质量分数为 9%~10%，说明合金元素 Mg 和 Zn 大部分从固溶体中以 MgZn$_2$ 的形式析出。

2. 直接对比法

1）直接对比法特点

不需要向样品中掺入标准物质，而是直接测定两相的强度比，与含量无关的衍射强度参数可通过理论计算求得，适合钢中残余奥氏体含量测定及其他种同素异构体转变过程中的物相定量分析。

2）直接对比法原理

假定样品中共包含 n 种类型的相，每相各选一根不相重叠的衍射线，以某相的衍射线作为参考（假设为第 1 相）。根据式（5-2），其他相的衍射线强度与参考线强度之比为 $I_j/I_1 = (C_j f_j)/(C_1 f_1)$，$f_j$ 可变换为如下等式：

$$f_j = (C_1/C_j)(I_j/I_1)f_1, \quad j = 1, 2, \cdots, n \tag{5-9}$$

如果样品中各相均为晶体材料，则体积分数 f_j 满足式（5-4），此时不难证明

$$f_j = [(C_1/C_j)(I_j/I_1)] / \sum_{j=1}^{n}[(C_1/C_j)(I_j/I_1)] \tag{5-10}$$

这就是第 j 相的体积分数。因此，只要确定各物相的强度因子比 C_1/C_j 和衍射强度比 I_j/I_1，就可以利用式（5-10）计算出每一相的体积分数。

残留奥氏体的含量一直是人们关心的问题。如果钢中只包含奥氏体及铁素体（马氏体）两相，则式（5-10）可简化为

$$f_\gamma = 1/[1 + (C_\gamma/C_\alpha)(I_\alpha/I_\gamma)] \tag{5-11}$$

式中，f_γ 为钢中奥氏体的体积分数；C_γ、C_α 分别为奥氏体和铁素体的强度因子；I_γ、I_α 分别为奥氏体和铁素体的相对衍射强度。

必须指出的是，高碳钢样品中的碳化物含量较高，此时实际上已变为铁素体、奥氏体和碳化物的三相材料，因此不能直接利用式（5-10）来计算钢材中的奥氏体含量，需要对其进行适当的修正。比较简单的修正方法是将式（5-10）中的分子项减去高碳钢中碳化物的体积分数 f_c，而分母项保持不变，即奥氏体的体积分数可表示为

$$f_\gamma = (1-f_c)/[1+(C_\gamma/C_\alpha)(I_\alpha/I_\gamma)] \tag{5-12}$$

至于高碳钢中碳化物的体积分数 f_c，可借助定量金相的方法进行测量，或者利用高碳钢中的碳含量加以估算。如果实在不能确定出碳化物的体积分数，只能利用式（5-10）来计算高碳钢中奥氏体与铁素体的相对体积分数。

3. 内标法

有时一些物理常数难以获得，无法计算强度因子 C_j，也就不能采用直接对比法进行定量物相分析。内标法就是将一定量的标准物质（内标样品）掺入待测样品中。以这些标准物质的衍射线作为参考，来计算未知样品中各相的含量，这种方法避免了强度因子计算的问题。

1）普通内标法

在包含 n 个相的多相物质中，第 j 相质量分数为 w_j，如果掺入质量分数为 w_s 的内标样品，则第 j 相的质量分数变为 $(1-w_s)w_j$，将此质量分数以及 w_s 分别代入式（5-3），整理后得到

$$w_j = \{(C_s/C_j)(\rho_j/\rho_s)[w_s/(1-w_s)]\}(I_j/I_s) = R(I_j/I_s) \tag{5-13}$$

式中，I_j 为第 j 相相对衍射强度；I_s 为内标样品相对衍射强度。式（5-12）表明，当 w_s 一定时，第 j 相质量分数 w_j 只与强度比 I_j/I_s 有关，而不受其他物相的影响。

利用式（5-13）测算第 j 相的质量分数，必须首先确定常数 R 的值。为此，制备第 j 相质量分数 w_j' 已知的不同样品，样品中都掺入 w_s 相同的标样。分别测量不同 w_j' 的已知样品衍射强度比 I_j'/I_s。利用测得的数据绘制出 I_j'/I_s 与 w_j' 的直线，这就是定标曲线，如图 5-6 所示。采用最小二乘法求得直线的斜率，该斜率即常数 R 的值。然后，方可测量未知样品中第 j 相的质量分数。

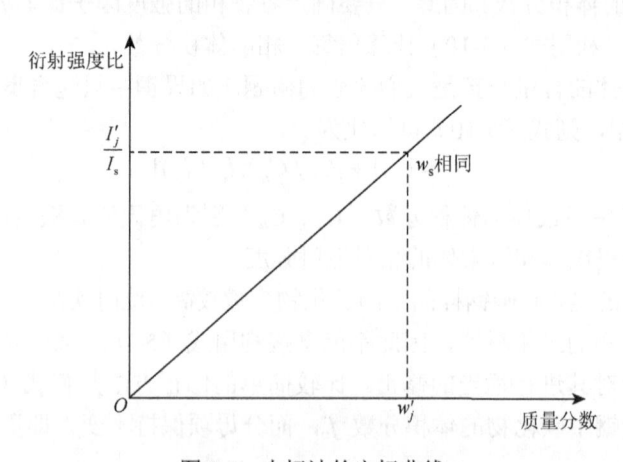

图 5-6 内标法的定标曲线

在待测样品中也掺入与上述样品中 w_s 相同的标样，并测得 I_j/I_s 的值，根据式（5-13）及常数 R 来计算待测样品中第 j 相的质量分数 w_j。需要说明，未知样品与上述已知样品所含标样的质量分数 w_s 必须相同，在其他方面二者之间并无关系，而且也不必要求两类样品所含物相的种类完全一样。

常用的内标样品包括 $\alpha\text{-}Al_2O_3$、ZnO、SiO_2 及 Cr_2O_3 等，它们易于加工成细粉末，能与其他物质混合均匀，且具有稳定的化学性质。

普通内标法的缺点是：在绘制定标曲线时需配制多个混合样品，工作量较大。由于需要加入恒定含量的标样粉末，所绘制的定标曲线只能针对同一标样含量的情况，使用时非常不方便。为了克服这些缺点，可采用下面将要介绍的 K 值内标法。

2）K 值内标法

选择公认的参考物质 c 和纯的第 j 相物质，将它们按质量 1∶1 的比例进行混合，混合物中它们的质量分数为 $w_j' = w_c' = 0.5$。令式（5-13）中 $w_j = w_s = 0.5$，得到此混合物的衍射强度比为

$$I_j'/I_c' = (C_j/C_c)(\rho_c/\rho_j) = K_j \tag{5-14}$$

式中，I_j' 为第 j 相的相对衍射强度；I_c' 为参考物质的相对衍射强度；K_j 为第 j 相的参比强度或 K 值。K 值只与物质参数有关，而不受各相含量的影响。

目前，许多物质的参比强度已经被测出，并以 I/I_c 的标题列入 PDF 卡片索引中，供人们查找使用，这类数据通常以 $\alpha\text{-}Al_2O_3$ 作为参考物质，并取各自的最强线计算其参比强度。

在对未知样品进行定量分析时，如果所选内标样品不是上述参考物质 c，则第 j 相的质量分数为

$$w_j = [w_s/(1-w_s)](K_s/K_j)(I_j/I_s) \tag{5-15}$$

式中，K_s 为内标样品的参比强度；w_s 为内标样品的质量分数。

式（5-15）就是 K 值内标法 X 射线定量分析的基本公式。当所选内标样品是参考物质 c 时，只需令式中 $K_s = K_c = 1$ 即可。另外，式（5-14）要求被测第 j 相为晶体材料，但并未要求其他相也必须是结晶材料。

当样品中各相均为晶体材料时，质量分数 w_j 则满足式（5-4），此时不难证明

$$w_j = (I_j/K_j)/\sum_{j=1}^{n}(I_j/K_j) \tag{5-16}$$

在这种情况下，一旦获得各物相的参比强度 K 值，测量出各物相的衍射强度 I，利用式（5-16）即可计算出每一相的质量分数。其中各个物相参比强度的对照标准物质相同，测量谱线与参比谱线晶面指数也相对应，否则必须对它们进行换算。

3）增量内标法

假设多相物质中第 j 相为待测未知相，第 1 相为参考未知相。如果添加质量分数为 Δw_j 的纯的第 j 相物质，则此时第 j 相的质量分数由 w_j 变为 $(w_j + \Delta w_j)/(1 + \Delta w_j)$，第 1 相的质量分数由 w_1 变为 $w_1/(1 + \Delta w_j)$。将这两个质量分数分别代入式（5-3），整理后得到

$$I_j / I_1 = (C_j / C_1)(\rho_1 / \rho_j)(1 / w_1)(w_j + \Delta w_j) = B(w_j + \Delta w_j) \qquad (5\text{-}17)$$

式中，I_j 为第 j 相的衍射强度；I_1 为第 1 相的衍射强度；B 为常数。分别测量不同 Δw_j 样品的衍射强度比 I_j / I_1 值，采用最小二乘法，将测量数据回归为 I_j / I_1 与 Δw_j 的直线，往左下方延长这条直线，直至它与横轴相交，此交点横坐标的绝对值即待测的 w_j 值，如图 5-7 所示。

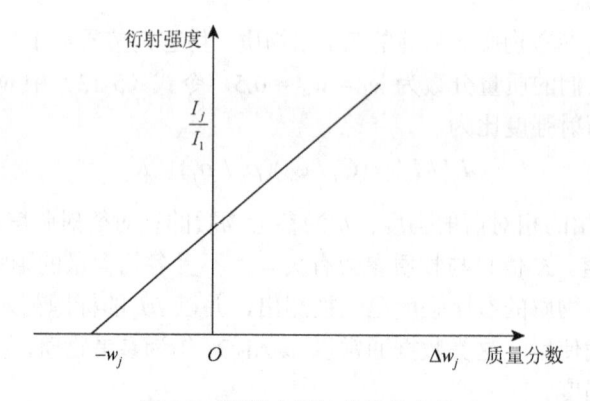

图 5-7　增量内标法的外推曲线

增量内标法不必掺入其他内标样品，避免了样品与其他样品衍射线重叠的可能。通过增量还可以提高被测相的检测灵敏度，当被测相的含量较低或被分析的样品很少时，用此方法效果明显，为了提高精确度，可取多条衍射线来求解。对于多相物质，仅留一相作为参考相，其余均给予一定的增量，按此方法就能得到全面的定量分析结果。

上述三种内标法特别适合粉末样品，而且效果也比较理想。尤其是 K 值内标法，在已知各种物相参比强度 K 值的情况下，不需要再往待测样品中添加任何物质，可根据衍射强度及 K 值计算各物相的含量，因此该方法同样对块体样品适用。

4. 外标法（单线条法）

该方法只需通过测量混合样品中待测相（第 j 相）某根衍射线的强度并与纯的第 j 相同一线条强度对比，即可定出第 j 相在混合样品中的相对含量。

若混合物中所含 n 个相的线吸收系数 μ_l 及密度 ρ 均相等（同素异构物质就属于这一情况），某相的衍射线强度 I_j 将正比于其质量分数 w_j：

$$I_j = Cw_j \tag{5-18}$$

式中，C 为新的比例系数。

如果样品为纯的第 j 相，则 $w_j = 100\% = 1$，此时第 j 相用以测量的某根衍射线强度可记为 $(I_j)_0$，于是

$$\frac{I_j}{(I_j)_0} = \frac{Cw_j}{C} = w_j \tag{5-19}$$

式（5-19）表明，混合样品中第 j 相某线与纯的第 j 相同一根线强度之比等于第 j 相的质量分数。按照这一关系可进行定量分析。例如，某样品由 α-Al$_2$O$_3$ 及 γ-Al$_2$O$_3$ 组成，欲测定 α-Al$_2$O$_3$ 在混合样品中的质量分数，可先用衍射仪测量纯 α-Al$_2$O$_3$ 某衍射峰的强度（一般用最强线，但不应有线重叠；用步进扫描测出整个衍射峰，扣除背底，再量度曲线下的面积即积分强度），再在同样的实验条件下测定混合样品中 α-Al$_2$O$_3$ 同一根线的强度。后者与前者之比即 α-Al$_2$O$_3$ 在混合样品中的质量分数。

单线条法比较简易，但准确度稍差。若欲提高测量的可靠性，可事先配制一系列不同比例的混合样品，制作定标曲线（强度比与含量的关系曲线）。应用时根据所测强度比，对照曲线即可得出含量。定标曲线的方法亦适用于吸收系数不相同的两相混合物的定量分析。

5.2.3 其他问题

X 射线物相定量分析，实际是测量衍射强度，而影响衍射强度的因素是多方面的，如样品要求、测试条件及方法等，都必须予以特殊的关注。

1. 样品要求

首先样品应具有足够的大小和厚度，使入射线光斑在扫描过程中始终照在样品表面以内，且不能穿透样品。样品的粒度、显微吸收和择优取向也是影响定量分析的主要因素。粉末样品的粒度应满足以下等式：

$$|\mu_1 - \bar{\mu}_1| R \leqslant 100 \tag{5-20}$$

式中，μ_1 为待测相的线吸收系数（cm^{-1}）；$\bar{\mu}_1$ 为样品的平均线吸收系数（cm^{-1}）；R 为颗粒半径（μm）。

在一般情况下，颗粒半径的许可范围是 0.1~50μm。一方面，控制粒度是为了获得良好且准确的衍射谱线，颗粒过细时衍射峰比较散漫，颗粒过粗时由于衍射环不连续而造成测量强度误差较大；另一方面，控制粒度是为了减小显微吸收

引起的误差。在定量分析的基本公式中，所用的吸收系数都是混合物的平均吸收系数，若某相的颗粒粗大且吸收系数也较大，则它的衍射强度将明显低于计算值。各相的吸收系数差别越大，颗粒就要求越细。

择优取向也是影响定量分析的重要因素。择优取向，就是多晶体中各晶粒取向往某方位偏聚，即发生织构现象。显然该现象使衍射强度分布反常，与计算强度不符，会造成分析结果失真，因此必须减少或消除织构的影响。当织构不是很严重时，可取多条衍射线进行测量，例如，在直接对比法中对第 j 相选取 q 根衍射线，此时 $\sum_{i=1}^{q} I_{ij} = \left(\sum_{i=1}^{q} C_{ij} / \bar{\mu}_1 \right) f_j$，利用这种处理方法，就可以减少织构的影响。在 X 射线强度测量时，可让织构样品侧倾和旋转，使不同方位的晶面都参与衍射；或者将样品加工成多面体，分别测量其每个面的衍射强度，然后取平均值；还可通过极图修正衍射强度；或者借助各相的取向关系，选择合适的衍射线进行计算。这些方法都可减少织构的影响。

2. 测试条件及方法

因为衍射仪法中各衍射线不是同时测定的，所以要求仪器必须具有较高的综合稳定性。为获得良好的衍射谱线，要求衍射仪的扫描速度较慢，建议采用阶梯扫描，时间常数要大，最好选用晶体单色器，以提高较弱衍射峰的峰形质量。

定量分析所用的相对强度是相对积分强度。相对积分强度多采用衍射仪法进行测量，因为它可以方便、快速且准确地获得测量结果。衍射峰积分强度实际就是衍射峰背底以上的净峰形面积。采用衍射仪测量的具体做法是：首先在整个衍射谱线中确定出待测的衍射峰位，在其左右两边分别保留一段衍射背底，以保证该衍射峰形的完整性，如图 5-8 所示，可采用以下公式计算积分强度 I'：

$$I' = \sum_{i=1}^{m} [I_i'' - (I_m'' - I_1'')(2\theta_i - 2\theta_1) / (2\theta_m - 2\theta_1)] \delta(2\theta) \qquad (5\text{-}21)$$

式中，m 为衍射峰形区间的采集数据点数；i 为采集数据点的序号，$i = 1$ 及 m 分别对应衍射峰左右两边的数据点；$2\theta_i$ 及 I_i'' 分别为 i 点的衍射角和计数强度；$\delta(2\theta)$ 为扫描步进角。

式（5-21）并不是相对积分强度，严格意义上的相对积分强度 I_j 为

$$I_j = 100 \left(I_j' / I_{\max}' \right), \quad j = 1, 2, \cdots, n \qquad (5\text{-}22)$$

式中，n 为谱线中衍射线条总数；j 为衍射线条序号；I_j' 由式（5-21）决定；$I_{\max}'$ 为 I_j' 中最大积分强度。

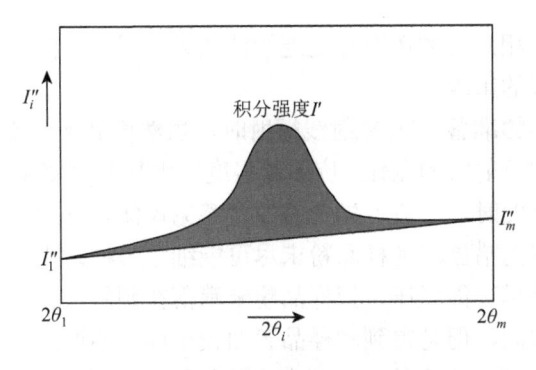

图 5-8 积分强度的计算方法

5.3 X射线衍射仪操作流程

5.3.1 样品的制备

1. 块状样品的要求及制备

对于非断口的金属块状样品，了解金属自身的相组成、结构参数时，应该尽可能地磨成平面，并进行简单的抛光，这样不但可以去除金属表面的氧化膜，而且可以消除表面应变层。然后，用超声波清洗去除表面的杂质，但要保证样品的面积大于 10mm×10mm，因为 X 射线衍射是扫过一个区域得到衍射峰，对样品有一定的尺寸要求。

对于薄膜样品，其厚度应大于 20nm，并在做测试前检验确定基片的取向，如果表面十分不平整，根据实际情况可以用导电胶或者橡皮泥对样本进行固定，并使样品表面尽可能平整。

对于片状、圆柱状的样品会存在严重的择优取向，造成衍射强度异常，此时在测试时应合理地选择相应方向平面。

对于断口、裂纹的表面衍射分析，要求断口尽可能平整并提供断口所含元素。

2. 粉末样品的要求及制备

颗粒度的要求：对粉末样品进行 X 射线粉末衍射仪分析时，适宜的晶粒大小应在 320 目粒度（约 40μm）的数量级内，这样可以避免衍射线的宽化，得到良好的衍射线。

原因：任何一种粉末衍射技术都要求样品是十分细小的粉末颗粒，使样品在受光照的体积中有足够多数目的晶粒。因为只有这样，才能满足获得正确的粉末衍射图谱数据的条件，即样品受光照体积中晶粒的取向是完全随机的。这样才能保证用照相法获得相片上的衍射环是连续的线条，或者才能保证用衍射仪法获得的衍射强度有很好的重现性。

样品试片平面的准备：在 X 射线衍射时，虽然样品平面不与衍射仪轴重合、聚焦圆相切会引起衍射线的宽化、位移及强度发生复杂的变化，但在实际实验中，如要求准确测量强度时，一般首先考虑如何避免择优取向的产生而不是平整度。

避免择优取向的措施：使样品粉末尽可能细，装样时用筛子筛入，用小抹刀的刀口轻轻垛紧并尽可能轻压。把样品粉末筛落在倾斜放置的粘有胶的平面上通常也能减少择优取向，但是得到的样品表面较粗糙。通过加入各向同性物质（如 MgO、CaF_2 等）与样品混合均匀，混合物还能起到内标的作用。对于具有十分细小晶粒的金属样品，采用形变的方法（碾、压等）把样品制成平板使用时也常常会导致择优取向的织构，需要考虑适当的退火处理。

粉末样品的制备：研磨（球磨）和过筛。对固体颗粒采用研钵（球磨机）进行研磨，一般对粉末持续研磨至高于 360 目，手摸无颗粒感，即可认为晶粒大小已经符合要求。

注意：

（1）在研磨过程中，需要不断过筛，分出已经细化的颗粒。

（2）对于软而不便于研磨的物质，可采用液氮或干冰使其变脆，再进行研磨。

（3）有些样品需要用整形锉刀制得金属细屑，此时需要对制得的锉屑进行退火处理，消除锉刀带来的点阵应力。

涂片法：把粉末撒在一片大小约 25mm×35mm×1mm 的显微镜载片上（撒粉的位置要相当于制样框窗孔位置），然后加上足够量的丙酮或乙醇（假如样品在其中不溶解），使粉末成为薄层浆液状，均匀地涂布开来，粉末的量只需能够形成一个单颗粒层的厚度就可以，待丙酮蒸发后，粉末黏附在载玻片上，可供衍射仪使用，若样品试片需要永久保存，可滴上一滴稀的胶黏剂。

压片法：把样品粉末尽可能均匀地撒入（最好是用细筛子筛入）制样框的窗口中，再用小抹刀的刀口轻轻垛紧，使粉末在窗孔内摊匀堆好，然后用小抹刀把粉末轻轻压紧，最后用保险刀片（或载玻片的断口）把多余凸出的粉末削去，小心地把制样框从玻璃平面上拿起，便能得到一个很平的样品粉末的平面。

注意：涂片法采用样品粉末量最少，根据实际粉末量多少选择不同的方法。

5.3.2　仪器的使用

1. 装填样品

具体装填过程：按压样品室门上的按钮，听到嘀嘀连续声音且指示灯闪烁时，用双手轻轻拉开样品室的门，如图 5-9 所示。然后将样品架插入样品卡槽中（玻璃片较长的一端朝里），轻轻关上样品室的门，按压门上按钮，看到指示灯不再闪烁且不再发出嘀嘀声之后，表明样品室已经关闭，可以进行下一步。

图 5-9　X 射线衍射仪

2. 编辑测试条

（1）在计算机桌面上双击 Standard Measurement 图标，打开测量控制系统软件，进入控制主界面。

（2）单击 browse，找到并打开想要保存到的文件夹，输入样品名，打开文件时单击 open 选项。

（3）单击 condition，在弹出来的对话框中，主要要确认的测试条件为：起始和终止角度、扫描速度、狭缝宽度、管电压和管电流，输入对应数值即可。

（4）仔细检查测试条件是否准确无误，确认好了之后，单击"执行"按钮进行测试。

3. 数据导出

（1）样品测试完之后，系统会有声音提示，待仪器提示测试完之后，看到样品室中 X 射线已关闭的情况下，可以打开样品室，将样品架取出，将样品进行回收（X 射线衍射是一种无损测试方法，一般认为样品进行测试前后没什么变化）。

（2）样品测试好之后，一般在所保存的文件夹中会有一个.raw 文件，该文件可以用 Jade 打开，但是实际作图时一般用 Origin 作图，因此需要将数据从.raw 文件转化为.txt 文件。

（3）在 Rigaku Ultimate IV 中自带有转换程序 Binaly-ASCⅡ Conversion，打开该软件后，单击 input file name，选择文件所在硬盘、文件夹以及目标文件，单击 OK 按钮之后，文件名出现在 input file name 下的框中（一次可选多个文件），然后单击"执行"按钮来转化数据。到此为止，样品的采集与数据转化完成。

接下来，简要描述 X 射线衍射仪的控制系统（图 5-10）以及开关机操作。

图 5-10　X 射线衍射仪仪表盘

1. 开机

（1）将机房配电总柜开关拨至 ON 位置，将机器电源置于 ON 位置，将操控面板真空 START 开关置于 ON 位置。检查循环水系统是否打开，正常水温应该在 20℃左右。如果循环水系统正常，打开衍射仪右下方开关以及左下角的照明灯（图 5-11）。

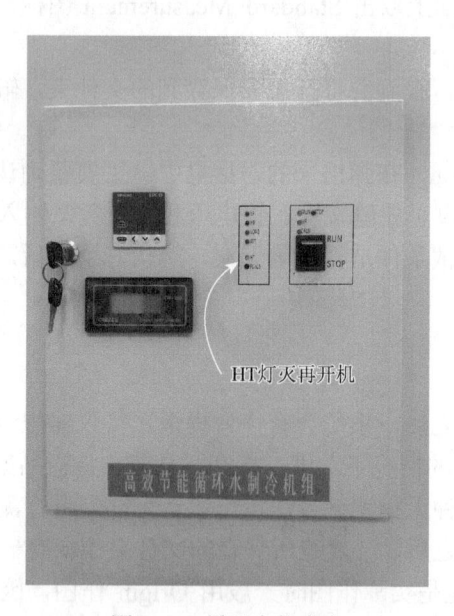

图 5-11　循环水仪表盘

（2）打开 X 射线光源：待操作面板的 operation 灯亮起并显示 READY NOW 后，按下操作面板的 X-RAY ON 开关。如果 READY NOW 未显示，请检查 READY 条件。当操作面板上的警告灯（红色）和 X-RAY 灯亮时，表示已放置 20V、10mA 的最小负载（显示器也将变为 X-RAY NOW 开启）。

（3）设置 BIAS 值：将 BIAS 设置拨盘的刻度越来越大，会逐渐缩小焦点。但是要注意，如果更换灯丝或改变工作电压，设定值会有一定程度的不同。

（4）打开电磁百叶窗进行测量：手动控制时，按下操作面板的快门 OPEN/CLOSE 开关。若需要计算机外部控制，请事先选择 EXT。百叶窗只能在 X-RAY 开状态下打开和关闭。当百叶窗处于打开状态时，操作面板上的 SHUTTER OPEN 灯（红色）和快门灯（红色）亮起。

（5）设置定时器单元（可选）：模式设置；时间设置，在设置时间之前选择 SHUTTER CLOSE 或 X-RAY 关闭。

（6）每天第一次开机需要老化一次，老化后当天测试无需再次老化。老化具体操作为：单击软件界面上"平底锅"按钮，系统会按照设定好的程序老化，此时可以看到"平底锅"按钮由灰色变成黄色，显示正在老化。当该按钮再次变成灰色，且软件左下角的"Now executing aging…"提示消失后可以开始测量。

（7）测量开始前，将电压电流值调到实验要求的值（如 40kV，40mA），然后单击 set 窗口选项更改电压电流值。其他操作则按照上面的测试方法进行。

2. 关机

（1）当所有样品测试完之后，首先单击 XG Operation 软件中 Min value 窗口选项，然后单击 set 窗口选项，将电压电流降到待机电流（如果在你之后还有其他同学进行测试，保持待机状态就可以了，不必关机）。

（2）关闭 X 射线，单击 XG Operation 软件中 X 射线图标，将 X 射线关闭，关闭后可以观测到衍射仪顶上 X-RAY 指示灯熄灭。

（3）关闭衍射仪照明灯和衍射仪开关，关闭软件和计算机，将配电总机开关置于 OFF 档。

习　　题

1. 物相定性分析的原理是什么？对食盐进行化学分析与物相定性分析，所得信息有何不同？
2. 物相定量分析的原理是什么？试述用 K 值法进行物相定量分析的过程。
3. 非晶态物质的 X 射线衍射花样与晶态物质的有何不同？
4. 在 $\alpha\text{-Fe}_2\text{O}_3$ 及 $\alpha\text{-Fe}_3\text{O}_4$ 混合物的衍射花样中，两根最强线的强度比 $I_{\alpha\text{-Fe}_2\text{O}_3}/I_{\alpha\text{-Fe}_3\text{O}_4}=1.3$，试借助索引上的参比强度值计算 $\alpha\text{-Fe}_2\text{O}_3$ 的相对含量。

5. 一种混合样品（ZnO、KCl、LiF）用 X 射线衍射定量分析法中的 K 值法对三种物质在混合样品中的含量进行分析，ZnO、KCl、LiF 衍射峰的强度分别为 5968、2845、810，冲洗剂 $\alpha\text{-}Al_2O_3$ 加入量为 17.96%，其衍射峰强度为 599，ZnO、KCl、LiF 的 K 值分别为 4.5、3.9 和 1.3，计算 ZnO、KCl、LiF 在混合物中的含量。

第6章 残余应力、晶粒尺寸、位错密度分析

6.1 物体内应力的产生和分类

残余应力是一种内应力，内应力是指产生应力的各种因素不复存在时（如外加载荷去除、加工完成、温度已均匀、相变过程终止等），由于形变、体积变化不均匀而存留在构件内部并自身保持平衡的应力。目前公认的内应力分类方法是1979年由德国的马克劳赫.E 提出的，他将内应力按其平衡的范围分为三类。

1. 第一类内应力（σ^{I}）

第一类内应力指在物体宏观体积内存在并平衡的内应力。此类应力的释放，会使物体的宏观体积或形状发生变化。第一类内应力又称宏观应力或残余应力，其作用与平衡的范围为宏观尺寸，此范围包含了无数个小晶粒，如图 6-1(a)所示。

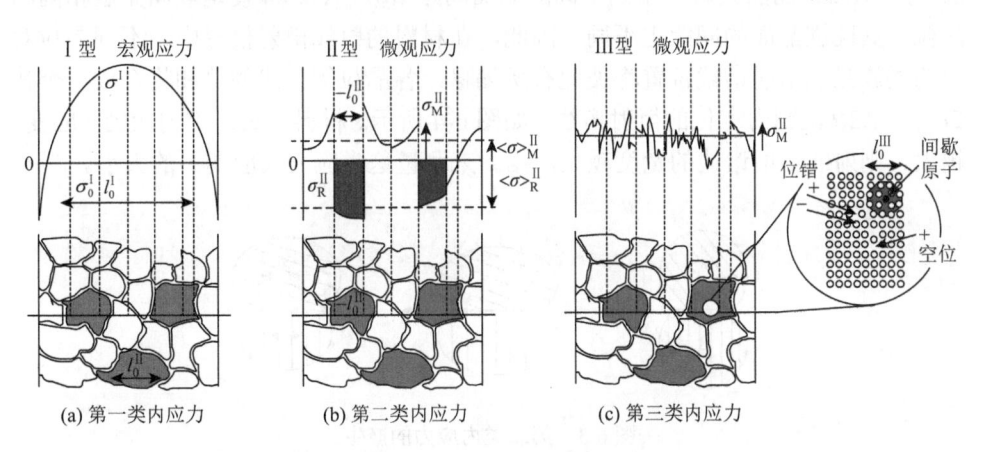

图 6-1 三类内应力的分类

在射线辐照区域内，各个小晶粒所承受的内应力差别不大，但不同取向晶粒中同族晶面间距存在一定差异。根据弹性力学理论，当材料中存在单向拉应力时，平行于应力方向的（hkl）晶面间距收缩减小（衍射角增大），同时垂直于应力方向的同族晶面间距拉伸增大（衍射角减小），其他方向的同族晶面间距及衍射角则处于中间。当材料中存在压应力时，其晶面间距及衍射角的变化与拉应力相反，如图 6-2 所示。材料中宏观应力越大，不同方位的同族晶面间距或衍射角的差异

就越明显,这是测量宏观应力的理论基础。严格意义上讲,只有在单向应力、平面应力以及三方向应力不等的情况下,这一规律才正确。

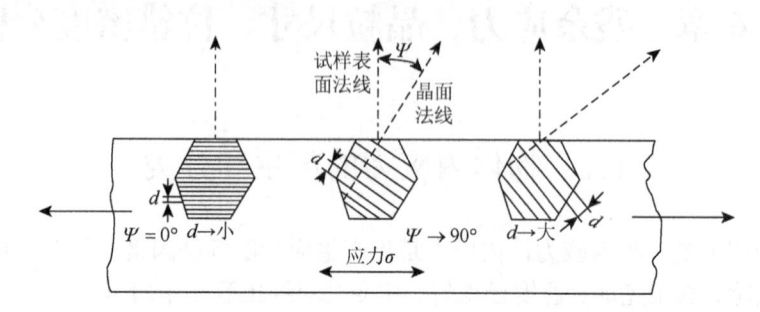

图 6-2 第一类内应力与不同方位同族晶面间距的关系

2. 第二类内应力(σ^{II})

第二类内应力指在数个晶粒的范围内存在并平衡的内应力,该内应力是一种微观应力,其作用与平衡范围为晶粒尺寸数量级,如图 6-1(b)所示。在射线的辐照区域内,有的晶粒受拉应力 σ_M^{II},有的则受压应力 σ_R^{II},如图 6-3 所示。各晶粒的同族(hkl)晶面具有一系列不同的晶面间距 $d_{hkl} \pm \Delta d$。即使是取向完全相同的晶粒,其同族晶面的间距也不同。因此,在材料的射线衍射信息中,不同晶粒对应的同族晶面衍射谱线位置将彼此有所偏移,各晶粒衍射线的总和将合成一个在 $2\theta_{hkl} \pm \Delta 2\theta$ 范围内宽化的衍射谱线,如图 6-4 所示。材料中第二类内应力(应变)越大,则射线衍射谱线的宽度越大,据此来测量这类应力(应变)的大小。

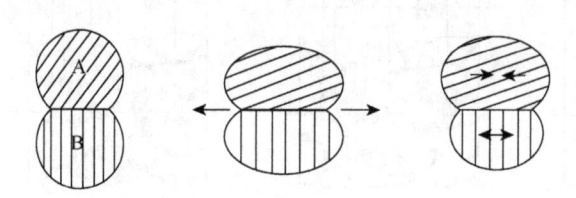

图 6-3 第二类内应力的产生

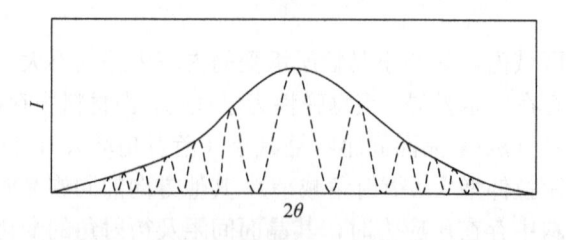

图 6-4 不均匀微观应力造成的衍射线宽化

3. 第三类内应力（σ^{III}）

第三类内应力指在若干原子范围内存在并平衡的应力，该内应力也是一种微观应力，其作用与平衡范围为晶胞尺寸数量级，是原子之间的相互作用应力，如晶体缺陷-空位、间隙原子或位错等周围的应力场，如图 6-1(c)所示。

根据衍射强度理论，当射线照射到理想晶体材料上时，被周期性排列的原子所散射，各散射波的干涉作用使得空间某方向上的散射波互相叠加，从而观测到很强的衍射线。在第三类内应力作用下，部分原子偏离其初始平衡位置，破坏了晶体中原子的周期性排列，造成各原子射线散射波一个周期内相位之差的改变，散射波叠加，即衍射强度要比理想点阵低。这类内应力越大，各原子偏离其平衡位置的距离越大，材料的射线衍射强度越低。由于该问题比较复杂，目前尚没有一种成熟方法来准确测量材料中的第三类内应力。

三类内应力对材料的点阵影响不同，使得衍射线分别有线条位移、线形宽化和衍射强度降低三种效应。内应力的三种分类是依据三种不同衍射效应进行的。三类内应力可以单独存在于材料和部件中，但在许多情况下是混合存在的，特别是第一类和第二类内应力常同时存在于材料和部件中，如物相间应力和晶粒间的应力，不仅使衍射线宽化，还使衍射线条位移。

6.2　X 射线宏观应力测定的基本原理和案例分析

6.2.1　基本原理

X 射线应力测量原理是基于布拉格方程，通过测量不同方位同族晶面衍射角的差异来确定材料中内应力的大小和方向。换言之，是通过测量应变，并用测量的弹性模量来计算应力的。

材料内部的单元体通常处于三轴压力状态，但其表面只有两轴应力，垂直于表面上的应力为零，物体内应力沿垂直于表面的方向变化梯度极小。而且 X 射线的穿透深度又很浅（≈10μm 数量级），在测量厚度范围内可简化为平面应力问题来处理。

在此条件下推导应力测定公式，需建立如图 6-5 所示的坐标系，图中 *O-XYZ* 是主应力坐标系，分别代表主应力（σ_1、σ_2、σ_3）和主应变（ε_1、ε_2、ε_3）的方向；*O-XYZ* 是待测应力 σ_x 及垂直的 σ_y、σ_z 的方向，σ_z 与 σ_3 平行，且均平行于样品表面法线 *ON*；ϕ 是 σ_x 与 σ_1 的夹角；*ON* 与 σ_x 构成的平面称为测量方向平面，$\varepsilon_{\phi\psi}$ 是此平面上某方向上的应变，$\varepsilon_{\phi\psi}$ 与 *ON* 之间的夹角为 ψ。

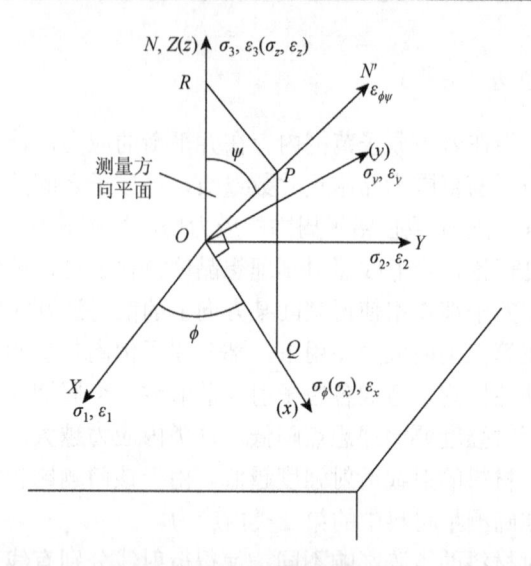

图 6-5 宏观应力测定坐标系

根据弹性力学原理，对一个连续、均质、各向同性的物体来说，任一方向上的应变 $\varepsilon_{\phi\psi}$ 可表达为

$$\varepsilon_{\phi\psi}=\alpha_1^2\varepsilon_1+\alpha_2^2\varepsilon_2+\alpha_3^2\varepsilon_3 \tag{6-1}$$

式中，α_1、α_2、α_3 为 $\varepsilon_{\phi\psi}$ 相对 O-XYZ 坐标系的方向余弦。

$$\begin{aligned}\alpha_1&=\sin\psi\cos\phi\\\alpha_2&=\sin\psi\sin\phi\\\alpha_3&=\cos\psi\end{aligned} \tag{6-2}$$

代入式（6-1）可得

$$\varepsilon_{\phi\psi}=\left(\varepsilon_1\cos^2\phi+\varepsilon_2\sin^2\phi-\varepsilon_3\right)\sin^2\psi+\varepsilon_3 \tag{6-3}$$

当 $\psi=90°$ 时，$\varepsilon_{\phi\psi}=\varepsilon_x$，即

$$\varepsilon_x=\varepsilon_1\cos^2\phi+\varepsilon_2\sin^2\phi$$

所以

$$\varepsilon_{\phi\psi}=(\varepsilon_x-\varepsilon_3)\sin^2\psi+\varepsilon_3 \tag{6-4}$$

根据广义胡克定律：

$$\begin{aligned}\varepsilon_x&=\frac{\sigma_x}{E}-\frac{\nu}{E}(\sigma_y+\sigma_z)\\\varepsilon_y&=\frac{\sigma_y}{E}-\frac{\nu}{E}(\sigma_z+\sigma_x)\\\varepsilon_z&=\frac{\sigma_z}{E}-\frac{\nu}{E}(\sigma_x+\sigma_y)\end{aligned} \tag{6-5}$$

在平面应力条件下，$\sigma_z=0$，$\varepsilon_z=\varepsilon_3$，则

$$\varepsilon_x = \frac{\sigma_x}{E} - \frac{\nu}{E}\sigma_y$$

$$\varepsilon_3 = -\frac{\nu}{E}(\sigma_x + \sigma_y)$$

(6-6)

按照图 6-5 所示坐标系，将式（6-6）代入式（6-4），有

$$\varepsilon_{\phi\psi} = \frac{1+\nu}{E}\sigma_\phi \sin^2\psi + \varepsilon_3 \tag{6-7}$$

将 $\varepsilon_{\phi\psi}$ 对 $\sin^2\psi$ 求偏导，可得

$$\frac{\partial \varepsilon_{\phi\psi}}{\partial \sin^2\psi} = \frac{1+\nu}{E}\sigma_\phi \tag{6-8}$$

由式（6-8）可得

$$\sigma_\phi = \frac{E}{1+\nu} \cdot \frac{\partial \varepsilon_{\phi\psi}}{\partial \sin^2\psi} \tag{6-9}$$

式（6-9）即待测应力 σ_ϕ 与 $\varepsilon_{\phi\psi}$ 随方位 ψ 变化率之间的关系，是求待测应力的基本关系式，同时表明，在一定的平面应力状态下，$\varepsilon_{\phi\psi}$ 与 $\sin^2\psi$ 呈线性关系。

为了得到对 X 射线法测定宏观应力更实用的计算公式，还需把式（6-9）中 $\varepsilon_{\phi\psi}$ 转化为用衍射角表达的形式。根据布拉格方程的微分式：$\Delta d/d = -\cot\theta_0 \Delta\theta$（当 $\Delta\lambda=0$ 时），因为可以认为 $\theta \approx \theta_0$（无应力时的衍射角），$\Delta\theta = \frac{1}{2}(2\theta_{\phi\psi} - 2\theta_0)$，则 $\varepsilon_{\phi\psi} = \frac{-\cot\theta_0}{2}(2\theta_{\phi\psi} - 2\theta_0)$（$2\theta_{\phi\psi}$ 为 ϕ 角平面内、方位 ψ 下所测得的衍射角），将此式对 $\sin^2\psi$ 求偏导，可得

$$\frac{\partial \varepsilon_{\phi\psi}}{\partial \sin^2\psi} = -\frac{\cot\theta_0}{2} \cdot \frac{\partial 2\theta_{\phi\psi}}{\partial \sin^2\psi} \tag{6-10}$$

将式（6-10）代入式（6-9）可得

$$\sigma_\phi = -\frac{E}{2(1+\nu)}\cot\theta_0 \frac{\partial 2\theta_{\phi\psi}}{\partial \sin^2\psi} \tag{6-11}$$

式（6-11）表明，$2\theta_{\phi\psi}$ 与 $\sin^2\psi$ 呈线性关系（图 6-6），$2\theta_{\phi\psi}$ 的单位是弧度（rad），当选用度（°）为单位时，式（6-11）可写为

$$\sigma_\phi = -\frac{E}{2(1+\nu)}\cot\theta_0 \frac{\pi}{180°} \frac{\Delta 2\theta_{\phi\psi}}{\Delta \sin^2\psi} \tag{6-12}$$

式（6-12）即在平面应力状态的假定下，宏观应力测定的基本公式。令式（6-12）中

$$K = -\frac{E}{2(1+\nu)} \cot\theta_0 \frac{\pi}{180°} \tag{6-13a}$$

$$M = \frac{\Delta 2\theta_{\phi\psi}}{\Delta \sin^2\psi} \tag{6-13b}$$

$$\sigma_\phi = KM \tag{6-13c}$$

K 称为应力常数，它取决于被测材料的弹性性质（弹性模量 E、泊松比 ν）及所选衍射面的衍射角(亦即衍射面间距及光源的波长 λ)。晶体是各向异性的，不同的 $\{hkl\}$ 面的 E、ν 有不同的数值，所以不能用机械方法测定的多晶平均弹性常数计算 K 值，而需要用无残余应力样品加已知外力的方法测算。M 为 $2\theta_{\phi\psi}$-$\sin^2\psi$ 直线的斜率，如图 6-6 所示。K 是负值，因此当 $M>0$ 时，应力为负，即压应力；当 $M<0$ 时，应力为正，即拉应力。若 $2\theta_{\phi\psi}$-$\sin^2\psi$ 关系失去线性，则说明材料的状态偏离推导应力公式的假定条件，如在 X 射线穿透深度范围内有明显的应力梯度、非平面应力状态（三维应力状态）或材料内存在织构（择优取向）。这三种情况对 $2\theta_{\phi\psi}$-$\sin^2\psi$ 关系的影响如图 6-7 所示，在这些情况下，均需用特殊方法测算残余应力。

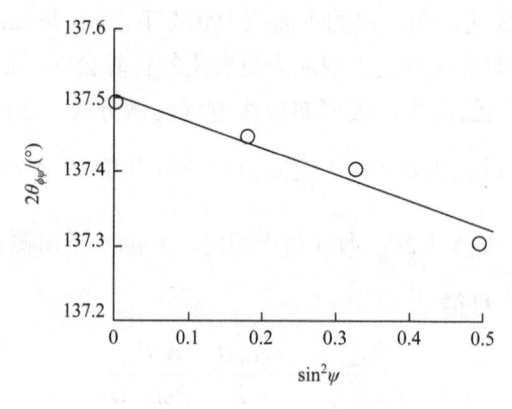

图 6-6 $2\theta_{\phi\psi}$-$\sin^2\psi$ 关系

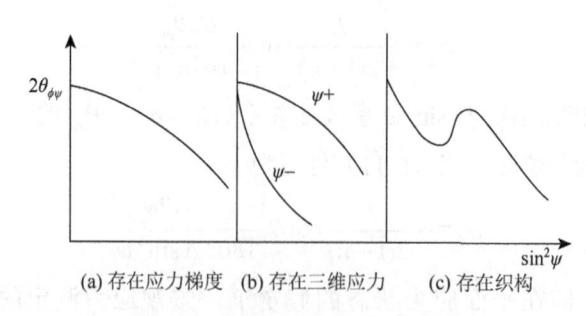

(a) 存在应力梯度 (b) 存在三维应力 (c) 存在织构

图 6-7 非线性的 $2\theta_{\phi\psi}$-$\sin^2\psi$ 关系

6.2.2 案例分析

采用 DIMAX 2500 型 X 射线衍射仪,通过对入射光狭缝尺寸进行调整,使 X 射线的照射光斑尺寸缩小为 1.5mm×5mm,从而实现了对聚晶金刚石复合片(polycrystalline diamond compact,PDC)表面沿径向四个不同位置的应力测量。采用 $\sin^2\psi$ 法,不但测出了 PDC 表面不同位置的残余应力,还由此得到了 PDC 表面应力沿径向的分布规律。

1. 样品规格

测试样品采用直径 19.05mm、高度 5mm、界面中部有凸台的 PDC(图 6-8),金刚石层厚 2.2mm,金刚石平均粒度 28μm,金刚石层表面经过研磨处理。

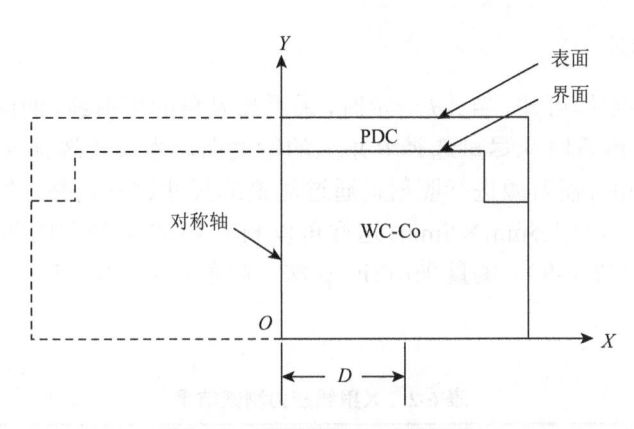

图 6-8 所测规格 PDC 的结构

2. 应力测定条件

应力测定条件见表 6-1。

表 6-1 X 射线应力测定条件

参数名称	靶	单色器	计数管	计数方式	光栏角/rad	管电压/kV	管电流/mA	定峰方式
条件	Cu	石墨	正比记数管	定时计数	0.0034	40	350	Pseudo-Voigt 函数拟合

3. 应力测试位置图示

PDC 应力测试位置如图 6-9 中的 A、B、C、D 所示。

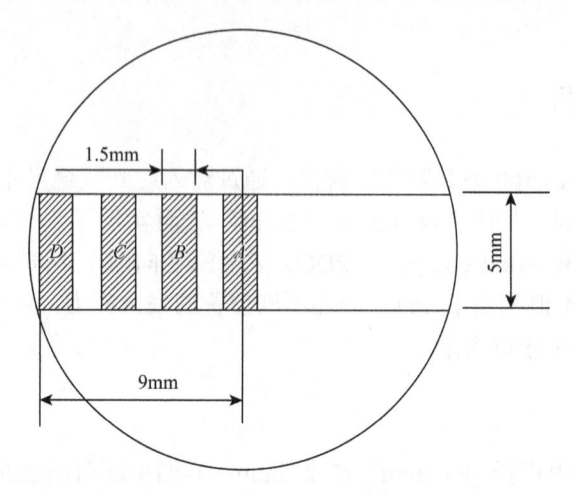

图 6-9 PDC 应力测试位置图

4. 测试结果

由布拉格方程可知,当 $\Delta\theta$ 一定时,采用高 θ 角的衍射线,面间距误差 $\Delta d/d$ 将较小,所以测量时应尽量选择 θ 角大的衍射面。本实验选择(311)面作为衍射面,用 CuK_α 辐射源进行照射。通过对狭缝尺寸进行调整,使 X 射线的照射光斑尺寸缩小为 1.5mm×5mm,这样可以测量 PDC 沿径向的四个位置 A、B、C、D 的应力(图 6-9)。测量采用 $\sin^2\psi$ 法,倾角 ψ 取 0°、15°、30°和 40°,结果见表 6-2。

表 6-2　X 射线应力测试结果

ψ /(°)	$\sin^2\psi$	$2\theta_{\phi\psi}$ /(°)			
		A	B	C	D
0	0.000	91.0426	91.393	91.417	91.417
15	0.067	91.408	91.391	91.406	91.434
30	0.250	91.425	91.403	91.443	91.441
40	0.413	91.461	91.413	91.461	91.465

5. 结果处理

根据表 6-2 的测量结果,利用最小二乘法将各数据点回归成直线,直线的斜率 M 由式(6-13b)计算。取 PDC 金刚石层的弹性模量 $E = 890$GPa,泊松比 $\nu = 0.07$。

按式(6-13a)可计算出应力常数 $K = -7.074\times 10^3$ MPa ($\theta_0 = \theta_{\phi\psi}$)。

残余应力 $\sigma_\phi = KM$,计算结果列入表 6-3。

表 6-3 PDC 不同测量位置的应力值

测量位置编号	与 PDC 中心距离/mm	M	σ_ϕ/MPa
A	0	0.058	−410.29
B	2.75	0.076	−537.62
C	5.5	0.136	−962.06
D	8.25	0.049	−346.63

6.3 宏观应力测定方法

当多晶材料中存在内应力时,必然还存在内应变与之对应,造成材料局部区域的变形,并导致其内部结构(原子间相对位置)发生变化,从而在 X 射线衍射谱线上有所反映,通过分析这些衍射信息,就可以实现内应力的测量。目前,虽然有多种测量应力的方法,但 X 射线应力测量法最为典型。由于这种方法理论比较严谨,实验技术日渐完善,测量结果十分可靠,并且是一种无损测量方法,因而在国内外都得到了普遍的应用。

应力测量方法属于精度要求很高的测试技术。测量方式、样品要求以及测量参数选择等,都会对测量结果造成较大影响。根据 ψ 平面与测角仪 2θ 扫描平面的几何关系,有同倾法与侧倾法两种测量方式。在条件许可的情况下,建议采用侧倾法。

6.3.1 同倾法

同倾法的衍射几何特点是 ψ 平面与测角仪 2θ 扫描平面重合。同倾法中设定 ψ 角的方法有两种,即固定 ψ_0 法和固定 ψ 法。

1. 固定 ψ_0 法

此方法的要点是,在每次探测扫描接收反射 X 射线的过程中,入射角 ψ_0 保持不变,故称为固定 ψ_0 法,如图 6-10 所示。选择一系列不同的入射线与样品表面法线的夹角 ψ_0 来进行应力测量工作。根据其几何特点不难看出,此方法的 ψ 与 ψ_0 之间关系为

$$\psi=\psi_0+\eta=\psi_0+90°-\theta \tag{6-14}$$

同倾固定 ψ_0 法既适合于衍射仪,也适合于应力仪。因为此方法较早应用于应力测量,故在实际生产中的应用较为广泛。其 ψ_0 角设置受到下列条件限制:

$$\psi_0+2\eta<90° \rightarrow \psi_0<2\theta-90°$$
$$2\eta<90° \rightarrow 2\theta>90° \tag{6-15}$$

(a) $\psi_0 = 0°$　　　　　　　　　(b) $\psi_0 = 45°$

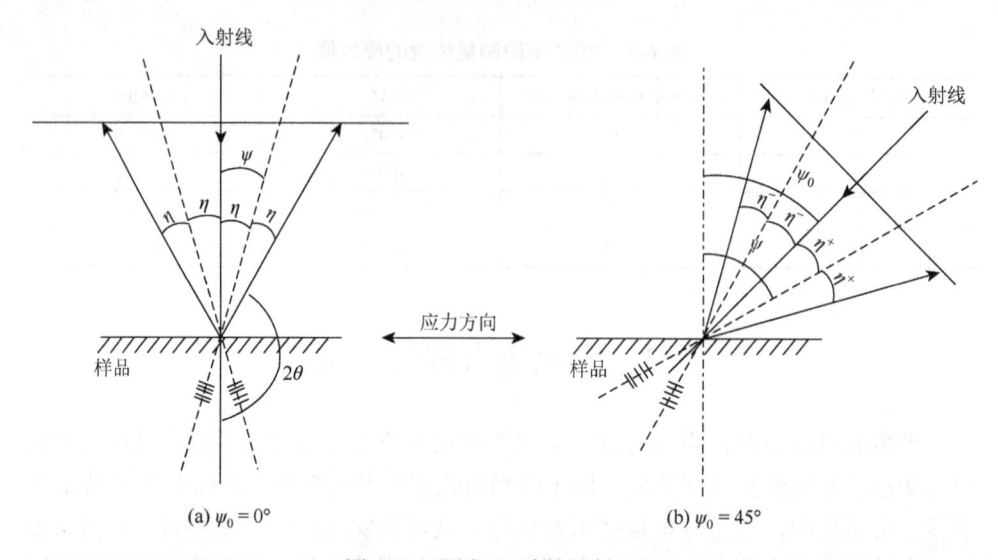

图 6-10　固定 ψ_0 法的衍射几何

2. 固定 ψ 法

此方法的要点是，在每次扫描过程中衍射面法线固定在特定 ψ 角方向上，即保持 ψ 不变，故称为固定 ψ 法。测量时 X 射线管与探测器等速相向（或相反）而行，每个接收反射 X 射线时刻，相当于固定晶面法线的入射角与反射角相等，如图 6-11 所示。通过选择一系列衍射晶面法线与样品表面法线之间的夹角 ψ，来进行应力测量工作。

同倾固定 ψ 法同样适合于衍射仪和应力仪，其 ψ 角设置要受到下列条件限制：
$$\psi+\eta<90°\rightarrow\psi<\theta \tag{6-16}$$

(a) $\psi_0 = 0°$　　　　　　　　　(b) $\psi_0 = 45°$

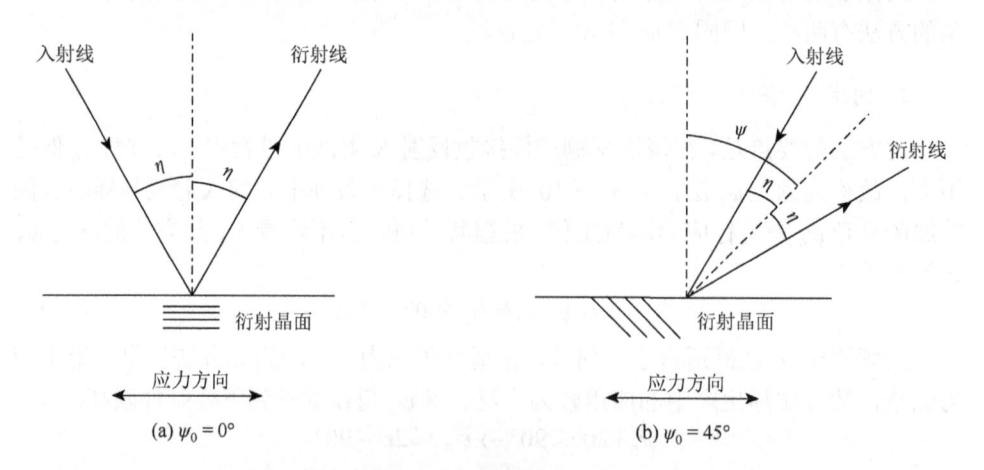

图 6-11　固定 ψ 法的衍射几何

6.3.2 侧倾法

侧倾法的衍射几何特点是 ψ 平面与测角仪 2θ 扫描平面垂直,如图 6-12 所示。由于 2θ 扫描平面不再占据 ψ 角转动空间,两者互不影响,所以 ψ 角设置不受任何限制。通常情况下,侧倾法选择固定 ψ 扫描方式。

侧倾法的优点是:①扫描平面与 ψ 角转动平面垂直,各个 ψ 角衍射线经过的样品路程近乎相等,因此不必考虑吸收因子对不同 ψ 角衍射线强度的影响;② ψ 角与 2θ 扫描角互不限制,因而增大了这两个角度的应用范围;③由于几何对称性好,可有效减小散焦的影响,改善衍射谱线的对称性,从而提高应力测量精度。

(a) 应力仪侧倾法测应力衍射几何   (b) 衍射仪侧倾法测应力衍射几何

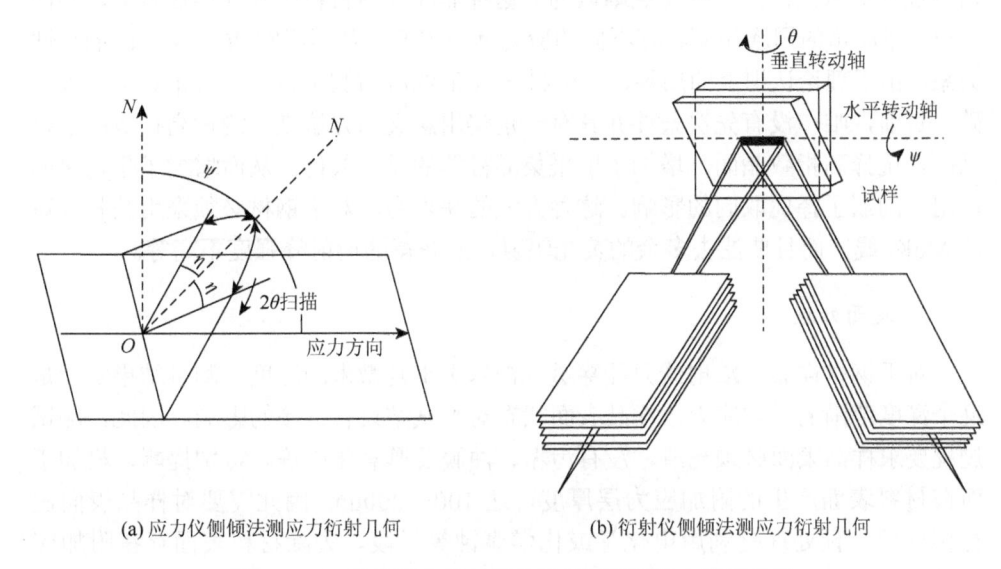

图 6-12 　X 射线应力仪与衍射仪侧倾法测应力衍射几何

6.3.3 样品要求

为了真实且准确地测量材料中的内应力,必须高度重视被测材料的组织结构、表面处理和测点位置设定等。

1. 组织结构

常规的 X 射线应力测量,只对无粗晶和无织构的材料才有效,否则会给测量工作带来一定难度。对于非理想组织结构的材料,必须采用特殊的方法或手段来进行测量,但某些问题迄今为止未获得较为圆满的解决。

当一束 X 射线照射到一块晶粒足够细小且无规则取向的多晶体时，那些满足布拉格方程的晶面将产生多个干涉圆锥，此时在底片上留下一个个德拜环，若晶粒细小，则这些德拜环是连续的。但若晶粒粗大，则各晶面族对应的德拜环不连续，当探测器横扫过各个衍射环时，所测得的衍射强度或大或小，衍射峰强度波动很大，依据这些衍射峰测得的应力值是不准确的。为使德拜环连续，获得比较满意的衍射峰形，必须增加参与衍射的晶粒数目。为此，对粗晶材料一般采用回摆法进行应力测量。目前的大多数衍射仪或应力仪，都具备回摆法的功能。

材料中的织构，主要是影响应力测量中 2θ 与 $\sin^2\psi$ 的线性关系，影响机制有两种观点：一种观点认为，2θ 与 $\sin^2\psi$ 的非线性关系，是形成织构过程中的不均匀塑性变形所致；另一种观点则认为，这种非线性与材料中各向异性有关，不同方位，即 ψ 角的同族晶面具有不同的应力常数 K 值，从而影响 2θ 与 $\sin^2\psi$ 的线性关系。由于理论认识上的局限，织构材料 X 射线应力测量技术一直未获得重大突破。目前，唯一没有先决条件并具有一定实用意义的方法是，测量高指数的衍射晶面。选择高指数晶面，增加了所采集晶粒群的晶粒数目，从而增加了平均化的作用，削弱了择优取向的影响。这种方法的缺点是，对于钢材必须采用波长很短的 MoK_α 线，而且要滤去多余的荧光辐射，所获得的衍射峰强度不高等。

2. 表面处理

对于钢材样品，X 射线只能穿透几微米至十几微米的深度，测量结果实际是这个深度范围的平均应力，样品表面状态对测试结果有直接的影响。因此，测试过程要求样品表面必须光滑，没有污垢、油膜及厚氧化层等。特别提醒，机加工而在材料表面产生的附加应力层厚度可达 100～200μm，因此需要对样品表面进行预处理。预处理是利用电化学或化学腐蚀等手段，去除材料表面存在附加应力层。

若实验目的就是测量机加工、喷丸、表面处理等工艺之后的表面应力，则不需要上述预处理过程，必须小心保护待测样品的原始表面，不能进行任何磕碰、加工、电化学或化学腐蚀等影响表面应力的操作。

为测定应力沿层深的分布，可以用电解腐蚀的方法进行逐层剥离，然后进行应力测量；或者先用机械法快速剥层至一定深度，再用电解腐蚀法去除机械附加应力层。剥层后，可能出现一定程度的应力释放，可参考有关文献进行修正。

对于大型和形状复杂的样品，可以使用合适的大型支架或专用工装将测角仪对准指定的测试部位进行测试，尽量避免切割样品。如果必须切割样品，则应当尽量避免改变原有的残余应力状态。一般不适合使用火焰切割；使用电火花切割或机械切割时，要尽量加强冷却条件，减少切割所造成的升温。测量部位应远离切割边缘，以减少垂直于切割边缘方向上应力松弛的影响。建议测量部位至切割边缘的距离大于试件测量部位的厚度。

3. 测点位置设定

对于一个实际样品，应根据应力分析的要求，结合样品的加工工艺、几何形状、工作状态等综合考虑，确定测点的分布和待测应力的方向。校准样品位置和方向的原则为：①测点位置应落在测角仪的回转中心线上；②待测应力方向应处于 ψ 平面以内；③测角仪 $\psi = 0°$ 位置的入射线与衍射线的中心线应与待测点表面垂直。

6.3.4 测量参数

在常规 X 射线衍射分析中，选择正确的测量参数，目的是获得完整且光滑的衍射谱线。而对于 X 射线应力测量，除满足以上要求外，还必须考虑诸如平角设置、辐射波长与衍射晶面、应力常数等因素的影响。

1. ψ 角设置

如果被测材料无明显织构，并且衍射效应良好，衍射计数强度较高，在每一个 ϕ 角下只设置两个 ψ 角即可，见图 6-5，如较为典型的 0°- 45°法，这样在确保一定测量精度的前提下，可以提高测量的速度，节约仪器的使用资源。

一般情况是，在每个 ϕ 角下，ψ 角设置越多，则应力测量精度就越高。对于多 ψ 角情况的应力测量，ψ 角间隔划分原则是尽量确保各个 $\sin^2\psi$ 值为等间隔，例如，ψ 角可设置为 0°、24°、35°及 45°，这是一种较为典型的 ψ 角系列。

2. 辐射波长与衍射晶面

为减小测量误差，在应力测量过程中应尽可能选择高角衍射，而实现高角衍射的途径则是选择合适的辐射波长及衍射晶面。衍射角的影响可由式（6-13）来说明，X 射线的应力常数 K 与 $\cot\theta_0$ 值成正比，而待测应力又与应力常数成正比，因此布拉格角 θ_0 越大则 K 越小，应力的测量误差就越小。此外，选择高角衍射还可以有效减小仪器的机械调整误差等。

对于特定的辐射波长，即靶材类型，结合具体情况综合考量，选择合适的衍射晶面，尽量使衍射峰出现在高角区。而对于特定的晶面，波长改变时衍射角也必然变化，通过选择合适的波长，即靶材，可以使该晶面的衍射峰出现在高角区。此外，辐射波长还直接影响穿透深度，波长越短则穿透深度越大，参与衍射的晶粒就越多。对于某些特殊测量对象，有时要使用不同波长的辐射线。

3. 应力常数

晶体中普遍存在各向异性，不同晶向具有不同的弹性模量，如果将平均弹性模量代入式（6-17）来求解 X 射线应力常数，势必会产生一定的误差。对已知材料进行应力测量时，可通过查表获取待测晶面的应力常数。对于未知材料，只能通过实验方法测量其应力常数。

测量 X 射线应力常数最简单的方法是利用等强度梁，加工出图 6-13 所示的等强度梁样品，其悬臂长为 l，根部最大宽度为 b，悬臂的厚度为 h。在悬臂的自由端施加一定载荷 P，如悬吊一定重量的砝码，则梁的上表面应力为

$$\sigma_P = 6Pl/(bh^2) \qquad (6\text{-}17)$$

在不同 ψ 角下，测量出样品某 (hkl) 晶面的 2θ 值，由 $K = \sigma_P / (\partial(2\theta)/\partial\sin^2\psi)$ 即可计算出该晶面的 X 射线应力常数。为提高测量精度，分别施加不同的载荷，测得一系列 $\partial(2\theta)/\partial\sin^2\psi$，利用最小二乘法，确定 σ_P 与 $\partial(2\theta)/\partial\sin^2\psi$ 的直线斜率，从而可获得精确的应力常数值。

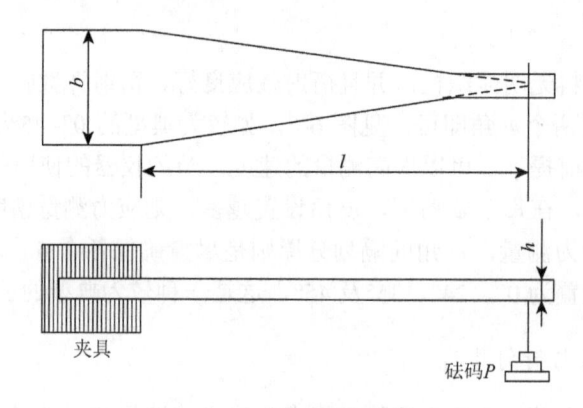

图 6-13 等强度梁及其加载方法

如果未知材料的尺寸太小，不能加工出足够长度的等强度梁样品，则只能采用单轴拉伸实验的方法进行测量，即加工出板状拉伸样品，利用力学试验机或其他方法对样品加载 σ_P，同样是利用 $\sigma_P/(\partial(2\theta)/\partial\sin^2\psi)$ 来确定 X 射线的应力常数 K。

6.3.5 测试过程

使用 X'Pert 软件对宏观应力进行计算。操作步骤如下所示。

第 6 章　残余应力、晶粒尺寸、位错密度分析

1. 选定晶面

第一步，打开所需要的数据图，选择特定晶面的衍射峰，衍射峰的相关信息如图 6-14 左上角所示，包括峰值、半高宽等信息。

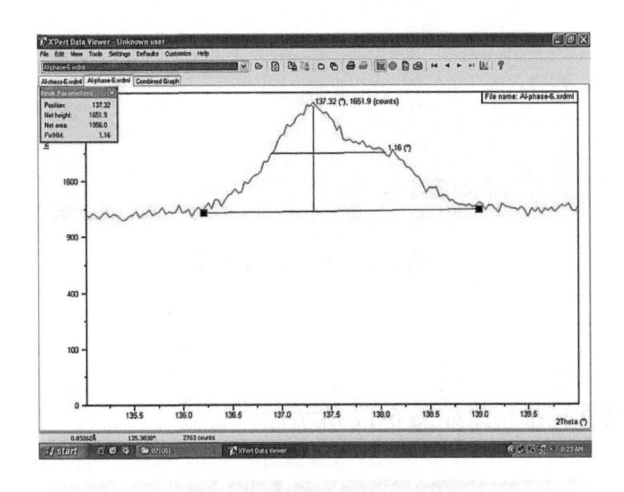

图 6-14　选定晶面操作界面

2. 编写测试程序

程序编写操作界面如图 6-15 所示，其中扫描角选择 2Theta-Omega，扫描模式选择 Continuous，属于自定义的扫描角度、步长、单位步长时间、扫描速度、步长总数等参数。得到的结果如图 6-16 所示。

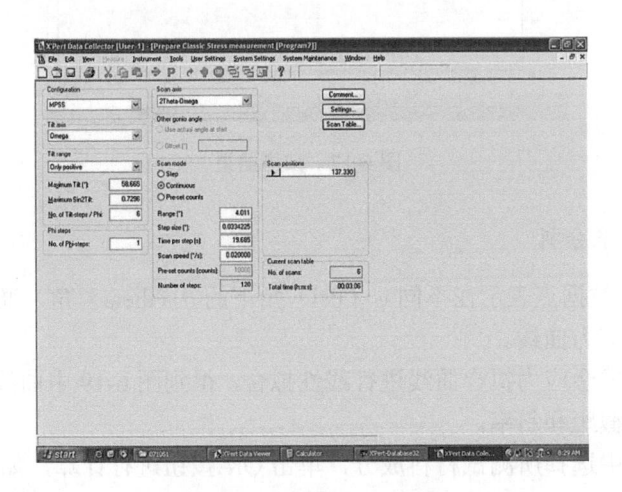

图 6-15　程序编写操作界面

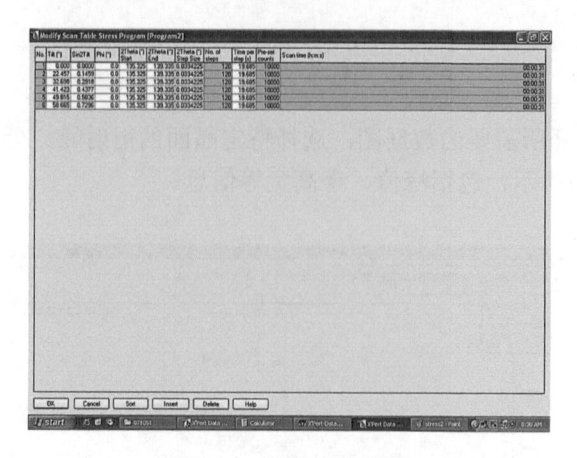

图 6-16 程序运行结果

3. 扫描

程序运行过程扫描结果如图 6-17 所示。

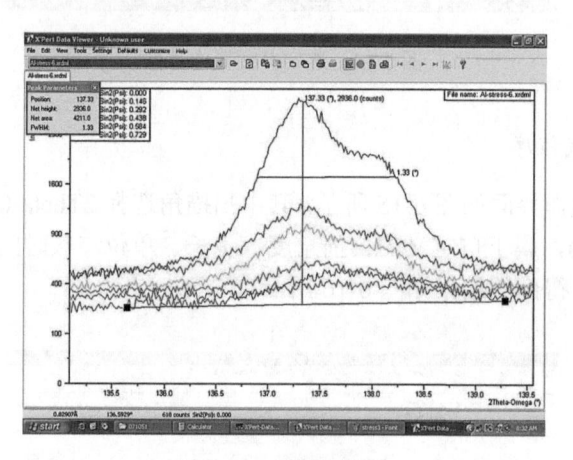

图 6-17 扫描结果

4. 测试结果分析

图 6-18 中数据点表示在不同 ψ（Psi）角下的 θ（theta）角，通过将数据点拟合，得到残余应力曲线。

将得到的残余应力拟合曲线进行线性拟合，得到图 6-19 中曲线，分析得到线性拟合曲线的截距和斜率。

从数据库中选择所测试材料成分，单击 OK 按钮进行计算，如图 6-20 所示。计算得到残余应力值，结果如图 6-21 和图 6-22 所示。

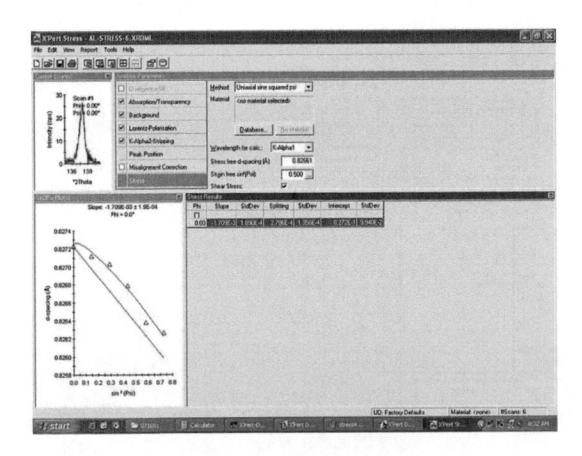

第 6 章 残余应力、晶粒尺寸、位错密度分析 ·107·

图 6-18 结果分析步骤一

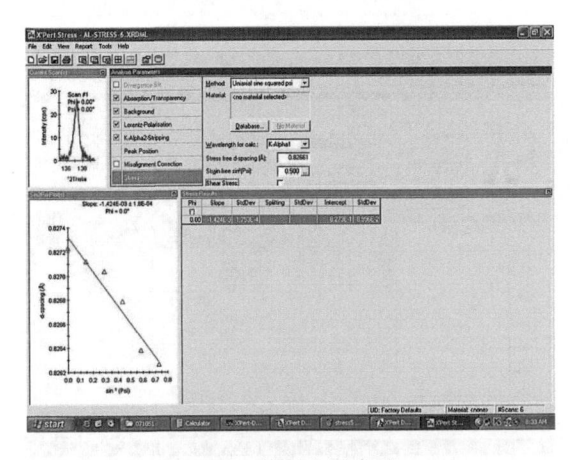

图 6-19 结果分析步骤二

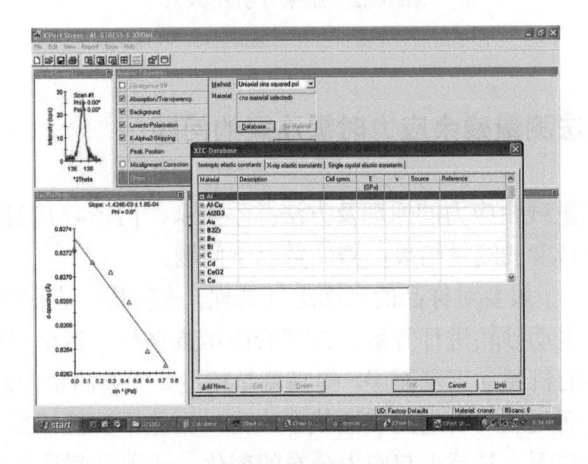

图 6-20 结果分析步骤三

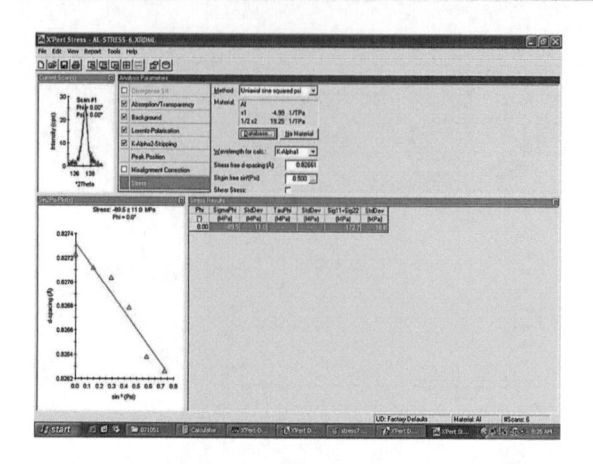

图 6-21 结果分析步骤四

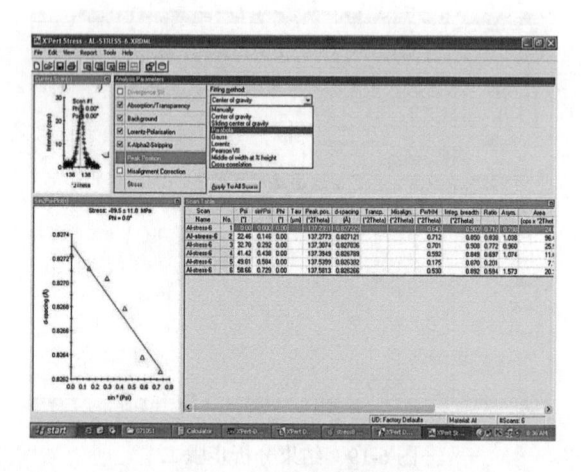

图 6-22 结果分析步骤五

图中显示的是图 6-17 中每条衍射峰的具体参数

6.3.6 X 射线法测量残余应力时需注意的问题

X 射线法测量残余应力的原理及方法并不复杂，但影响其测定精度的因素很多，要想获得高精度的测量结果，需注意以下问题。

（1）测量前，一般要对样品的表面进行处理。去掉样品表面的污染物和锈斑，若有必要用手持电动砂轮进行打磨，使其表面尽量平整，甚至用酸深度腐蚀或电解抛光去除遗留的机械加工表面层，提高测量精度。如果测量的是由磨削、切削、喷丸以及其他表面处理后引起的表面残余应力，则绝不应破坏原有表面，因为上述处理会改变被测面，甚至引起应力分布的变化，达不到测量的目的。

（2）测量时，使待测衍射面的衍射角 2θ 尽量大（一般应在 75°以上），同时选择合适的靶材，使衍射峰的线条明锐、分布较窄，便于确定衍射峰位置，减小测量的不确定性。

（3）选择合适的拟峰、定峰方法，准确确定衍射峰的位置。对于同一个衍射峰用不同的方法来定峰所得的 2θ 值是不同的，根据所测定的衍射线的谱形特点，通常采用半高宽法、抛物线法、重心法和中点平均值法。半高宽法以峰高 1/2 处的峰宽中点作为衍射峰位置，简单易行，在衍射峰轮廓光滑时，具有较高可靠性。当衍射线条宽化、衍射峰形不对称时，要使用其他适当的定峰方法，而且要用吸收因子和角因子对衍射峰形进行修正，使其基本恢复对称。抛物线法定峰是根据衍射峰和抛物线形状近似的特征，将抛物线拟合到峰顶部，以抛物线的对称轴作为峰的位置。其中，三点抛物线法因简便迅速而被广泛应用，但半高宽法又较抛物线法精度高、重复性好。

（4）由于晶体本身是各向异性的，在不同的晶体学方向上力学性能差别很大，而 X 射线应力分析是在垂直于（hkl）反射晶面的特殊晶体学方向上进行的，因此在进行精确测量时不宜用工程上的泊松比 ν 和弹性模量 E，计算时应采用特定晶向的泊松比 ν 和弹性模量 E。

（5）测量前先确定应力常数，常用金属材料的应力常数可查表得到，不常用材料用试验的方法确定，也就是试验标定，其方法是准备与待测样品相同材料的等强度梁，通过单向拉伸或纯弯曲使其产生已知数值的应力，并求得倾斜角 $2\theta_{\phi\psi}$ 和衍射角 $\sin^2\psi$ 的关系，代入式（6-13c），求得应力常数 K。

6.4 晶粒尺寸测量原理及方法

X 射线衍射技术是晶体结构测定与表征、物相分析、晶粒尺寸计算、织构分析等方面的一种重要方法，在材料科学、物理学及化学等领域的研发和生产中有广泛的应用。同时，X 射线衍射法具有制样简单、无损分析、测试快捷等优点。

晶粒的大小是金属材料最重要的组织特征参数之一，因为它对金属材料几乎所有的性能和组织转变都会产生重要的影响，所以在金属材料的研究和生产过程中，都十分重视对晶粒或组织大小的控制。传统的晶粒度（尺寸）评定主要采用人工比较法，它是将测量组织与相同放大倍数的标准等级图谱进行比较，从而确定晶粒大小的等级，标准等级图谱由国家颁布。但是对于纳米级晶粒的金属，这种方法并不适用，因为普通的金相显微镜无法看到纳米级的晶粒。确定纳米晶粒大小可以采用 X 射线衍射峰半高宽计算法。X 射线衍射宽化法测量的是同一点阵所贯穿的小单晶的大小，它是一种与晶粒度含义最贴切的测试方法。但是衍射仪设计和调试不理想，都会造成衍射方向偏离布拉格角，引起衍射峰宽化。因此，要想准确地计算出样品的平均晶粒度（尺寸），必须消除这些因素对衍射峰宽化效应的影响。下面介绍 X 射线衍线测量晶粒尺寸的基本原理与方法。

6.4.1 半高宽法

半高宽：如果将衍射峰看作一个三角形，那么峰的面积等于峰高乘以一半高度处的宽度，这个宽度就称为半高宽。

在很多情况下会发现衍射峰变得比常规要宽。这是由于材料的微结构与衍射峰形有关系。在正空间中的一个很小的晶粒，在倒易空间中可看成一个球，其衍射峰的峰宽很宽。而正空间中足够大的晶粒，在倒易空间中是一个点，与此对应的衍射峰的峰宽很窄。因此，晶粒尺寸的变化，可以反映在衍射峰的峰宽上，据此可以测量出晶粒尺寸。

但当晶粒大于 100nm 时，衍射峰的峰宽随晶粒大小变化不敏感。此时晶粒度可以用透射电子显微镜（transmission electron microscope，TEM）、扫描电子显微镜（scanning electron microscope，SEM）计算统计平均值。当晶粒小于 10nm 时其衍射峰随晶粒尺寸的变小而显著宽化，也不适合用 X 射线衍线来测量。

被测样品中晶粒大小可采用谢乐公式进行计算：

$$D_{hkl} = Nd_{hkl} = \frac{0.89\lambda}{\beta_{hkl}\cos\theta} \tag{6-18}$$

式中，λ 为入射 X 射线的波长；θ 为衍射 hkl 的布拉格角；β_{hkl} 为衍射 hkl 的半高宽，单位为弧度。D_{hkl} 即晶粒尺寸，它的物理意义是垂直于衍射方向上的晶粒尺寸。其中，d_{hkl} 是（hkl）晶面的晶面间距，而 N 则为该方向上包含的晶胞数。计算晶粒尺寸时，一般选取低角度的衍射线。如果晶粒尺寸较大，可用较高角度的衍射线代替。

6.4.2 抛物线法

当峰形较为散漫时，用半高宽法容易引起较大的误差，则可用抛物线法定峰，即将峰顶部位假定为抛物线形，用测量的强度数据拟合抛物线，求其最大值 I_p 对应的衍射角 $2\theta_p$ 为峰位。设抛物线方程为

$$I = a_0 + a_1 \cdot 2\theta + a_2 \cdot (2\theta)^2 \tag{6-19}$$

式中，I 为对应 2θ 的衍射强度；a_0、a_1、a_2 为常数。对应于最大强度 I_p 的衍射角 $2\theta_p$ 应满足 $dI_p/d(2\theta_p)=0$，即 $a_1+2a_2\cdot 2\theta_p=0$，所以

$$2\theta_p = -\frac{a_1}{2a_2} \tag{6-20}$$

根据测定的数据求出 a_1、a_2，代入式（6-20）就可求得峰位 $2\theta_p$。

1. 三点抛物线法

三点抛物线法是一种比较简单的方法。在衍射峰顶部大于 85%最大强度处取三个测点，设其在同一抛物线上[图 6-23(a)]，将所测数据代入式（6-19）可得

$$\begin{aligned}I_1 &= a_0 + a_1\cdot 2\theta_1 + a_2\cdot(2\theta_1)^2\\ I_2 &= a_0 + a_1\cdot 2\theta_2 + a_2\cdot(2\theta_2)^2\\ I_3 &= a_0 + a_1\cdot 2\theta_3 + a_2\cdot(2\theta_3)^2\end{aligned} \tag{6-21}$$

设 $I_1-I_2=A$，$I_3-I_2=B$，$2\theta_3-2\theta_2=2\theta_2-2\theta_1=\Delta(2\theta)$，将解方程组（6-21）所得的 a_1、a_2 代入式（6-20）求得 $2\theta_p$ 为

$$2\theta_p = 2\theta_1 + \frac{\Delta(2\theta)}{2}\frac{3A+B}{A+B} \tag{6-22}$$

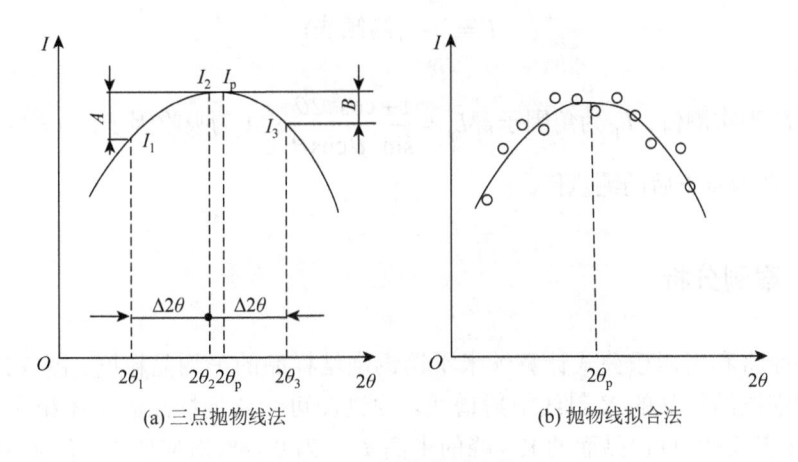

(a) 三点抛物线法

(b) 抛物线拟合法

图 6-23 抛物线法定峰

2. 抛物线拟合法

强度测量中误差不可避免，为提高定峰的精度，可取多测点（测点数 $n\geq 5$），

用曲线拟合法求出最佳抛物线的极值而定峰位[图 6-23(b)]。设在测点 $2\theta_i$ 处的强度最佳值为 I_i，则 $I_i = a_0 + a_1 \cdot 2\theta_i + a_2 \cdot (2\theta_i)^2$，若实测的强度值为 I'_i，各测点实测值与最佳值之差 v_i 的平方和为

$$\sum_{i=1}^{n} v_i^2 = \sum_{i=1}^{n} \left[I'_i - a_0 - a_1 \cdot 2\theta_i - a_2 \cdot (2\theta_i)^2 \right]^2 \quad (6\text{-}23)$$

按最小二乘法的原则，有

$$\begin{cases} \dfrac{\partial \sum v_i^2}{\partial a_0} = \sum_{i=1}^{n} \left\{ -2 \left[I'_i - a_0 - a_1 \cdot 2\theta_i - a_2 \cdot (2\theta_i)^2 \right] \right\} = 0 \\ \dfrac{\partial \sum v_i^2}{\partial a_1} = \sum_{i=1}^{n} \left\{ -2 \left[I'_i - a_0 - a_1 \cdot 2\theta_i - a_2 \cdot (2\theta_i)^2 \right] (2\theta_i) \right\} = 0 \\ \dfrac{\partial \sum v_i^2}{\partial a_2} = \sum_{i=1}^{n} \left\{ -2 \left[I'_i - a_0 - a_1 \cdot 2\theta_i - a_2 \cdot (2\theta_i)^2 \right] (2\theta_i)^2 \right\} = 0 \end{cases} \quad (6\text{-}24)$$

解方程组（6-24）得出 a_1、a_2，代入式（6-20），求得峰位 $2\theta_p$。抛物线拟合法的测点多，计算量大，一般都用计算机编程进行计算。

在用抛物线法定峰时，必须用长时间的定时计数或大计数的定数计时以获得准确的强度值，且强度还需按式（6-25）进行修正：

$$\begin{aligned} I' &= \frac{I''}{L_p A} \text{（同倾法）} \\ I' &= \frac{I''}{L_p} \text{（侧倾法）} \end{aligned} \quad (6\text{-}25)$$

式中，I'' 为实测值；L_p 为角因子，$L_p = \dfrac{1 + \cos^2 2\theta}{\sin^2 \theta \cos \theta}$；$A$ 为吸收因子，$A = 1 - \tan\psi \cdot \cos\theta$；$I'$ 为修正后的测量值。

6.4.3 案例分析

下面将利用谢乐公式计算纳米不锈钢烧结样品的平均晶粒度。图 6-24 为纳米不锈钢烧结样品的 X 射线衍射谱线。由谱图可得该钢样品的主体相为奥氏体相，测得奥氏体（111）晶面的 $K_{\alpha1}$ 峰的半高宽 B 为 0.28°，对应的 2θ 角为 50.742°。α-石英标样在相同的实验条件下测得（110）晶面的 $K_{\alpha1}$ 衍射峰的半高宽 b 为 0.23°。因此 $b/B = 0.23/0.28 = 0.82$。将 0.82 代入图 6-25（110）衍射峰对应的曲线中，得出 β/B 约为 0.23，因为 $B = 0.28°$，所以得出钢样由晶粒细化引起的宽化 $\beta = 0.0644°$。

将 $\lambda(Co) = 0.17902(nm)$，$\beta = 0.0644° = 0.00112 rad$，$\theta = 25.37°$代入式（6-18）得：平均晶粒度 $D_{hkl} \approx 157$ nm。

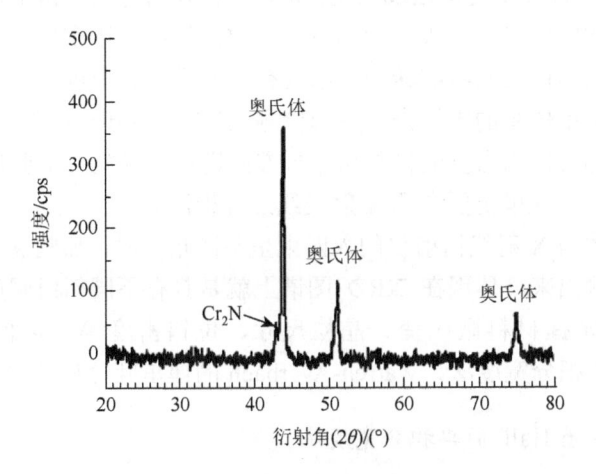

图 6-24　纳米不锈钢烧结样品 X 射线衍射谱线

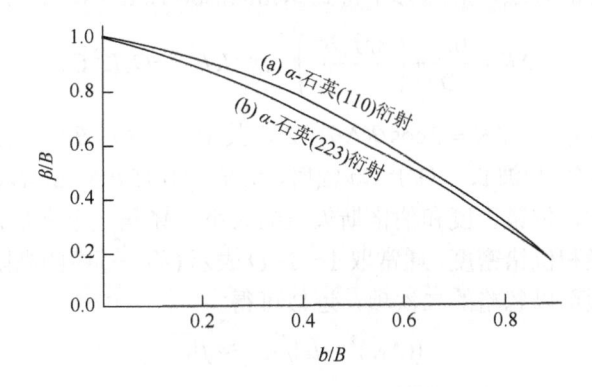

图 6-25　β/B-b/B 关系曲线

6.5　位错密度测试原理与方法

位错，即金属材料中普遍存在且对晶体性能影响尤为重要的一种线缺陷，是晶体已滑移区与未滑移区之间的分界，属于材料一列或若干列原子发生有规律的错排的内部微观结构缺陷——拓扑缺陷。

材料中位错的评价指标为位错密度，是指单位体积内位错线的总长度，可表示为 $\rho = L/V$，其中，L 是位错线总长度，V 是晶体体积。位错密度也可表示为穿过单位面积内位错线的数量，即

$$\rho = \frac{nl}{Sl} = \frac{n}{S} \tag{6-26}$$

式中，S 为晶体面积；l 为位错线长度；n 为穿过 S 面上的位错数量。

位错在晶体内增殖、湮灭、运动等会导致晶体中位错密度发生变化，对材料的力学性能、电学性质及组织转变等都具有极为重要的影响。

位错密度利用传统的电镜来观察和检测，其准确性甚至达不到数量级的精度，因此众多学者都对位错密度的检测和分析方法进行了研究，主要包括观察法和 X 射线线形分析法。这里主要介绍 X 射线线形分析法。

当待测晶体与 X 射线衍射仪的入射束呈不同角度时，那些满足布拉格衍射的晶面就会被检测出来，体现在 XRD 图谱上就是具有不同衍射强度的衍射峰。通过峰形分析可掌握材料微应变、晶粒尺寸、位错密度等变化信息，主要包括 Williamson-Hall 积分宽度法、Warren-Averbach 的傅里叶分析法等。

1. Williamson-Hall 简单积分宽度法

Willamson 和 Hall 于 1950 年提出了由晶粒尺寸和微应变引起的衍射峰宽化模型计算位错密度的方法，后经修正得到 Williamson-Hall（W-H）法，即

$$\Delta K = \frac{0.9}{D} + \left(\frac{\pi M^2 b^2}{2}\right)^{1/2} \rho^{1/2} K \overline{C}^{1/2} + O(K^2 \overline{C}) \tag{6-27}$$

式中，$K = 2\sin\theta/\lambda$，$\Delta K = 2\cos\theta(\Delta\theta)/\lambda$，其中，$\Delta\theta$、$\theta$、$\lambda$ 分别表示 X 射线的 FWHM、衍射角和波长，对于 Cu 辐射，λ 值为 0.15405nm；D、ρ 和 b 分别表示平均晶粒尺寸、位错密度和伯格斯矢量的大小；M 是一个常数，取决于位错的有效外截面半径和位错密度，通常取 1~2；O 表示 ($K\overline{C}^{1/2}$) 中的高阶项。将式(6-27)转化为其高阶项可以忽略的二次项，近似可得

$$[(\Delta K)^2 - \alpha]/K^2 \approx \beta \overline{C} \tag{6-28}$$

式中，$\alpha = (0.9/D)^2$；$\beta = \pi M^2 b^2 \rho/2$。

在面心立方和体心立方晶体中，与 (hkl) 反射相对应的位错平均对比因子 $\overline{C}_{hkl}$ 可表示为

$$\overline{C}_{hkl} = \overline{C}_{h00}(1 - qH^2) \tag{6-29}$$

刃型位错和螺型位错的 $\overline{C}_{h00}$ 值是通过单个 C_{h00} 值的算术平均值得到的。在面心立方晶体中，螺型位错不依赖于 C_{12}/C_{44}（式中，C_{12}、C_{44} 为与材料弹性常数相对应的常数）。对于刃型位错，对 C_{12}/C_{44} 有相对较强依赖性。$\overline{C}_{h00}$ 在不同 C_{12}/C_{44} 值下的 A_i（表示各向异性，其数据确定参考 T. Ungar 在 1999 年发表于 *Journal of Applied Crystallography* 的文章）依赖关系可以用以下函数参数化：

$$\overline{C}_{h00} = a[1 - \exp(-A_i/b)] + cA_i + d \tag{6-30}$$

对于面心立方晶体中的螺型位错，$a = 0.1740$，$b = 1.9522$，$c = 0.0293$，$d = 0.0662$，与 C_{12}/C_{44} 无关；对于面心立方晶体中的刃型位错，$a \sim d$ 的值列于表 6-4 中。

表 6-4 在面心立方晶体刃型位错情况下，式（6-30）中 $\overline{C}_{h00}$ 的参数 a、b、c、d

参数	$C_{12}/C_{44} = 0.5$	$C_{12}/C_{44} = 1$	$C_{12}/C_{44} = 2$	$C_{12}/C_{44} = 3$
a	0.1312	0.1687	0.2438	0.2635
b	0.1484	2.0400	2.4243	2.1880
c	0.0201	0.0194	0.0172	0.0186
d	0.0954	0.0926	0.0816	0.0731

对于体心立方晶体中的螺型位错，当 $C_{12}/C_{44} = 1$ 时，$a = 0.1740$，$b = 1.9522$，$c = 0.0293$，$d = 0.0662$；当 $C_{12}/C_{44} = 0.5$ 和 2 时，参数值仅略有不同，如图 6-26 所示。对于体心立方晶体中的刃型位错，$a \sim d$ 的值列于表 6-5 中。

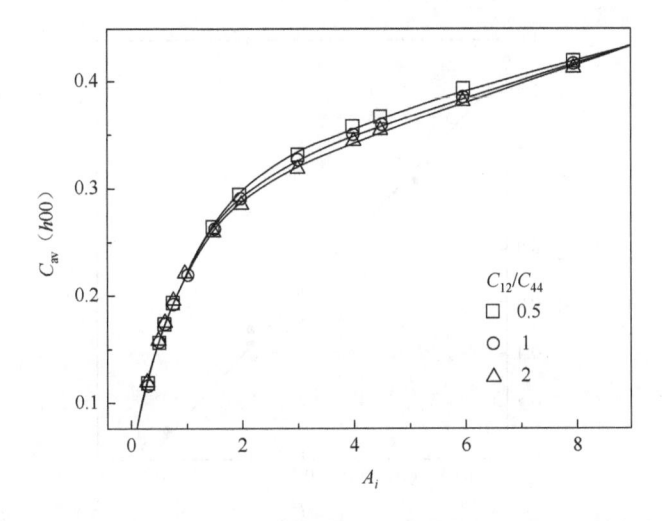

图 6-26 体心立方晶体中螺型位错的 $h00$ 次反射对应的平均 C 因子随弹性各向异性 A_i 和弹性常数 C_{12}/C_{44} 的函数

表 6-5 在体心立方晶体刃型位错情况下，式(6-30)中 $\overline{C}_{h00}$ 的参数 a、b、c、d

参数	$C_{12}/C_{44}=0.5$	$C_{12}/C_{44}=1$	$C_{12}/C_{44}=2$
a	1.4948	1.6690	1.4023
b	25.671	21.124	12.739
c	0.0	0.0	0.0
d	0.0966	0.0757	0.0563

式（6-29）中的 H^2 表示为

$$H^2 = (h^2k^2 + h^2l^2 + k^2l^2)/(h^2 + l^2 + k^2) \qquad (6\text{-}31)$$

式中，h、k、l 是每个峰的晶面指数。另外，q 是表征样品中位错特征的参数。该参数的值取决于样品中刃型位错和螺型位错的比例。从这个值可以分析和讨论样品的位错特性。

将式（6-29）代入式（6-28）可得

$$[(\Delta K)^2 - \alpha]/K^2 \approx \beta \overline{C}_{h00}(1 - qH^2) \qquad (6\text{-}32)$$

在保持式（6-32）左侧为 H^2 的线性函数的情况下，确定 α 的值，如图6-27所示。其中，拟合的线性曲线与 X 轴的交点为 $1/q$，因此 q 的测量值是由线性函数中 H^2 的系数得到的。

$$\rho \approx \frac{2[(\Delta K)^2 - \alpha]/K^2}{\overline{C}_{h00}(1 - qH^2)\pi M^2 b^2} \qquad (6\text{-}33)$$

得到确定的 α 和 q 值之后，将其代入式（6-33）中，求得位错密度 ρ。

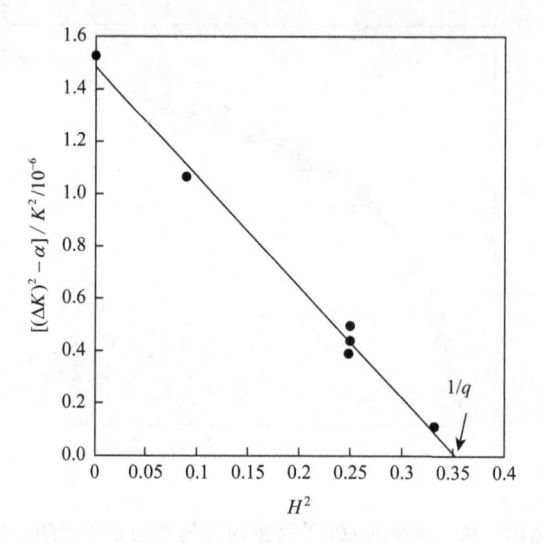

图 6-27　式（6-32）中 $[(\Delta K)^2 - \alpha]/K^2$ 和 H^2 的线性关系示意图

2. Warren-Averbach 的傅里叶分析法

Warren-Averbach 方法广泛地用来研究材料微应变、晶粒尺寸、位错密度等信息，经过修正后得到的 Warren-Averbach 等式为

$$\ln A(L) \approx \ln A^S(L) - (\rho \pi b^2/2)L^2 \times \ln(R_e/L)(K^2\overline{C}) + Q(K^4\overline{C}^2) \qquad (6\text{-}34)$$

这里 $A(L)$ 是 XRD 谱的傅里叶系数的实部；右边第一项的上标 S 表示晶体大小；R_e 为位错的有效外截面半径；L 是傅里叶变量，定义为

第 6 章 残余应力、晶粒尺寸、位错密度分析

$$L = na_3 \tag{6-35}$$

式中，$a_3 = \lambda/[2(\sin\theta_2 - \sin\theta_1)]$，$\theta_2 \sim \theta_1$ 为被测衍射剖面的角度范围；n 为从 0 开始的整数。

从式（6-34）中发现 $\ln A(L)$ 是 $K^2\overline{C}$ 的函数，因此从 $\ln A(L)$ 与 $K^2\overline{C}$ 使用不同 L 值得到的结果如图 6-28 所示，我们得到 Y/L^2 与 $\ln L$ 之间的线性关系，如图 6-29 所示。Y 定义为

$$\frac{Y}{L^2} = \rho\frac{\pi b^2}{2}\ln R_e - \rho\frac{\pi b^2}{2}\ln L \tag{6-36}$$

由图 6-29 中曲线的相关信息可计算位错密度 ρ。

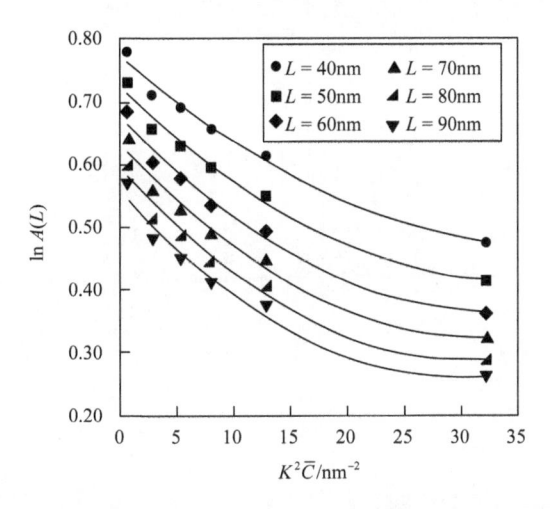

图 6-28 根据式（6-33）修改 Warren-Averbach 方法示意图

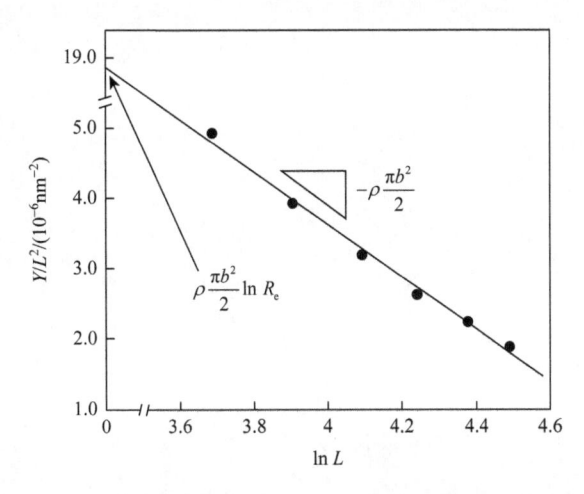

图 6-29 Y/L^2 与 $\ln L$ 按式（6-35）绘制线性关系曲线示意图

习 题

1. 在一块冷轧钢板中可能会存在哪几种内应力？它们的衍射谱有什么特点？按本章介绍的方法可测出哪一类内应力？
2. 用侧倾法测量样品的参与应力，当 $\psi = 0°$ 时和 $\psi = 45°$ 时，其 X 射线的穿透深度有何变化？
3. X 射线法测量残余应力时需注意哪些问题？
4. 什么情况下不适合使用 X 射线衍射计算晶粒尺寸？

第7章 织构分析

7.1 织构基础

一般而言，多晶体各晶粒在空间的取向是任意的，各晶粒之间没有特定的位向关系。而经过冷加工，或者其他一些冶金、热处理过程后（如铸造、电镀、气相沉积、热加工、退火等），多晶体的取向分布状态可以明显偏离随机分布状态，呈现一定的规则性。这种位向分布就称为织构，或者择优取向（preferred orientation）。

单晶体在不同的晶体学方向上，其力学、电学、光学、磁学、耐腐蚀、核物理等方面的性能会表现出显著差异，这种现象称为各向异性。多晶体是许多单晶体的集合，若晶粒数目大且各晶粒的排列是完全无规则的统计均匀分布，即在不同方向上取向概率相同，则这种多晶集合体在不同方向上就会宏观地表现出各种性能相同的现象，这称为各向同性。

然而，多晶体在其形成过程中，由于受到外界的力、热、电、磁等各种不同条件的影响，或在形成后受到不同的加工工艺的影响，多晶集合体中的晶粒就会沿着某些方向排列，呈现出或多或少的统计不均匀分布，即出现在某些方向上聚集排列，因而在这些方向上取向概率增大的现象，称为择优取向。这种组织结构及规则聚集排列状态类似于天然纤维或织物的结构和纹理，故称为织构，如图 7-1 所示。织构测定在材料研究中有重要作用。

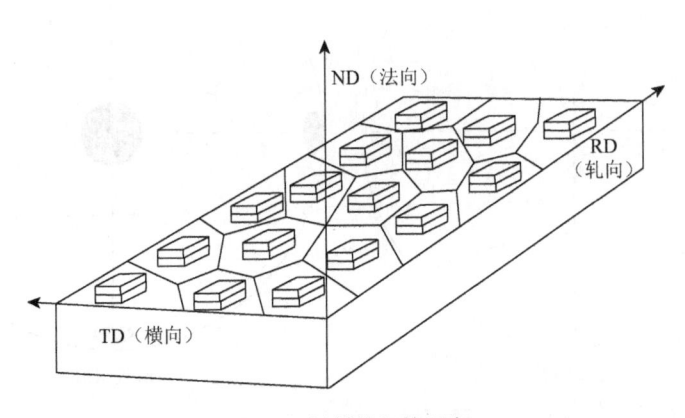

图 7-1 板材的织构现象

织构按其择优取向分布的特点分为两大类。

（1）丝织构。这是一种晶粒取向轴对称分布的织构，存在于拉、轧或挤压成形的丝、棒材及各种表面镀层中。其特点是多晶体中各晶粒的某晶向〈uvw〉与丝轴或镀层表面法线平行，则以〈uvw〉为织构指数，如铁丝有〈110〉织构，铝丝有〈111〉织构。对多晶体也可采用极射赤面投影表示其中晶粒取向的分布情况，以一宏观坐标面为投影面（如与丝轴平行或垂直的平面），将晶体中的某一确定的晶向或晶面向此宏观坐标面投影，这样的极射赤面投影图称为该晶向或晶面的极图。图 7-2 是不同取向状态的极图示意图（图示为{001}极图）。在理想的多晶体中，{001}面在空间不同方位出现的概率是相同的，极图上极点的分布就是均匀的；当有丝织构时（设有(111)丝织构），其{001}面法线将相对丝轴（FA//(111)）呈旋转对称分布，即偏聚在与丝轴相距 54.74°的一纬线环带上。

（2）板织构。这种织构存在于用轧制、旋压等方法成形的板、片状构件内，其特点是材料中各晶粒的某晶向〈uvw〉与轧制方向（RD）平行，称为轧向，各晶粒的某晶面{hkl}与轧制表面平行，称为轧面，{hkl}〈uvw〉即板织构的指数。如冷轧铝板有{110}〈112〉织构，铁合金中会出现[001](100)立方织构。

材料中存在织构，其衍射效应将明显影响衍射强度。图 7-2(b)中的极图同样可视为是某晶面倒易球面上倒易点分布的极射赤面投影。这种倒易点分布不均匀的倒易球面与反射球相交，使衍射环由不连续的弧段构成。若用衍射仪测量织构样品，则得到相对强度反常的衍射谱。衍射强度正比于相应方位的极点密度，所以强度测量是织构测定的基础。

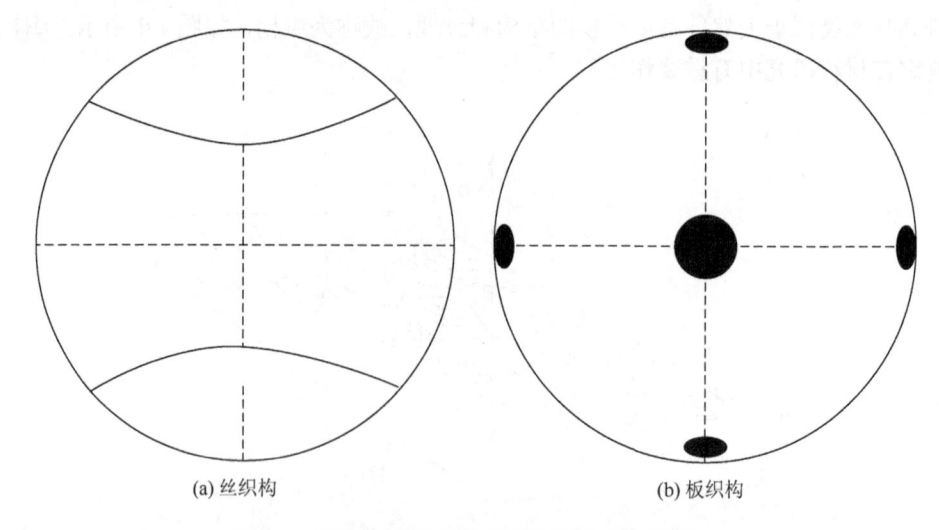

(a) 丝织构　　(b) 板织构

图 7-2　不同取向状态的多晶体极图（示意图）

7.2 织构测试原理与方法

7.2.1 极图的测量

多晶体材料中,某族晶面法线的空间分布概率在极射赤面上的投影,称为极图。通常取某宏观坐标面为投影面,如丝织构材料取与丝轴(FA)垂直的平面、板织构材料取轧面等。极图表达了多晶体中晶粒取向的偏聚情况,由极图还可确定织构的指数。极图测量大多采用衍射仪法。由于晶面法线分布概率直接与衍射强度有关,可通过测量不同空间方位的衍射强度,来确定织构材料的极图。为获得某族晶面极图的全图,可分别采用反射法和透射法来收集该族晶面的衍射数据。为此,需要在衍射仪上安装织构测试台。

1. 反射法

图 7-3 给出了极图反射法的衍射几何。其中,2θ 为衍射角,α 和 β 分别为描述样品位置的两个空间角。当 $\alpha = 0°$ 时样品为水平放置,当 $\alpha = 90°$ 时样品为垂直放置,并规定从左往右看时,α 逆时针转向为正。对于丝织构材料,若测试面与丝轴平行,则 $\beta = 0°$ 时丝轴与测角仪转轴平行;板织构材料的测试面通常取其轧面,即 $\beta = 0°$ 时轧向与测角仪转轴平行,规定面对样品表面时 β 顺时针转向为

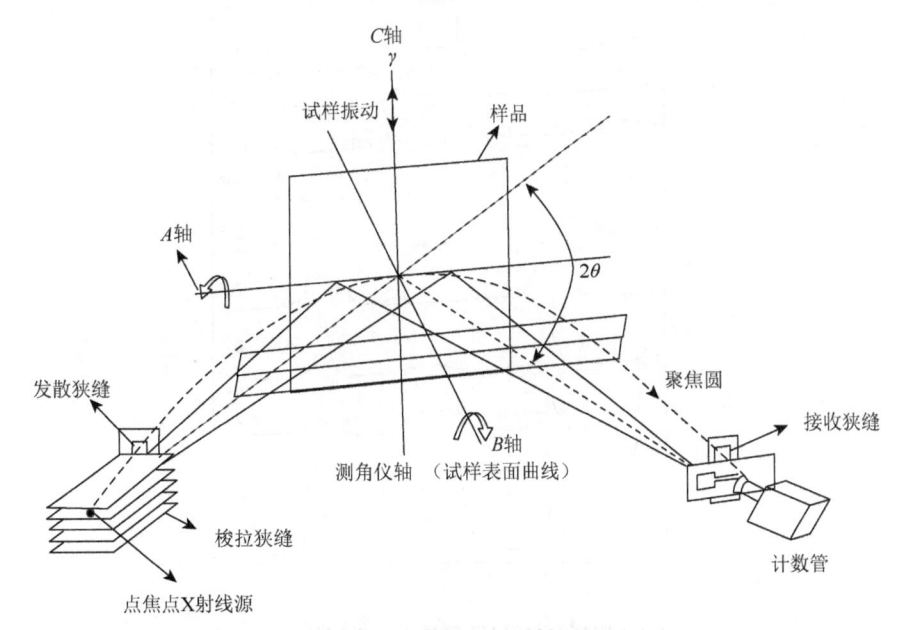

图 7-3 极图反射法的衍射几何

正。反射法是一种对称的衍射方式，理论上讲，该方式的测量范围为 $0°<|\alpha|\leqslant 90°$，但当 α 太小时，由于衍射强度过低而无法进行测量。反射法的测量范围通常为 $30°\leqslant|\alpha|\leqslant 90°$，即适合高 α 角区的测量。

实验之前，首先根据待测晶面 $\{hkl\}$，选择衍射角 2θ。实验过程中，始终确保该衍射角不变，即测角仪中计数管固定不动。依次设定不同的 α 角，在每一个 α 角下样品沿 B 轴连续旋转 $360°$，同时测量衍射计数强度。

对于有限厚度样品的反射法，$\alpha = 90°$ 时的射线吸收效应最小，即衍射强度 $I_{90°}$ 最大。可以证明，$\alpha < 90°$ 时的衍射强度 I 吸收校正公式为

$$R = I_\alpha / I_{90°} = (1-e^{-2\mu t/\sin\theta})/[1-e^{-2\mu t/(\sin\theta\sin\alpha)}] \tag{7-1}$$

式中，μ 为 X 射线的线吸收系数；t 为样品的厚度。式（7-1）表明，如果样品厚度远大于射线有效穿透深度，则 $I_\alpha = I_{90°} \approx 1$，此时可以不考虑吸收校正问题。对于较薄的样品，必须进行吸收校正，在校正前要扣除衍射背底，背底强度由计数管在 2θ 附近背底区获得。

经过一系列测量及数据处理后，最终获得样品中某族晶面的一系列衍射强度 $I_{\alpha,\beta}$ 的变化曲线，如图 7-4 所示。图中每条曲线仅对应一个 α 角，α 由 $30°$ 每隔一定角度变化至 $90°$，而角度 β 则由 $0°$ 连续变化至 $360°$，即转动一周。

将图 7-4 所示曲线中的数据，按衍射强度进行分级，其基准可采用任意单位，

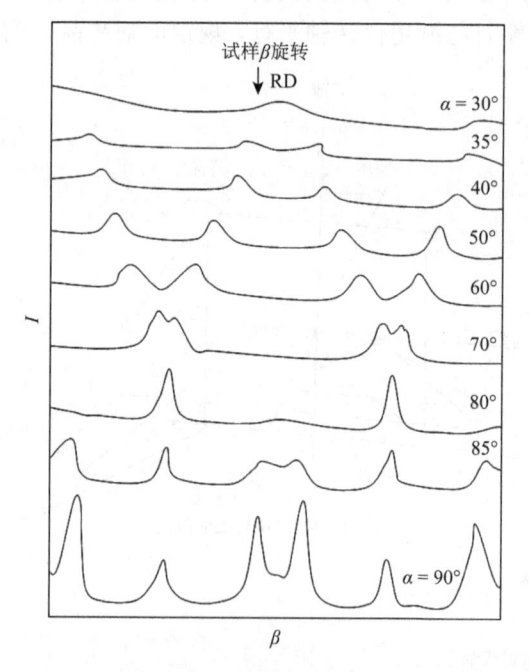

图 7-4　铝板 $\{111\}$ 极图测量中一系列的 $I_{\alpha,\beta}$ 曲线

记录各级强度的 β 角,标在极网坐标的相应位置上,将相同强度等级的各点用光滑曲线连接,这些等极密度线就构成了极图。目前,绘制极图的工作大都由计算机来完成。反射法所获得的典型极图的极图中心位置对应最大 α 角,即 90°,最外圈对应最小 α 角。极图 RD 方向为 $\beta=0°$,顺时针旋转一周即 β 由 0°连续变化至 360°。极图中一系列等密度曲线表示被测量晶面衍射强度的空间分布情况,也代表该族晶面法线在各空间角的取向分布概率。这是最常见的描述织构的方法。

借助标准晶体投影图,可确定板织构的指数 $\{hkl\}\langle uvw\rangle$。铝属立方晶系,应选立方晶系的标准投影图与之对照(基圆半径与极图相同),将两图圆心重合,转动其中之一,使极图上的{111}极点高密度区与标准投影图上的{111}面族极点位置重合,不能重合则换图再比对。最后,发现此图与(110)标准投影图的{111}极点对上,则轧面指数为(110),与轧向重合点的指数为$\langle 112\rangle$,故此织构指数为$\{110\}\langle 112\rangle$。有些样品不只具有一种织构,即用一张标准晶体投影图不能使所有极点高密度区都得到较好的吻合,需再与其他标准投影图对照才能使所有高密度区都得到归属,显然,这种样品具有双织构或多织构。

2. 透射法

透射法的样品必须足够薄,以便 X 射线穿透,但又必须提供足够的衍射强度,例如,可取样品厚度为 $t=1/\mu$,其中 μ 为样品的线吸收系数。图 7-5 给出了极图透射法的衍射几何。当 $\alpha=0°$ 时,入射线和衍射线与样品表面夹角相等,并规定从上往下看时 α 逆时针转向为正。β 角的规定与反射法相同。透射法是一种不对称的衍射方式,可以证明,这种方式的测量范围为 $0°\leq|\alpha|<(90°-\theta)$,当 α 接近 $90°-\theta$ 时已很难进行测量,因此透射法适合于低 α 角区的测量。与反射法类似,在实验过程中,始终确保衍射角不变,即测角仪与计数管固定不动。依次设定不同的 α 角,在每一个 α 角下样品沿 B 轴连续旋转 360°,同时测量衍射计数强度。从透射法的衍射几何不难发现,当 $\alpha\neq 0°$ 时入射线与衍射线所经过材料的路径要比 $\alpha=0°$ 时的长,即 $\alpha\neq 0°$ 时材料对 X 射线吸收比 $\alpha=0°$ 时更为明显。如果对所采集的衍射数据进行强度校正,则校正公式为

$$R=I_\alpha/I_0=\cos\theta[e^{-\mu t/\cos(\theta-\alpha)}-e^{-\mu t/\cos(\theta+\alpha)}]/\{\mu t e^{-\mu t/\cos\theta}$$
$$\cdot[\cos(\theta-\alpha)/\cos(\theta+\alpha)-1]\} \tag{7-2}$$

由于透射法中的吸收效应不可忽略,必须进行强度校正。将不同 α 角条件下测量的衍射强度用相应的 R 去除,就能得到消除了吸收影响的衍射强度。

利用上述实验及数据处理方法,最终也能获得样品中某族晶面的一系列衍射强度 $I_{\alpha,\beta}$ 的变化曲线,并可绘制出该 α 角区间的极图。上述两种方法的区别在于,反射法得到高 α 角区间的极图,透射法得到低 α 角区间的极图。因此,如果将两种方法结合起来,则可得到材料晶面取向概率的完整空间极图。

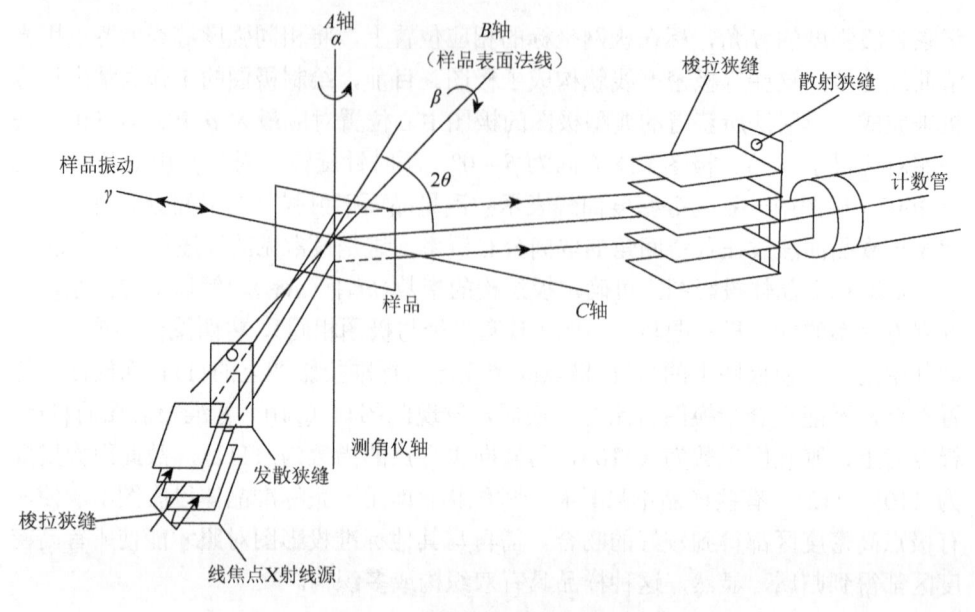

图 7-5　极图透射法的衍射几何

3. 丝织构简易测量法

丝织构的特点是所有晶粒的各结晶学方向对其丝轴呈旋转对称分布，若投影面垂直于丝轴，则某{hkl}晶面的极图为图 7-6 所示的同心圆。在此情况下，不需

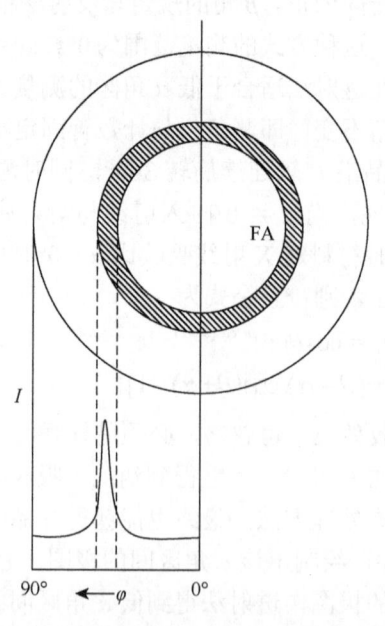

图 7-6　垂直于丝轴方向的丝织构极图

要在衍射仪上安装织构测试台附件，仅利用普通测角仪的转轴，让样品沿 B 轴转动（φ 为衍射面法线与样品表面法线之间的夹角），并测量衍射强度。

在实验过程中，衍射角 2θ 固定不变，同时测量出衍射强度随 φ 角的变化。极网中心为 $\varphi=0°$。为了解 $\varphi=0°\sim90°$ 整个范围的极点分布情况，需要选用两种样品，分别用于低角区和高角区的测量。

低 φ 角区测量：样品是扎在一起的一捆丝，扎紧后嵌在一个塑料框内，丝的端面经磨平、抛光和侵蚀后作为测试面，如图 7-7(a)所示。以图中 $\varphi=90°$ 为初始位置，样品连续转动，即 φ 连续变化，同时记录衍射强度随 φ 的变化情况，得到极点密度沿极网径向的分布。这种方式的测量范围为 $0°<|\varphi|<\theta_{hkl}$。

高 φ 角区测量：将丝并排粘在一块平板上，磨平、抛光并侵蚀后作为测试面，丝轴与衍射仪转轴垂直，X 射线从丝的侧面反射，如图 7-7(b)所示。以图中 $\varphi=90°$ 为初始位置，样品连续转动，同时记录衍射强度随 φ 的变化情况。这种方式的测量范围为 $(90°-\theta_{hkl})<|\varphi|<90°$。

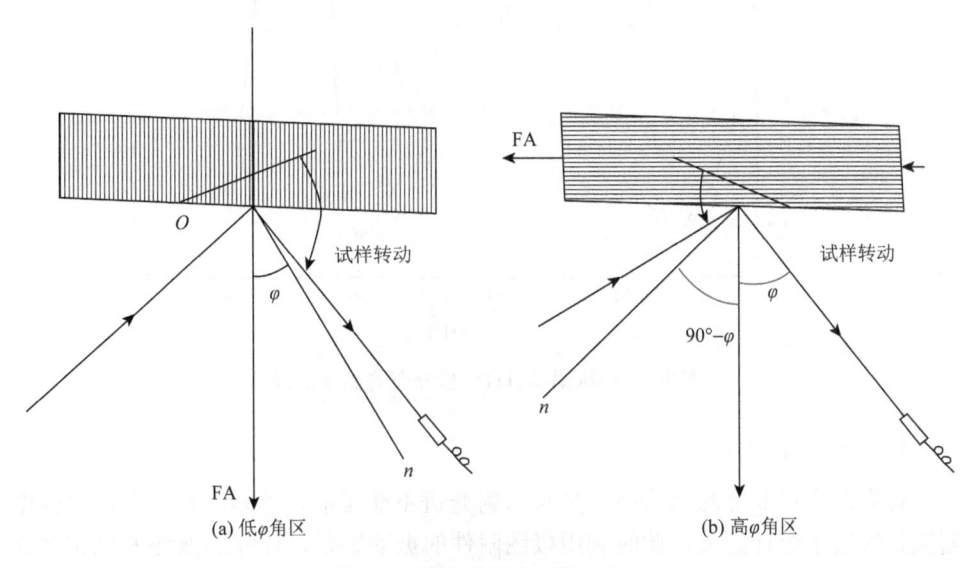

图 7-7 测定丝织构的简易方法

可以证明，如果 φ 角不同，则入射线及反射线走过的路程不同，即 X 射线的吸收效应不同。由此可以证明，当样品厚度远大于 X 射线有效穿透深度时，任意 φ 角的衍射强度与 $\varphi=90°$ 的衍射强度之比 $R=I_0/I_\varphi$ 为

$$R=\begin{cases}1-\tan\varphi g\cos\theta & (\text{低}\varphi\text{角区})\\ 1-\cot\varphi g\cos\theta & (\text{高}\varphi\text{角区})\end{cases} \qquad (7\text{-}3)$$

将各个不同 φ 角条件下测量的衍射强度用相应的 R 校正，就得到消除了吸收影

响而正比于极点密度的强度 I。将修正后的高 φ 角区和低 φ 角区数据绘成 I_φ-φ 曲线，如图 7-8 所示，以描述丝织构。使用该曲线中的数据，并换算出 α 角（$\alpha = 90°-\varphi$），也可以绘制丝织构的同心圆极图。

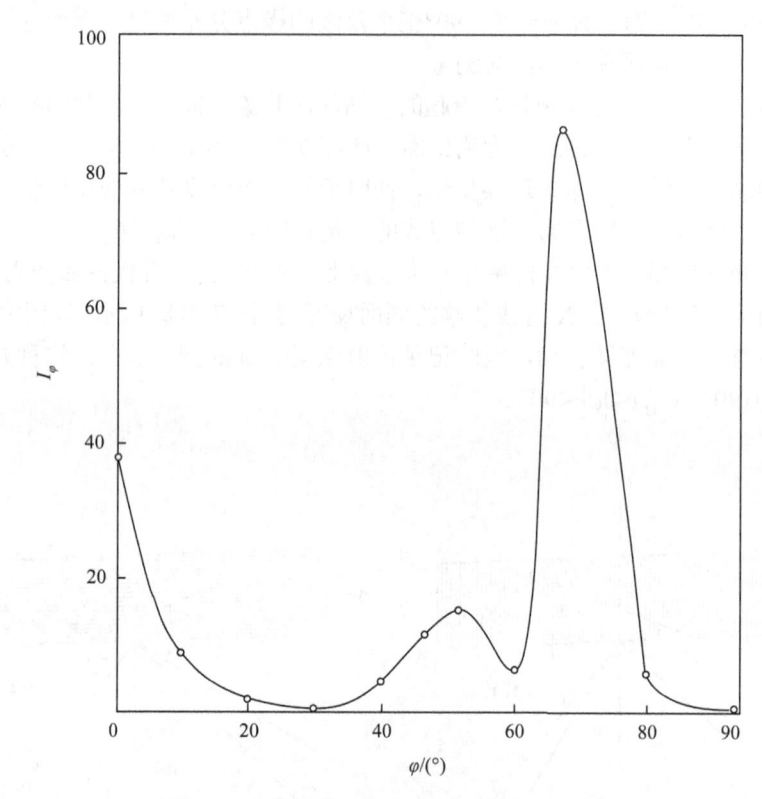

图 7-8 挤压铝丝{111}极分布的 I_φ-φ 曲线

4. 其他注意事项

首先，当样品晶粒粗大时，如果入射光斑不能覆盖足够多晶粒，则衍射强度测量就失去了统计意义，此时利用极图附件的振动装置，让样品做绕 B 轴转动的同时做 C 轴振动（图 7-3 和图 7-5），以增加参加衍射的晶粒数。其次，当织构存在梯度时表面和内部择优取向程度有所不同，由于不同 α 对应不同的 X 射线穿透深度，可造成织构测量误差。再者，为了实现透射法和反射法测量结果的衔接，它们的 α 范围应有 10°左右的重叠。

7.2.2 反极图的测定

首先介绍标准投影三角形。从立方晶系单晶体（001）标准极图可知，（001）、

(011) 和 (111) 晶面及其等同晶面的投影, 将上半球面分成 24 个全等的球面三角形, 每个三角形的顶点都是这三个主晶面 (轴) 的投影。从晶体学角度来看, 这些三角形是完全一样的, 任何方向都可以表示在任意一个三角形内。习惯上采用图 7-9 所示的标准投影三角形。

极图是表达某晶体学方位相对于样品宏观坐标的投影分布。而织构还可以用另一种表达方式, 即反极图来表达, 它表示某一选定的宏观坐标, 如丝轴、板料轧面法向 (ND) 或轧向 (RD) 等。因此, 反极图投影面上的坐标是单晶体的标准投影图。由于晶体的对称性特点, 只需取其单位投影三角形即可。反极图可用于描述丝织构和板织构, 而且便于做取向程度的定量比较。

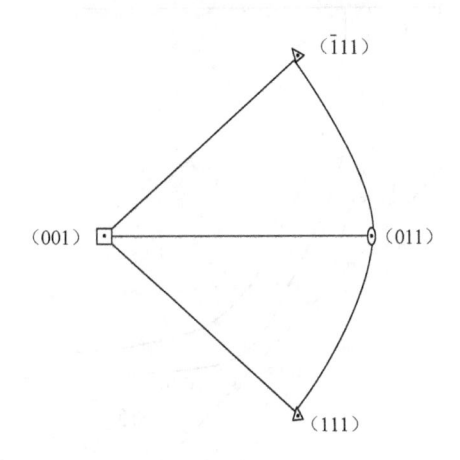

图 7-9 立方晶系标准投影三角形

在反极图中, 通常以一系列轴密度等高线来描述材料中的织构。轴密度代表某 $\{hkl\}$ 晶面法线与宏观坐标平行的晶粒占总晶粒的体积分数, 用以下等式来确定轴密度 W_{hkl}:

$$W_{hkl} = \left(I_{hkl}/I_{hkl}^0\right)\left[\sum_{i}^{n} P_{hkl} \bigg/ \sum_{i}^{n} P_{hkl} \left(I_{(hkl)_i}/I_{(hkl)_i}^0\right)\right] \quad (7\text{-}4)$$

式中, I_{hkl} 为织构样品的衍射强度; I_{hkl}^0 为无织构标样的衍射强度; P_{hkl} 为多重性因子; n 为衍射线条数目; 下标 i 为衍射线条序号。

测量反极图远比 (正) 极图简单。取样要求是, 将待测轴密度宏观坐标轴的法平面作为测试平面, 光源则选波长较短的 Mo 靶或 Ag 靶, 以便能得到尽可能多的衍射线, 取与有织构样品和无织构样品完全相同的条件进行测量。扫描方式用常规的 $\theta/2\theta$, 记下各 $\{hkl\}$ 衍射线条积分强度。在扫描过程中, 最好是样品以表面法线为轴旋转 (0.5~2r/s), 以便更多的晶粒参与衍射, 达到统计平均的效果。将测量数据代入式（7-4），计算出 W_{hkl}，并将其标注在标准投影三角形的相应位置，绘制等轴密度线，就得到反极图。当存在多级衍射时，如（111）、（222）等，只取其中之一进行计算，重叠峰也不能进入计算，如体心立方中的（411）与（330）线等。

反极图特别适用于描述丝织构，只需一张轴向反极图就可表达其全貌，例如，由图 7-10 中轴密度高的部位可知该挤压铝棒有〈001〉和〈111〉双织构。对于板织构材料，则至少需要两张反极图才能较全面地反映织构的形态和织构指数。

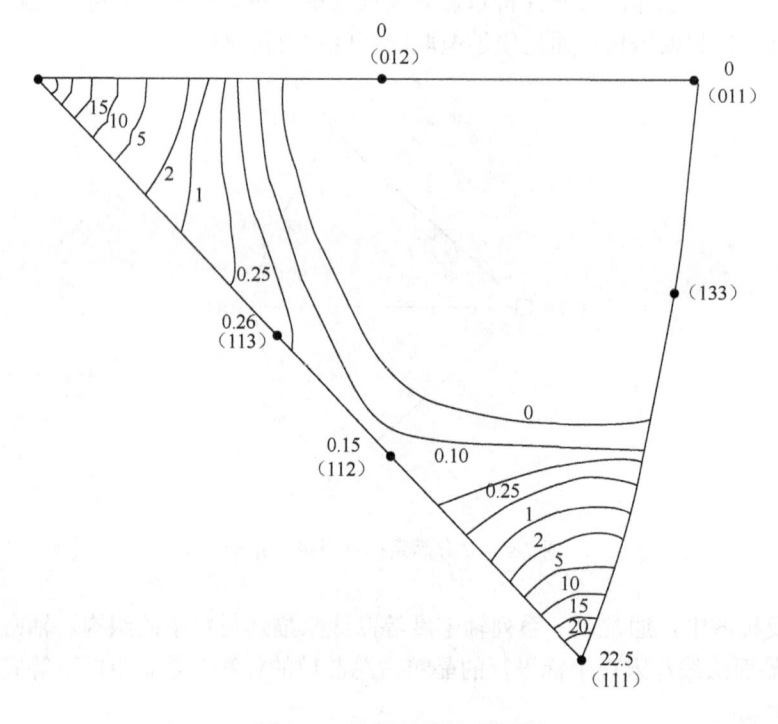

图 7-10 挤压铝棒的反极图

7.2.3 织构测量的实例

织构分析一般通过织构分析软件来进行数据处理。各仪器厂商都有自己的分析软件。下面以实例来介绍织构分析的应用。

铝合金在轧制过程中产生轧制织构，然后在再结晶温度下转变为再结晶织构，织构的存在有时是有益的，例如，在制作靶材时希望形成单一织构，用于深冲的铝材则希望通过控制织构的种类来减小制耳。

这里是一种铝合金样品经过加工后的织构分析。数据采用理学 SmatLab 型 X 射线衍射仪测量。测量方法是先用无织构标准样品测量出无织构的极图，通过它们来校正仪器的散焦，然后再测量样品的极图数据。测量采用理学仪器特有的交叉光束光学（cross beam optics，CBO）系统光路支持的点光源。由于透射法测量极图时，样品制作非常困难，现在通常的做法是，用反射法测量若干个不完整的极图，通过软件来计算出完整极图、反极图和取向分布函数（orientation distribution function，ODF）图。

样品尺寸为 20mm×20mm 的平板样品，经电解抛光或者机械抛光再腐蚀后使用。测试前注意标记出轧向。数据保存在【Texture：Al】文件夹中。

采用理学 SmartLab StudioⅡ软件处理。下面说明其操作步骤。

1. 设置软件

打开 SmartLab StudioⅡ软件。该软件是一个集成软件，除包括粉末衍射数据处理的所有功能外，还包括织构数据处理、残余应力数据处理以及其他很多功能。这里打开 Texture 面板，打开 Options 项目，对软件进行设置（图 7-11）。

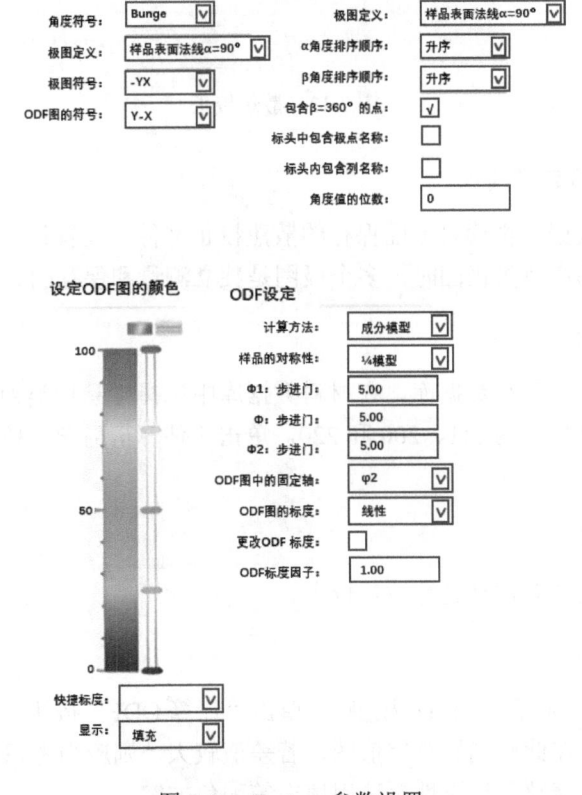

图 7-11 Texture 参数设置

2. 建立散焦校正文件

散焦校正的方法是测量一个完全无织构的样品，按照标准方法处理后，保存成一个散焦数据文件，在后面进行织构分析时读入 Data：Texture\Al。

读入散焦测量数据，然后选择样品种类为"Al"并且输入 3 个极图名称分别为 111、200 和 220。

对照图 7-12 中的选项进行散焦校正，最后保存散焦校正文件。

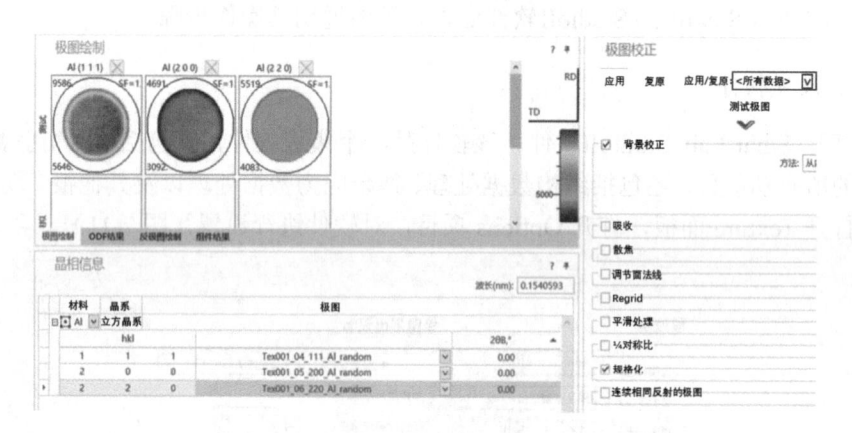

图 7-12　散焦校正

3. 样品极图数据读入

读入测量数据，再读入上面保存的散焦校正文件。设置每一个极图数据文件为单个极图。即在测量极图时，多个极图是独立测量和保存的。

4. 设置样品

软件提供一个材料数据库，在材料数据库中选择样品种类为"Al"。并且输入 3 个极图名称分别为 111、200 和 220。单击"估算衍射角"按钮来估算衍射峰顶位置。

5. 散焦校正

利用散焦文件对样品进行散焦校正。

6. 计算 ODF

在图 7-13 中选择"WIMV 模型"，单击"计算 ODF"按钮，得到不完整计算极图和差值图。在此应当检查差值图，若差值较大，则应当考虑重新计算。

另外，可以调整显示属性，可用填充等配色方案。

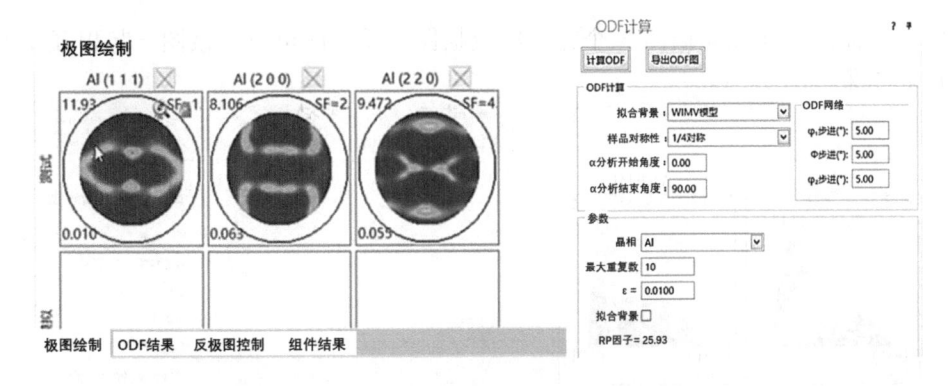

图 7-13　计算 ODF

7. 显示 ODF

选择 ODF 结果，显示 ODF 截面图（图 7-14）。这里可以调整显示风格和截面种类。从图 7-14 中的 $\varphi_2 = 0°$ 截面可以分析出黄铜织构，从 $\varphi_2 = 45°$ 截面可以分析出铜织构，而从 $\varphi_2 = 65°$ 的截面可分析出样品有 S 织构。

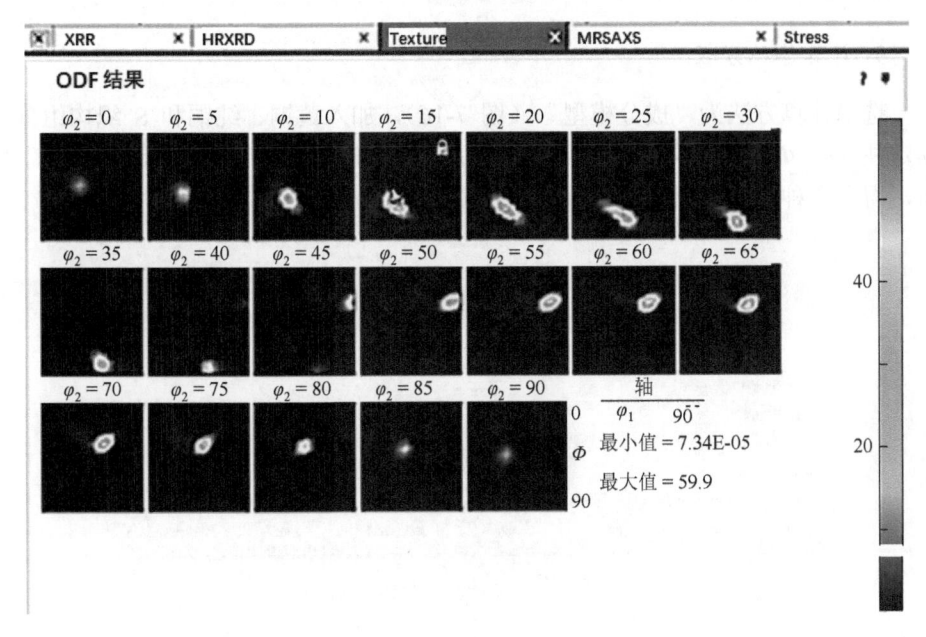

图 7-14　显示 ODF 截面图（单位：(°)）

8. 计算反极图

单击"反极图模拟"按钮，计算出反极图，调整显示模式。可同时显示轧向、轧面法向和轧面横向 3 个方向的反极图。反极图可以与极图一起相互印证计算结果（图 7-15）。

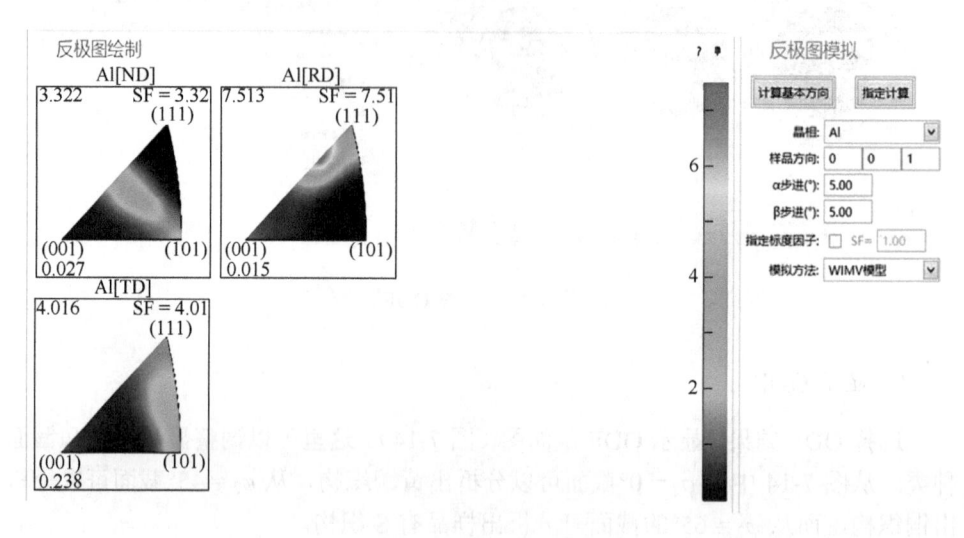

图 7-15　显示反极图

9. 计算体积分数

选择计算方法为"成分模型"（图 7-16），加入黄铜、纯铜和 S 织构组分。固定住（$\varphi_1, \Phi, \varphi_2$）值不改变，只修正体积分数和半高宽，单击"计算 ODF"按钮，得到 3 种织构组分的体积分数，见图 7-16。

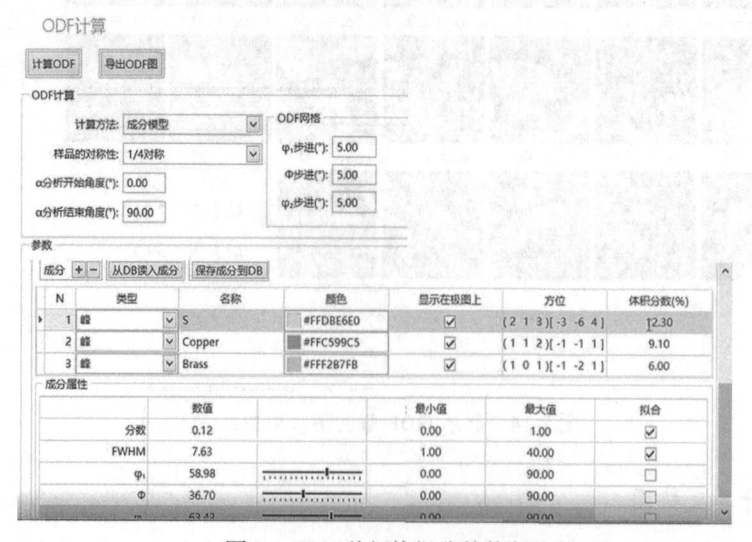

图 7-16　三种织构组分的体积分数

其中，S 织构的体积分数为 12.30%，黄铜织构的体积分数为 9.10%，铜织构的体积分数为 6.00%。剩余部分为随机取向组分。将体积分数与 ODF 截面图中两种织构组分进行比较，可以认为，得到了满意的结果。

SmartLab Studio II 软件提供了一个常见织构组分的数据库，可以在软件使用期间随时将新发现的织构组分添加到数据库。

这里在计算织构组分的体积分数时，选择了织构组分的标准取向。如果实际的组分取向与标准取向有差异，可以给定一个可以修正的范围，让软件修正（拟合）。

若勾选了"显示在极图上"，则将体积分数计算结果（取向位置、强度、宽度）重绘在 ODF 截面图上。通过对比，观察测量值与计算值之间是否存在差异，如果存在差异，可以调整取向（φ_1, $\varPhi$, φ_2）值，使测量值与计算值重合。通过模拟 ODF 功能，可以将计算出来的织构体积分数用图形方式显示出来，以比较测量值与计算值之间的差异。

习　　题

1. 解释下列名词或概念：织构、丝织构与板织构、极图与反极图、ODF。
2. 织构的表示方法有哪些？
3. 试述极图与反极图的区别和适用范围。
4. 简述常见的织构类型及其特点。
5. 试把（111）标准投影图转换成（001）标准投影图。

第8章 X射线光电子能谱分析

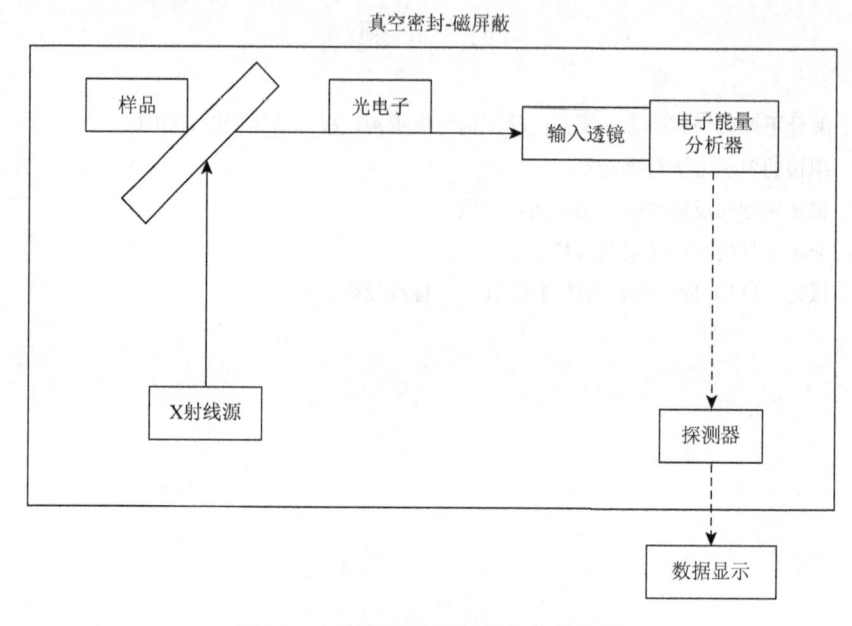

8.1 X射线光电子能谱仪结构及基本原理

8.1.1 X射线光电子能谱仪结构

X射线光电子能谱（X-ray photoelectron spectroscopy，XPS）仪的主要组成部分是光子源、电子能量分析器、超高真空分析室和预处理室以及显示记录系统等。其组成结构简图如图8-1所示。

图 8-1 X射线光电子能谱仪结构简图

1. X射线源

常见的X射线源具有Al和Mg的双阳极，其特征$K_{\alpha1}$和$K_{\alpha2}$线的能量分别为1486.6eV和1253.6eV，谱线峰的半高宽（FWHM）分别为0.9eV和0.7eV。若采用单色器，线宽可减到0.2eV以下。最高功率可分别达到1000W和600W

（阳极水冷系统要求有严格的流量）。除不能分辨的 $K_{\alpha 1}$ 和 $K_{\alpha 2}$ 外，还有 $K_{\alpha 3}$ 和 $K_{\alpha 4}$ 等 X 射线存在，它们与 $K_{\alpha 1}$ 和 $K_{\alpha 2}$ 有恒定的能量差和强度比，导致在结合能的低能端出现小峰，它们不难识别，用计算机很容易排除干扰。X 射线发射的光子通量与阳极电流（0～60mA）有很好的线性关系。加速电压通常取 K 能级结合能的 5～10 倍（在 0～15kV 范围内可调）。在 8～15kV 范围内，光子通量与电压有近乎线性的关系。根据实验数据算出这些关系，在定量分析中可作光子通量换算之用。

X 射线枪与分析室之间用一片极薄的高纯 Al 箔隔开，其作用是：①阻挡从阳极发射的大量二次电子进入分析室；②减弱韧致辐射对样品的照射；③阻止分析室中气体直接进入 X 射线枪。X 射线枪与分析室之间要有直接管道连通，以免压强差过高导致 Al 箔破裂。Al 箔污染或有小裂孔应予更换。

2. 电子能量分析器

电子能量分析器是 XPS 仪器的核心部件，其功能是将样品表面激发出来的光电子按其能量的大小分别聚焦，获得光电子的能量分布。由于光电子在磁场或电场的作用下能偏转聚焦，故常见的电子能量分析器有磁场型和电场型两类。磁场型的分辨能力强，但结构复杂，磁屏蔽要求较高，故应用不多。目前，通常采用的是电场型的能量分析器，它体积较小、结构紧凑、真空要求低、外磁场屏蔽简单、安装方便。电场型又有筒镜形和半球形两种，其中半球形能量分析器更为常用。能量分析器用于测定样品发射的光电子能量分布，在能量分析器中经能量（或动量）"色散"的光电子被探测器（常用通道式电子倍增器）接收并经放大后以脉冲信号的方式进入数据采集和处理系统，绘出谱图。

3. 高真空系统

高真空系统是保证 XPS 仪器正常工作所必需的。高真空系统具有以下两个基本功能：保证光电子在电子能量分析器中尽量不再与其他残余气体分子发生碰撞；保证样品表面不受污染或其他分子的表面吸附。为了能达到高真空（10^{-7}Pa），常用的真空泵有扩散泵、离子泵和涡轮分子泵等。

4. 探测器

探测器的功能是对从电子能量分析器中出来的不同能量的光电子信号进行检测。一般采用脉冲计数法进行，即采用电子倍增器来检测光电子的数目。电子倍增器的工作原理类似于光电倍增管，只是始脉冲来自电子而不是光子。输出的脉冲信号，再经放大器放大和计算机处理后打印出谱图。多数情况下，可进行重复扫描，或在同一能量区域上进行多次扫描，以改善信噪比，提高检测质量。

8.1.2 X 射线光电子能谱仪基本原理

用单色光源（X 射线、紫外线、电子束）照射样品，使原子或分子的电子受激而发射出来，以便测量这些电子的能量分布，并从中获得所需信息。

1. 光电效应

物质受光作用放出电子的现象称为光电效应，也称为光电离或光致发射。原子中不同能级上的电子具有不同的结合能，当具有一定能量 $h\nu$ 的入射光子与样品中的原子相互作用时，单个光子把全部能量交给原子中某壳层（能级）上一个受束缚的电子，这个电子就获得了能量 $h\nu$。如果 $h\nu$ 大于该电子的结合能 E_b，那么这个电子就将脱离原来受束缚的能级，剩余的光子能量转化为该电子的动能，使其从原子中发射出去，成为光电子，原子本身则变成激发态离子。

当光子与样品相互作用时，从原子中各能级发射出来的光电子数是不同的，而是有一定概率的，这个光电效应的概率常用光电效应截面 σ 表示，它与电子所在壳层的平均半径 r、入射光子频率 ν 和受激原子的原子序数 Z 等因素有关。σ 越大，说明该能级上的电子越容易被光激发，与同原子其他壳层上的电子相比，它的光电子峰的强度就越大。各元素都有某个能级能够发出最强的光电子线（最大的 σ），这是通常做 XPS 分析时必须利用的，同时光电子线强度是 XPS 分析的依据。

2. 电子结合能 E_b

入射光子的能量 $h\nu$ 在克服轨道电子结合能（束缚能）E_b 后，光电子获得动能 E_k，能量过程满足光电定律：

$$h\nu = E_b + E_k \tag{8-1}$$

对于固体样品，电子结合能可以定义为把电子从所在能级转移到费米能级所需要的能量。所谓费米能级，相当于 0K 时固体能带中充满电子的最高能级。固体样品中电子由费米能级跃迁到自由电子能级所需要的能量称为逸出功，也就是功函数。图 8-2 表示固体样品光电过程的能量关系，可见入射光子的能量 $h\nu$ 被分成了三部分：电子结合能 E_b，逸出功 w_s，自由电子所具有的动能 E_k，即

$$h\nu = E_b + E_k + w_s \tag{8-2}$$

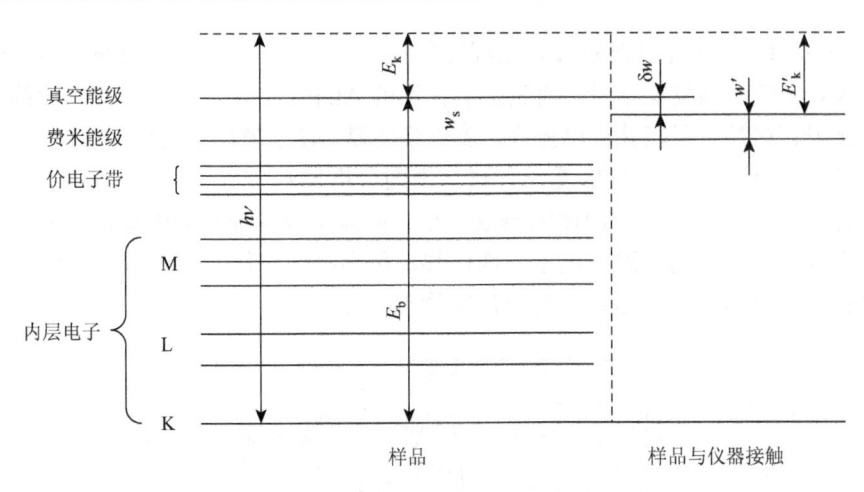

图 8-2 固体样品光电过程的能量关系示意图

在 X 射线光电子能谱仪中，样品与谱仪材料的功函数的大小是不同的（谱仪材料的功函数为 w'）。但固体样品通过样品台与仪器室接触良好，根据固体物理的理论，它们两者的费米能级将处在同一水平。于是，当具有动能 E_k 的电子穿过样品至谱仪入口之间的空间时，受到谱仪与样品的接触电位差 δw 的作用，使其动能变成了 E_k'，由图 8-2 可知有如下关系，即

$$E_k + w_s = E_k' + w' \tag{8-3}$$

将式（8-2）代入式（8-3）可得

$$E_b = h\nu - E_k' - w' \tag{8-4}$$

对一台仪器而言，仪器条件不变时，其功函数 w' 是固定的，一般在 4eV 左右。$h\nu$ 是实验时选用的 X 射线能量，也是已知的。因此，根据式（8-4）只要测出光电子的动能 E_k'，就可以算出样品中某一原子不同壳层电子的结合能 E_b。

3. 化学位移

能谱中表征样品内层电子结合能的一系列光电子谱峰称为元素的特征峰。因原子所处化学环境不同，原子内层电子结合能也会发生变化，则 X 射线光电子谱谱峰位置发生移动，称为谱峰的化学位移。某原子所处化学环境不同，大体有两方面的含义，一是指与它相结合的元素种类和数量不同；二是指原子具有不同的价态。例如，纯金属铝原子在化学上为零，即 Al^0，其 2p 能级电子结合能为 72.4eV；当它被氧化反应化合成 Al_2O_3 后，铝为正三价（Al^{3+}），由于它周围的环境与单质铝不同，这时 2p 能级电子的结合能为 75.3eV，增加了 2.9eV，即化学位移为 2.9eV，

见图 8-3。随着单质铝表面被氧化程度的提高，表征单质铝的 Al2p（结合能为 72.4eV）谱线的强度在下降，而表征氧化铝的 Al2p（结合能为 75.3eV）谱线的强度在上升；这是由于氧化程度提高，氧化膜变厚，使下表层单质铝的 Al2p 电子难以逃逸出，从而也说明 XPS 是一种材料表面分析技术。

除化学位移外，由于固体的热效应与表面荷电效应等物理因素也可能引起电子结合能改变，从而导致光电子谱峰位移，称为物理位移。在应用 X 射线光电子谱进行化学分析时，应尽量避免或消除物理位移。

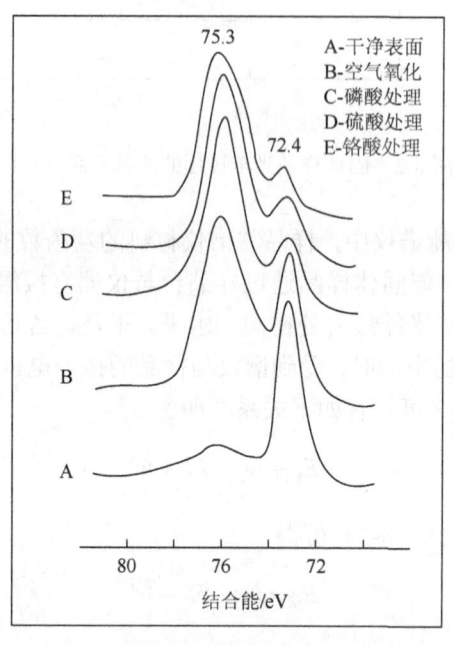

图 8-3　经不同处理后铝箔表面的 Al2p 谱图

4. 半峰和谱峰分裂

能谱中出现的非光电子峰称为伴峰，种种原因导致能谱中出现伴峰或谱峰分裂现象。伴峰，是光电子（从产生处向表面）输运过程中因非弹性散射（损失能量）而产生的能量损失峰，如 X 射线源（如 Mg 靶的 $K_{\alpha 1}$ 与 $K_{\alpha 2}$ 双线）的强伴线（Mg 靶的 $K_{\alpha 3}$ 与 $K_{\alpha 4}$ 等）产生的伴峰、俄歇电子峰等。而能谱峰分裂有多重态分裂与自旋-轨道分裂等。

如果原子、分子或离子价（壳）层有未成对电子存在，则内层能级电离后会发生能级分裂从而导致光电子谱峰分裂，称为多重分裂。图 8-4 所示为 O_2 分子 X 射线光电子谱多重分裂。电离前 O_2 分子价壳层有两个未成对电子，内层能级（O1s）电离后谱峰发生分裂（即多重分裂），分裂间隔为 1.1eV。

(a) 氧原子O1s峰

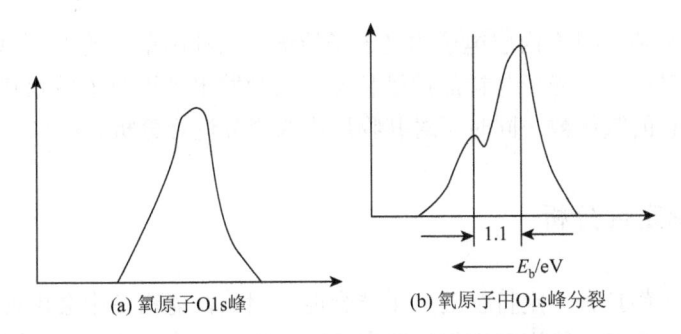

(b) 氧原子中O1s峰分裂

图 8-4　O_2 分子 X 射线光电子谱多重分裂

一个处于基态的闭壳层（闭壳层指不存在未成对电子的电子壳层）原子光电离后，生成的离子中必有一个未成对电子。若此未成对电子角量子数 $l>0$，则必然会产生自旋-轨道偶合（相互作用），使未考虑此作用时的能级发生能级分裂（对应于内量子数 j 的取值 $j=l+1/2$ 和 $j=l-1/2$ 形成双层能级），从而导致光电子谱峰分裂，此称为自旋-轨道分裂。图 8-5 所示为 Ag 的光电子谱峰图。除 3s 峰外，其余各峰均发生自旋-轨道分裂，表现为双峰结构（如 3p1/2 与 3p3/2）。

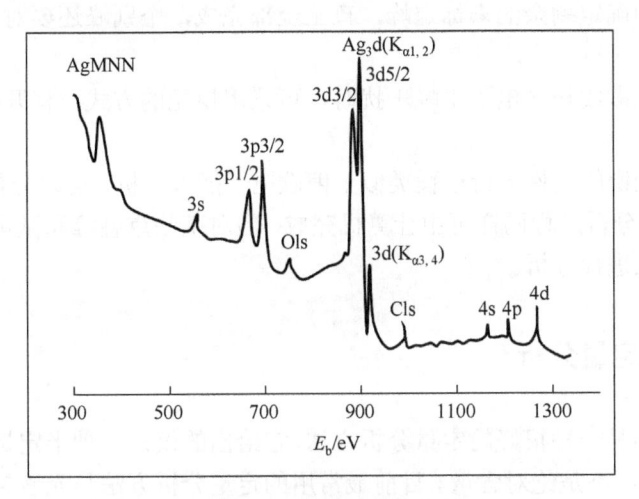

图 8-5　Ag 的光电子谱峰图（Mg K_α 激发）

8.2　分析方法

XPS 可以精确测定原子轨道内层电子的结合能及在不同化学环境中的位移。结合能表征原子的种类，化学位移则表明原子或分子在晶体中所处的结构状态，所以 XPS 可用于固体成分分析（可以测出晶体化合物中金属元素所处的价态）和化学结构的测定。

XPS 是最适于研究内层电子的光电子能谱，它利用单色的 X 射线照射样品，具有一定能量的入射光子与样品原子相互作用激发出光用电子后测其结合能，由此可了解元素的氧化数，同时可对其物质组成成分进行分析。

8.2.1　元素定性分析

各种元素都具有一定特征的电子结合能，因此在能谱图中会出现特征谱线，可以根据这些谱线在能谱图中的位置来鉴定周期表中除 H 和 He 以外的所有元素。一般利用 XPS 的宽扫描程序，在一次测定中就可以检出全部或大部分元素。

定性分析的一般步骤如下。

（1）扣除荷电影响，一般采用 C1s 污染法进行。

（2）对样品进行全能量范围扫描，获得该样品的实测光电子能谱。

（3）标识那些总是出现的谱线：C1s、C_{KLL}、O1s、O_{KLL}、O2s 以及 X 射线的各种伴峰等。

（4）由最强峰对应的结合能确定所属元素，同时标出该元素的其他各峰。

（5）同理确定剩余的未标定峰，直至全部完成，个别峰还要对此窄扫描进行深入分析。

（6）当俄歇线与光电子主峰干扰时，可采用换靶的方式，移开俄歇峰，消除干扰。

光电子能谱的定性分析过程类似于俄歇电子能谱分析，可以分析 H、He 以外的所有元素。分析过程同样可由计算机完成，但对某些重叠峰和微量元素的弱峰，仍需通过人工进行分析。

8.2.2　元素定量分析

XPS 并不是一种很好的定量分析方法，它给出的仅是一种半定量的分析结果，即相对含量，而不是绝对含量。目前最常用的定量分析方法是元素灵敏度因子法，但也是一种半经验的相对定量方法，计算公式为

$$C_i = (I_i / S_i) \Big/ \left(\sum I_j / S_j \right) \tag{8-5}$$

式中，I_i 为元素 i 在一个特定的光谱峰中每秒的光电子数；S_i 为元素 i 的灵敏度因子。

这里提供的定量数据是以原子分数表示的，这种比例关系可以通过式（8-6）来换算成质量分数。

$$C_i^{\text{wt}} = \frac{C_i \times A_i}{\sum_{i=1}^{n} C_i \times A_i} \tag{8-6}$$

式中，C_i^{wt} 为第 i 种元素的质量分数；C_i 为第 i 种元素由 XPS 元素灵敏度因子法测量得到的原子分数；A_i 是第 i 种元素的相对原子质量。

在定量分析中必须注意的是，XPS 给出的相对含量也与谱仪的状况有关。因为不仅各元素的灵敏度因子是不同的，XPS 对不同含量的光电子的传输效率也是不同的，并随着谱仪受污染程度而改变。XPS 仅提供表面 3~5nm 厚的表面信息，其组成不能反映体相成分。样品表面的 C、O 污染以及吸附物的存在也会大大影响其定量分析的可靠性。

8.2.3 化学态分析

化学态分析是 XPS 最主要的用途之一。元素形成不同化合物时，其化学环境不同，导致元素内层电子的结合能发生变化，在图谱中出现光电子的主峰位移和峰形变化，据此可以分析元素形成了何种化合物，即可对元素的化学态进行分析。识别化合态的主要方法就是测量 XPS 的峰位位移。对于半导体、绝缘体，在测量化学位移前应先决定荷电效应对峰位位移的影响。

1. 光电子峰

由于元素所处的化学环境不同，它们内层电子的轨道结合能也不同，即存在化学位移。其次，化学环境的变化将使一些元素的光电子谱双峰间的距离发生变化，这也是判定化学态的重要依据之一。

2. 俄歇线

由于元素的化学态不同，其俄歇电子谱线的峰位也会发生变化。当光电子峰的位移变化并不显著时，俄歇电子峰位移将变得非常重要。在实际分析中，一般用俄歇参数 α 作为化学位移量来研究元素化学态的变化规律。

3. 伴峰

除以上两种方法来识别化学态之外，震激线、多重分裂等也可以给出元素化学态变化方面的信息。

4. 小面积 XPS 分析

小面积 XPS 分析是近几年出现的一种新型技术。X 射线源产生的 X 射线的线度小至 0.01nm 左右，使 XPS 的空间分辨能力大大增加，使 XPS 也可以成像，并有利于深度剖面分析。

元素的化学态分析是 XPS 的最具特色的分析技术，虽然它还未达到精确分析的程度，但已可以通过与已有的标准图谱和标样的对比来进行定性分析了。

8.3 分析案例

8.3.1 定性分析案例

元素（及其化学状态）定性分析即以实测 XPS 谱图与标准谱图相对照，根据元素特征峰位置（及其化学位移）确定样品（固态样品表面）中存在哪些元素（以及这些元素存在于何种化合物中）。标准谱图载于 *XPS Handbook* 数据手册中，标准谱图中有光电子谱峰与俄歇谱峰位置并附有化学位移数据。图 8-6 为标准 XPS 谱图示例。

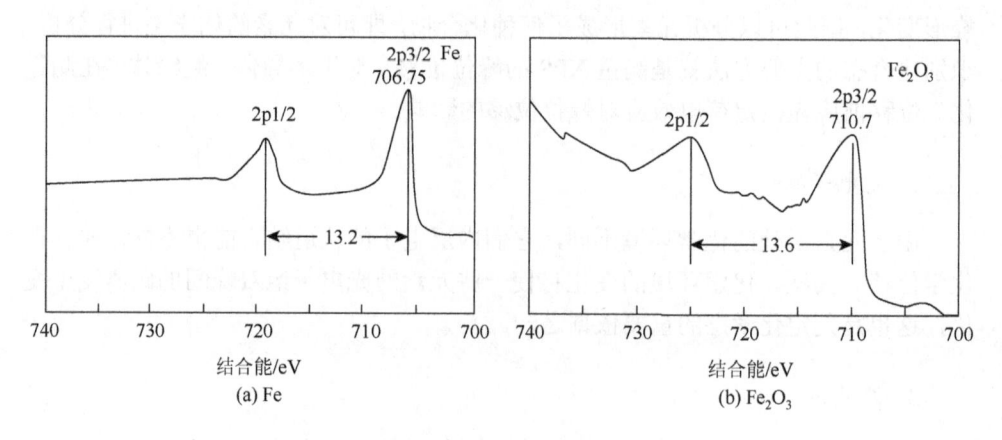

图 8-6 标准 XPS 谱图示例

定性分析原则上可以鉴定除 H、He 以外的所有元素。分析时首先通过对样品（在整个光电子能量范围）进行全扫描，以确定样品中存在的元素；然后对所选择的谱峰进行窄扫描，以确定化学态。

表面涂层的定性分析过程如下。

图 8-7 为溶胶凝胶法在玻璃表面形成的 TiO_2 膜样品的 XPS 谱图。结果表明，表面除含有 Ti 元素和 O 元素外，还有 Si 元素和 C 元素。出现 Si 元素的原因可能是膜较薄，入射线透过薄膜后，引起背底 Si 的激发，产生的光电子越过薄膜逸出表面，或者是 Si 已扩散进入薄膜。出现 C 元素是由于溶胶以及真空泵中的油挥发污染。

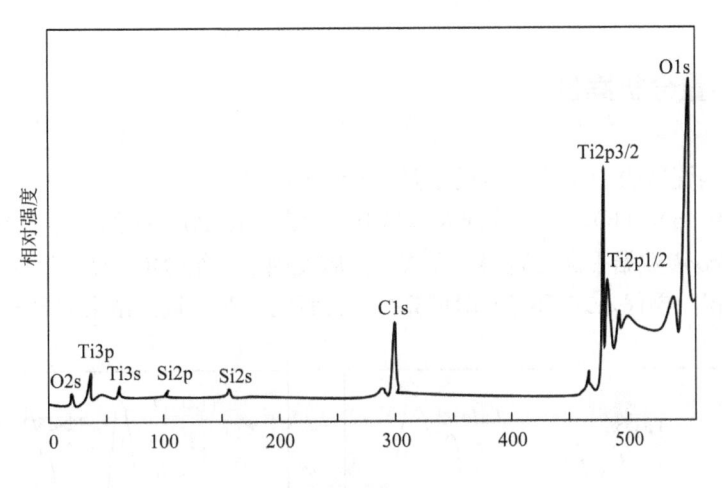

图 8-7 硅晶体表面全扫描 XPS 谱图

图 8-8 为已标识的 $(C_3H_7)_4NS_2PF_2$ 的 XPS 谱图，由图可知，除 H 以外其他元素的谱峰均清晰可见。图中氧峰可能是杂质峰，或说明该化合物已部分氧化。

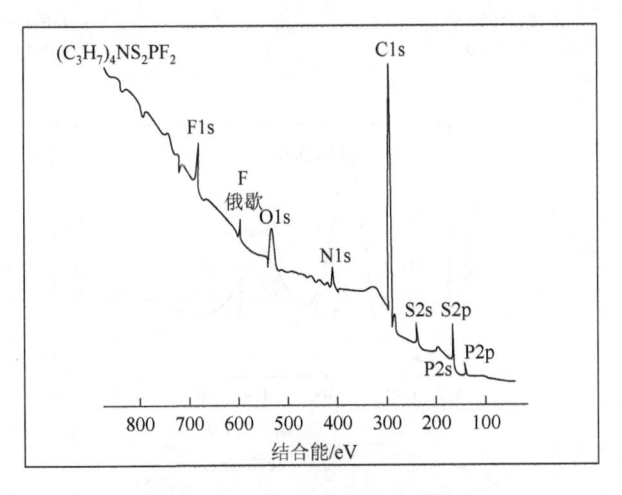

图 8-8 $(C_3H_7)_4NS_2PF_2$ 的 XPS 谱图

定性分析时，必须注意识别伴峰和杂质、污染峰（如样品被 CO_2、水分和尘埃等沾污，谱图中将出现 C、O、Si 等的特征峰）。

定性分析时一般利用元素的主峰（该元素最强最尖锐的特征峰）。显然，自旋-轨道分裂形成的双峰结构情况有助于识别元素。特别是当样品中含量少的元素的主峰与含量多的另一元素非主峰相重叠时，双峰结构是识别元素的重要依据。

8.3.2 定量分析案例

功能陶瓷薄膜中所含元素的定量分析过程如下。

图 8-9（a）、（b）、（c）分别为薄膜中三元素 La、Pb、Ti 的窄区 XPS 谱图。由 *XPS Handbook* 数据手册可查得三元素的灵敏度因子和结合能。分别计算对应光电子主峰的面积，再代入式（8-5）即可算得三元素的相对含量，结果如表 8-1 所示。

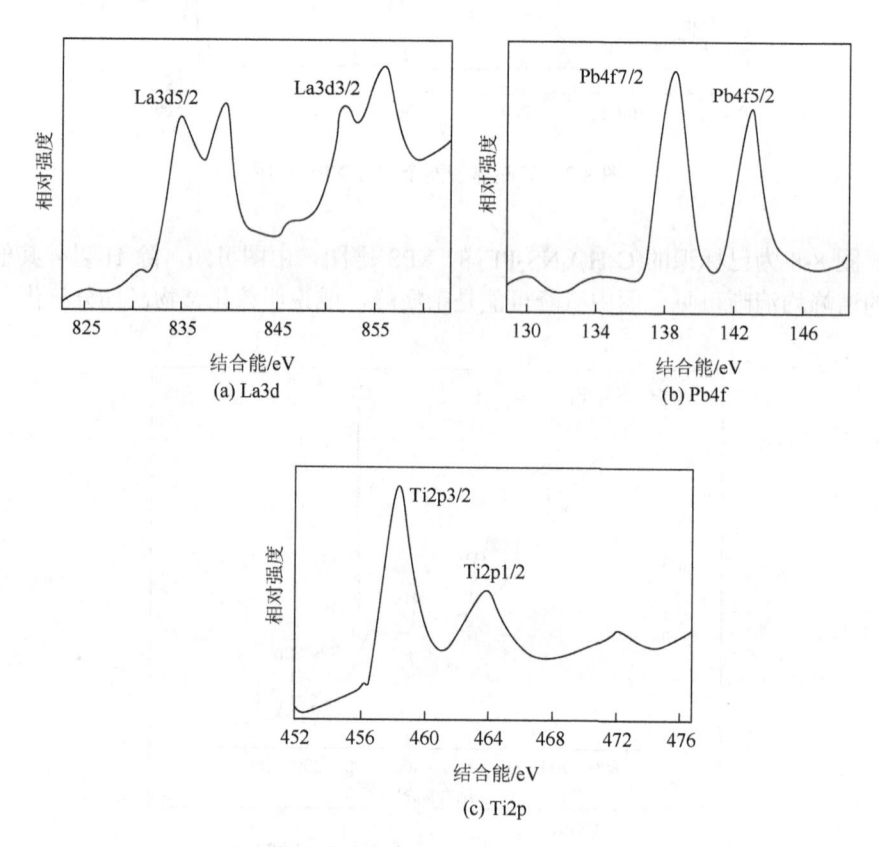

图 8-9　某功能陶瓷薄膜中 La、Pb、Ti 三元素的窄区 XPS 谱图

表 8-1　三元素 Ti、Pb、La 光电子峰定量计算值

元素	谱线	结合能/eV	峰面积	灵敏度因子	相对原子含量/%
Ti	Ti2p3/2	458.05	469591	1.10	37.65
Pb	Pb4f7/2	138.10	1577010	2.55	54.55
La	La3d5/2	834.20	592352	6.70	7.80

注：峰面积 = 峰高（a.u.）×半高宽（eV）。

在纳米结构的表征时也常用 XPS 方法进行半定量分析。例如，气相法合成的氧化硅纳米线（图 8-10），可以用 XPS 分析其整体化学组成，结果如图 8-11 所示。图 8-11（a）显示的是氧化硅中 O1s 的结合能，大小为 532.9eV；图 8-11（b）则是氧化硅中 Si2p 的结合能，其值为 103.3eV。该图表明，它们是以 SiO 结合，而非单质存在的。通过峰面积计算得 O∶Si（原子比）为 55.78∶44.22（约为 1.26∶1）。

图 8-10 氧化硅纳米线的 TEM 和选区电子衍射（selected area electron diffraction，SAED）照片

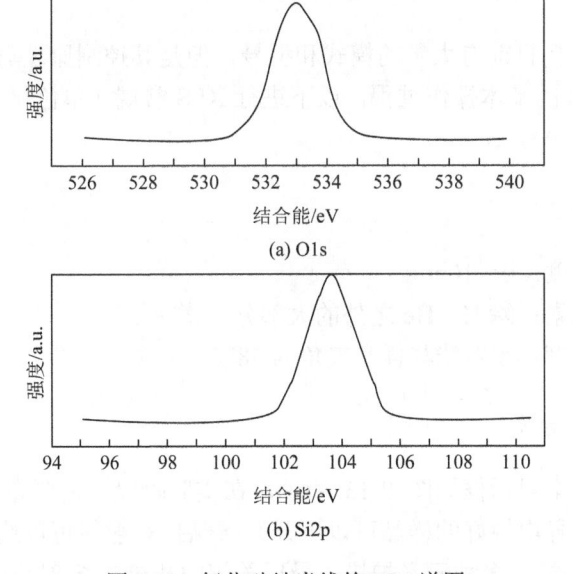

图 8-11 氧化硅纳米线的 XPS 谱图

8.3.3 化学态分析案例

图 8-12（a）、(b)、(c) 分别为 1, 2, 4, 5-苯四甲酸、1, 2-苯二甲酸和苯甲酸钠的 C1s 的 XPS 谱图。由图可知，三者的 C1s 的光电子峰均为分裂的两个峰，这是由于 C 分别处在苯环和甲酸基中，具有两种不同的化学态。三种化合物中两峰强度之比分别约为 4∶6、2∶6 和 1∶6，这恰好符合化合物中甲酸碳与苯环碳的比例，并可由此确定苯环上取代基的数目，从而确定它的化学结构。

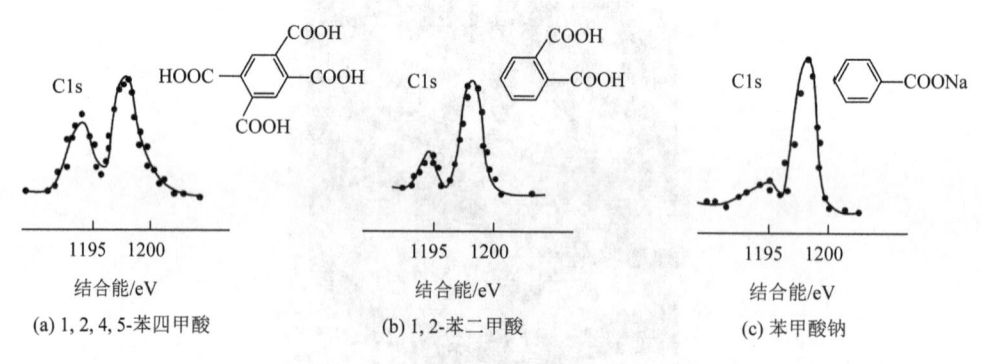

(a) 1, 2, 4, 5-苯四甲酸　　(b) 1, 2-苯二甲酸　　(c) 苯甲酸钠

图 8-12　不同化学结构时 C1s 的 XPS 谱图

8.4　X 射线光电子能谱仪测试操作

XPS 仪发展到目前有大量的模式和型号，但是其控制原理与如下示例相同，为详细了解 XPS 的基本操作过程，以下进行 XPS 常规（单色化 Al 靶）介绍，设备型号为 ESCALAB XI$^+$。

1. 参数设置

（1）测试深度：0~10nm。
（2）测试元素：除 H、He 之外的大部分元素。
（3）射线角度：X 射线与样品夹角为 58°。

2. 编辑测试方案

编辑测试方案对话框如图 8-13 所示，在实验阶段，需要先开启电荷补偿-中和枪（纯金属和导电性好的样品可以不开）。开启 X 射线可以选择扫描模式，能进行 XPS 全谱扫描、多种元素扫描，最后关闭中和枪和 X 射线。

第 8 章　X 射线光电子能谱分析

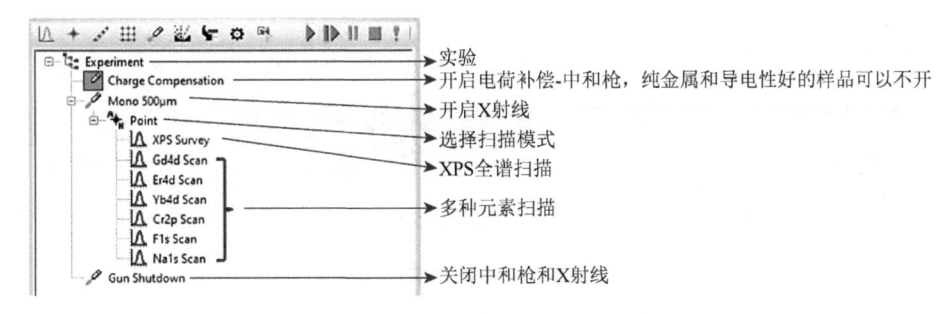

图 8-13　编辑测试方案对话框

3. 步骤参数设置

对步骤参数进行设置，图 8-14 为其中实验参数的设置。首先，需要设置数据存储主文件夹，设置数据存储二级文件夹名称、描述和不调整的参数。然后，设置所有 General 内容均相同，设置数据存储三级文件夹名称、描述、估计测验时间以及模式标志。

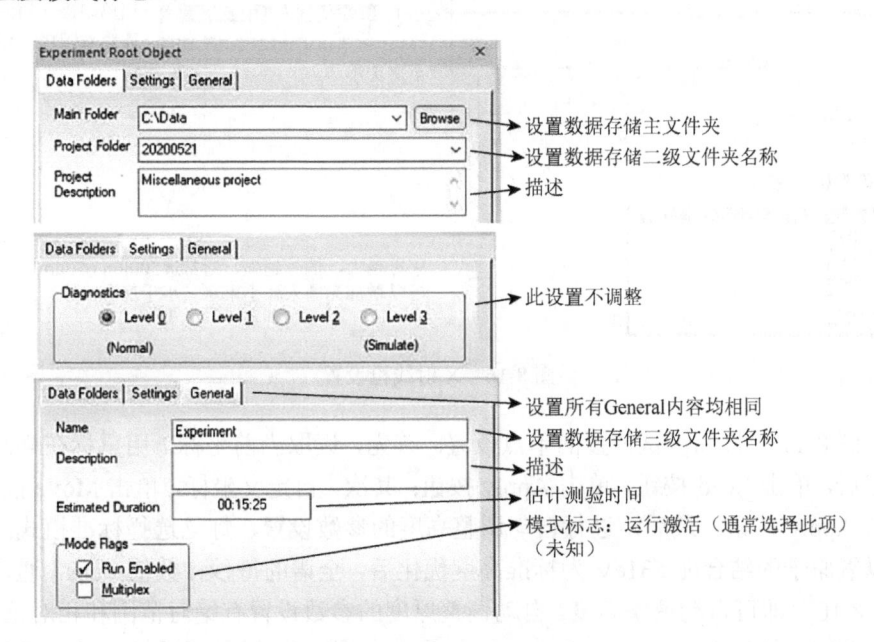

图 8-14　实验参数设置

接下来对电荷补偿进行设置，如图 8-15 所示。中和枪用于给不导电或导电性能差的样品提供电子。在模式设置中有静电模式、标准模式、反射式电子能量损失谱 1000eV、高能量设置(调试仪器使用)、高能量静电设置(调试仪器使用)五种模式。离子枪用于进行俄歇测量。

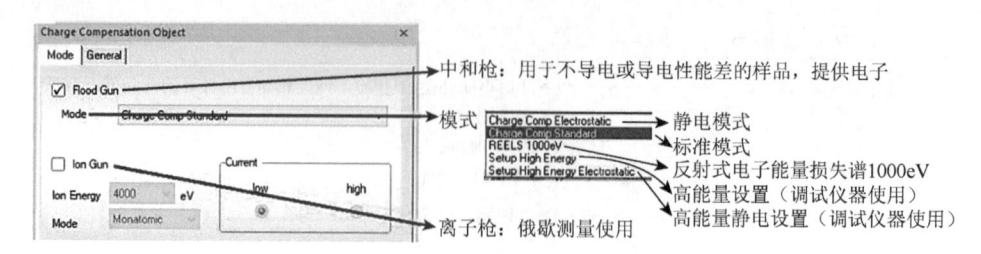

图 8-15　电荷补偿设置

图 8-16 为 X 射线枪设置步骤，X 射线枪的类型有铝单阳极（XR6）和镁铝双阳极（XR4）。束斑越大，信号越强，通常选 500μm/650μm，可以通过增加光栅来减小束斑（小于 200μm）。

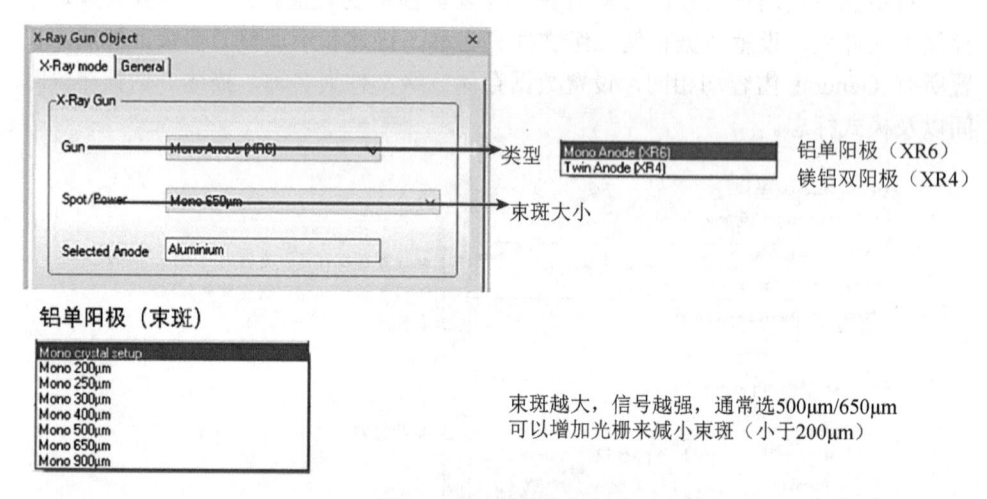

图 8-16　X 射线枪设置

图 8-17 为样品测试位置的单点设置。首先，读取当前坐标，用鼠标在样品上选点后，单击 Read 按钮，单击 Apply 按钮；其次，自定义坐标，单击 Move 按钮，单击 Apply 按钮；最后，进行自动调整高度的参数设置，灯丝选择标准模式，通常以氧原子的结合能 531eV 为标准高度优化后，全谱的每秒计数值（cps）通常大于 1×10^5，即可自动调整高度。自动调整厚度的参数设置有绝对范围和相对范围。相对范围在初始点±500μm 范围内，以 50μm 为步长，在 21 个点中，获得最优结果。绝对范围可根据样品厚度进行调节。

图 8-18 为样品测试位置的多点设置，通过读取当前坐标或者自定义坐标等方法，使用 Add 和 Delete 等功能，在样品上选取多个待测点。仪器会对每个点进行一次测试，并将结果合并保存为一个合集，每个点有分别对应的谱图，并且自动对焦调整高度可以设置为第一个点或每一个点。

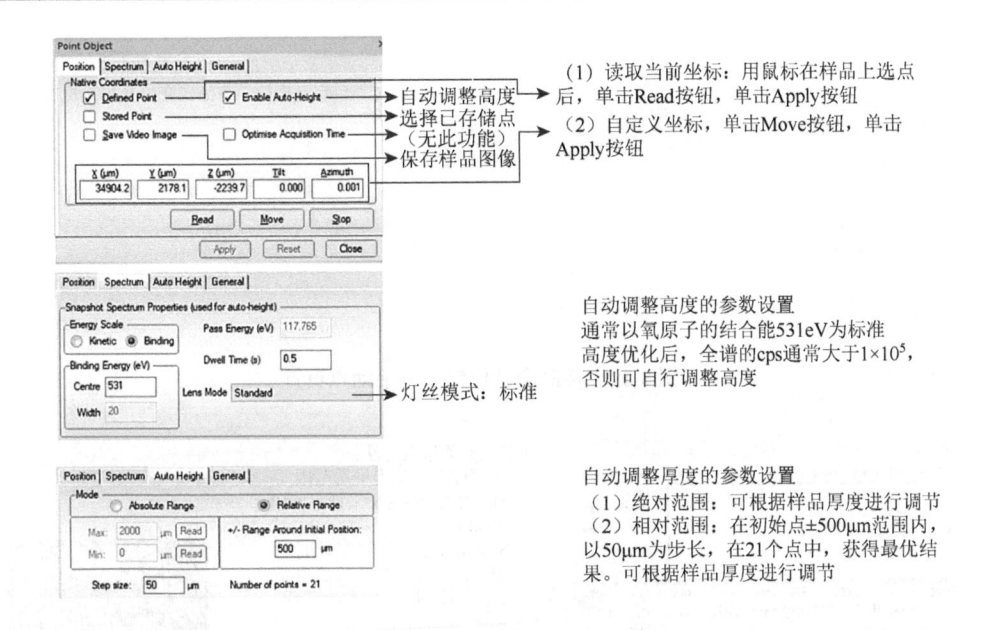

图 8-17 样品测试位置——单点设置

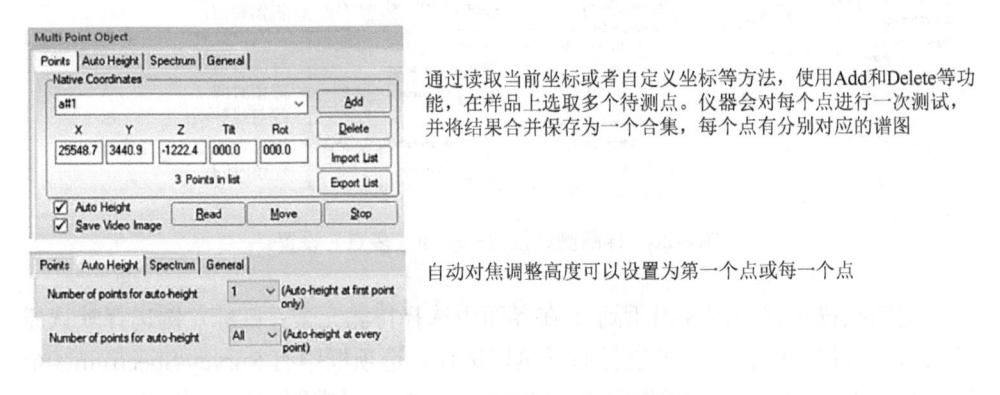

图 8-18 样品测试位置——多点设置

图 8-19 为样品测试位置中手动点设置操作，通过"自定义坐标"方法，在样品上选取待测点。

样品测试位置——面（多点）设置方法如图 8-20 所示。第一步，用鼠标在样品上框选范围；第二步，Step Size μm 定义采样点间隔；第三步，Point Count 定义采样点数量；第四步，Size mm 定义采样区域面积；第五步，输入四个顶点坐标或者中点坐标，确定选取范围。然后设置当前样品台的倾斜角度、旋转角度和高度。机器设定点对点移动包括样品台速度和停留时间设置。线对线移动包括样品台速度和停留时间设置。

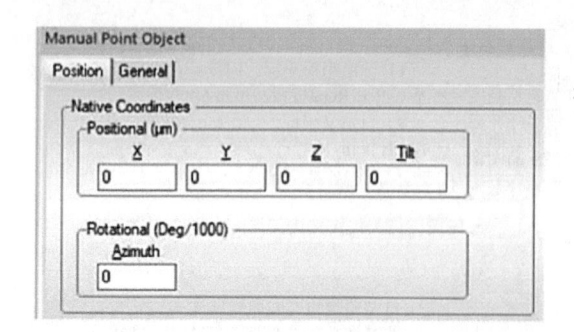

图 8-19　样品测试位置——手动点设置

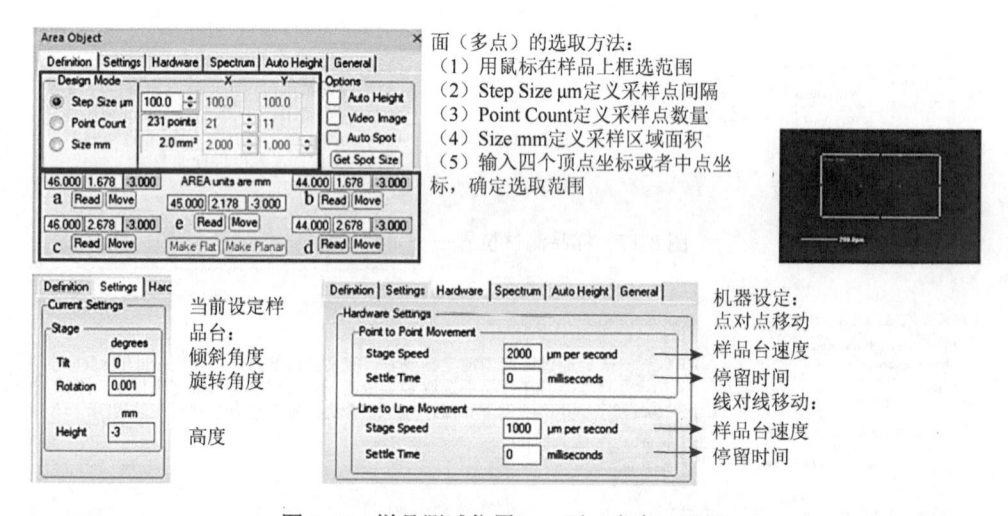

图 8-20　样品测试位置——面（多点）设置

谱图扫描设置如图 8-21 所示。在界面中选择待测元素：鼠标左键选择默认原子轨道，鼠标右键打开列表进行原子轨道选择。选项框中有 Survey Spectrum（全谱）和 Valence Spectrum（价带谱）。Spectrum Type（谱图扫描模式）有 Scanned（扫描）和 Snapshot（瞬拍）。瞬拍无法实现的原因是检测器数量少，仅有 6 个。Energy Offset（能量偏移）选项下 Offset range by x eV 即全谱图平移 x eV。

图 8-22 为谱图（全谱/元素）扫描参数设置。Kinetic（动能）设置范围为 1496.68～136.68eV，Binding（结合能）设置范围为 −10～1350eV。Scan Mode（扫描模式）常规选择为 CAE，CRR 为俄歇选项。在 Pass Energy（通能）设置中，通能越大，谱峰越高，峰越宽。全谱设置 100，导电性好的样品设为 3，不导电样品设为 10。同一样品的条件最好统一，通常设为 20。最大峰强度小于 1.0×10^7。Number of Scans（扫描次数）一般为 3，测试过程中可修改；Dwell Time（每个采样点前稳定时间）通常为 50；Energy Step Size（步进）通常为 0.01eV 或 0.05eV。

第 8 章 X 射线光电子能谱分析

选择待测元素：
鼠标左键选择默认原子轨道
鼠标右键打开列表进行原子轨道选择

Survey Spectrum（全谱）
Valence Spectrum（价带谱）

Spectrum Type（谱图扫描模式）
Scanned（扫描）
Snapshot（瞬拍）：无法实现，检测器数量少（仅6个）

Energy Offset（能量偏移）
Offset range by x eV：全谱图平移 x eV

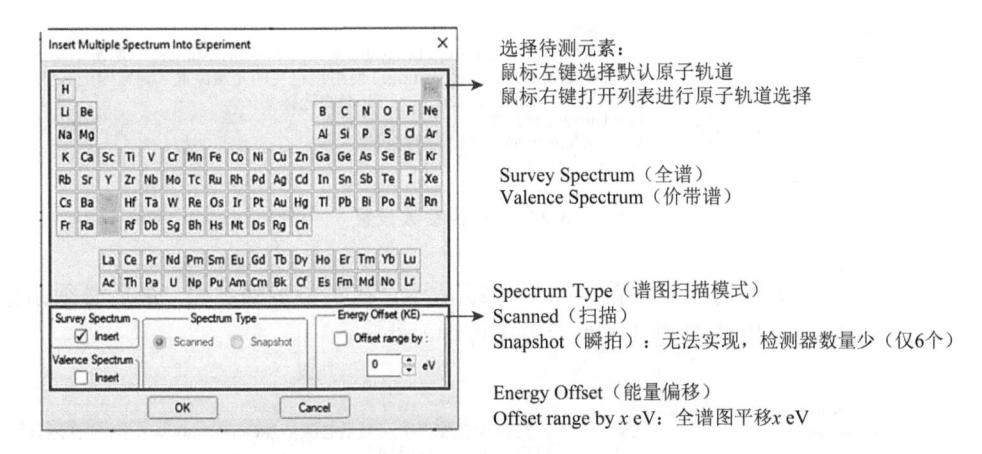

图 8-21　谱图扫描设置

Kinetic（动能）：1496.68～136.68eV
Binding（结合能）：−10～1350eV

Scan Mode（扫描模式）：CAE为常规选择，CRR为俄歇选项
Pass Energy（通能）：通能越大，谱峰越高，峰越宽。全谱设置100，导电性好的样品设为3，不导电样品设为10。同一样品的条件最好统一，通常设为20。最大峰强度小于 1.0×10^7

Number of Scans（扫描次数）：一般为3，测试过程中可修改

Dwell Time（每个采样点前稳定时间）：通常为50
Energy Step Size（步进）：通常为0.01eV或0.05eV

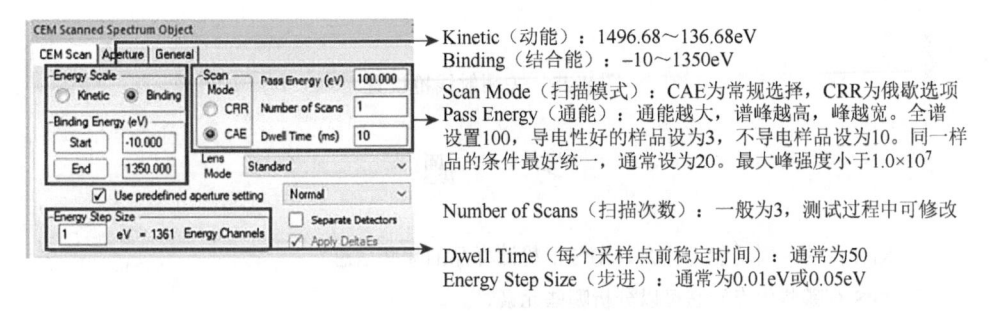

图 8-22　谱图（全谱/元素）扫描参数设置

灯丝模式设置如图 8-23 所示。通常测试选择 Standard（标准模式）；Small Area 选项用来增加光栅，调节束斑为 20～150μm；Twin Small Area 150μm 是双阳极使用的 150μm 光栅；Twin Small Area 60μm 是双阳极使用的 60μm 光栅；Standard Electrostatic 是标准静电模式；Large Area Electrostatic 是大区域静电模式；Small Area＜1mm Electrostatic 是选区小于 1mm 静电模式；Small Area＜150μm Electrostatic 是选区小于 150μm 静电模式；UPS 是紫外光电子能谱模式；REELS 是反射电子能量损失谱模式；ISS 是离子散射谱模式；Brick Test（未知）。

图 8-23　灯丝模式设置

孔径参数设置如图 8-24 所示。Use predefined aperture position（使用预定义的光圈设置）常规选择 Normal，即常规选项，会随 Lens Mode 的选择变化。Use Current 用来自定义光圈大小，用 2D/CEM Detector Diagnostics 软件进行调试，Apply DeltaEs 是必须选择的。

孔径参数设置
Use Setting read-back from hardware at experiment run-time：（通常不勾选）
Use predefined aperture position：使用预定义的光圈位置（通常勾选）
Normal：常规选择，会随Lens Mode的选择变化
Use Current: 自定义
Current lens mode：根据选择变化
Angle 32000 Steps：镜头模式

图 8-24　孔径参数设置

下面进行关闭射线枪设置，如图 8-25 所示。在实验步骤过程，最后必须添加 Gun Shutdown，以便在测试结束后关闭各种射线。

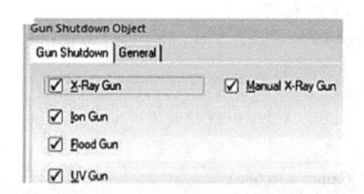

在实验步骤过程中，最后必须添加Gun Shutdown，以便在测试结束后，关闭各种射线

图 8-25　关闭射线枪设置

习　题

1. XPS 仪的主要功能是什么？XPS 能检测样品的哪些信息？
2. XPS 有哪些优点？它可以分析哪些元素？
3. 如何用 XPS 进行元素定量分析和定性分析？
4. 为什么 XPS 不适于分析 H 和 He 元素？
5. XPS 实验方法及注意事项有哪些？

第9章 三维X射线显微镜

9.1 原理与操作方法

材料的微观组织结构决定了材料的宏观性能，在材料的制备和使用过程中，材料内部可能产生缺陷、孔洞和裂纹，传统的二维表征技术包括光学显微镜和扫描电子显微镜等，这些表征手段只能观察样品表面形貌特征，难以提供完整的内部信息。因此，建立材料微观结构和宏观性能的关系，实现材料微观结构组织的三维可视化是非常重要的。与材料科学相关的三维成像技术主要包括原子探针、聚焦离子束、二次离子质谱和三维X射线技术。三维X射线技术是其中唯一的无损非破坏性的检测技术，X射线可以穿透不透明物体，其短波可以提供物体内部的三维成像，确定材料微观结构在三维空间的数量、体积分数等三维信息，分辨率远远超过光学显微镜，从而受到普遍重视。工业计算机断层成像简称工业CT，该技术是利用X射线对物质穿透能力强的特性，通过X射线成像技术和计算机技术的结合，可以非接触、非破坏性地检测物体内部结构，给出物体内部细节的三维位置数据和细节的辐射密度数据。

工业CT利用的是X射线计算机断层扫描（X-ray computed tomography, X-ray CT），可以无损地提供有关材料内部结构的具体信息，从几微米到几十纳米的尺度。它首先利用X射线的穿透力，从多个不同方向获得物体的一系列二维X射线照片，这个过程有时称为CT扫描。然后使用计算重建算法从这些对象的二维投影（X射线照片）中创建横断面切片堆积，如图9-1所示。这个过程表示了物体内部结构的数字三维灰度（通常称为层析图），可以进行定量分析，并在任何方向上进行虚拟切片，或者可以对特定成分进行数字颜色编码，或呈现透明，以可视化三维形态。与其他三维技术相比，CT成像的主要优点之一是它是非破坏性的。这在检查不易切片的精细样品和不应损坏的样品（如文物）或必须确保工程组件结构完整性的样品（如涡轮叶片）时至关重要。

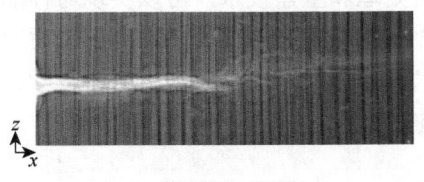

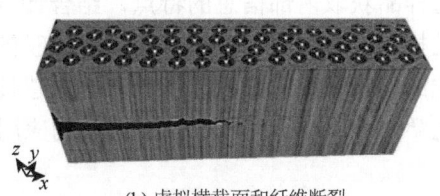

(a) 射线照片（投影）　　(b) 虚拟横截面和纤维断裂

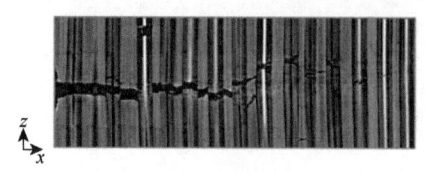

(c) 重构断层照片　　　　　　(d) 显示纤维体积的渲染图、钛基体、基体裂纹

图 9-1　钛/碳化硅-钨芯单丝纤维-金属基体复合材料疲劳裂纹的计算机断层扫描

这种传统的工业 CT 技术通过几何投影放大直接成像，主要依靠较小的光源焦斑和较大的几何放大比（源像距与源物距之比）实现高分辨率。这种依靠大几何放大比的设备通常体积较大，一方面为实现高分辨率，要求光源焦斑小（≤1μm），另一方面为实现高信噪比，又要求光通量不能太小，而同时满足这两种要求的光源，成本必然高昂，致使整套 CT 设备的造价很高。尽管如此，这种设备仅能对非常接近光源输出窗口的薄片状样品，实现较大的几何放大比和较高的分辨率；而对厚度较大的样品，靠近光源的样品部分几何放大比大，成像分辨率较高，远离光源的样品部分几何放大比要小得多，成像分辨率急剧下降。由此可知，这种设备在要求样品进行旋转的 CT 成像中，其分辨率不是由靠近光源的样品部分决定的，而是由远离光源的样品部分决定的，因而只有非常小的样品才能实现高分辨三维成像。三维 X 射线显微利用的是微计算机断层扫描（μCT），其放大倍数是几何投影放大倍数与光学放大倍数的乘积，也就是可以实现两级放大。光学放大是通过常规的显微成像光路系统将闪烁体转换的可见光进行放大来实现的，闪烁体将 X 射线转变成空间上连续的可见光，然后对这些可见光进行光学放大。

三维 X 射线显微镜（3-dimensional X-ray microscopy，3D-XRM）可在各种长度尺度上对标本提供无损 3D 成像功能，观察尺寸从纳米到毫米的特征。受专用同步加速器源的启发，最近的发展已经纳入了许多 X 射线光学元件，这些元件将分辨率和对比度提高到传统的工业 CT 仪器无法达到的水平。

在此基础上，3D-XRM 和工业 CT 相比，实现了同步辐射水平成像并且使用的是实验室 X 射线光源，它具有亚微米分辨率、成本低且使用方便，已经逐步超越工业 CT 成为微纳米尺度材料三维无损表征的重要工具。3D-XRM 利用 X 射线穿透样品获取内部信息的特点，结合计算机处理和重建技术，可以实现对样品微观结构的三维成像和分析，其基本原理包含 X 射线穿透样品，样品内部物质对 X 射线的吸收和散射效应以及计算机重建技术等。该技术广泛应用于材料科学、生物医学、地质学等领域，具有广阔的应用前景。

9.1.1 三维 X 射线显微镜的结构

3D-XRM 通过光学+几何两级放大技术进行成像,可以实现单一几何放大无法实现的大样品高分辨率成像和高衬度成像。典型的三维 X 射线显微镜主要由 X 射线光源、高精密旋转样品台、多物镜与电荷耦合器件(charge coupled device,CCD)组合探测器、控制与信息处理系统构成。

1. X 射线光源

3D-XRM 的 X 射线光源是新型的透射阳极 X 射线管,其阳极靶为铍窗内侧的金属薄膜。透射阳极 X 射线管的工作原理如图 9-2 所示。根据莫塞莱定律,阳极靶材的原子序数越高,产生的 X 射线能量也越高,并且电子高速轰击阳极会产生大量热量。因此,该金属薄膜常采用原子序数较高的高熔点耐热钨、钼等纯金属。铍具有超高的熔点,对 X 射线的吸收系数很小,可以承受电子长时间轰击阳极靶产生的高温。铍窗可以隔绝外部空气,保证管内的真空度。透射阳极 X 射线管的工作原理如图 9-2 所示,阴极通电加热后产生大量热电子,在阳极与阴极间的直流加速电压作用下飞向阳极,阴极与阳极之间的电子偏转线圈与聚焦线圈汇聚电子束并减小焦斑尺寸。汇聚的高速电子轰击阳极靶产生的连续 X 射线可直接穿透金属薄膜并从铍窗射出。透射阳极 X 射线管相比于传统的反射式 X 射线管,在同等功率条件下,可大幅减少能量损失,提高 X 射线的产生效率与辐照通量。阳极靶在电子长时间轰击下表面粗糙度增加,会增加出射 X 射线的散射,使 X 射线偏离出射方向,造成 X 射线强度降低,从而影响样品三维重构的图像质量。因此,新型的透射阳极 X 射线管采用可旋转阳极靶,每工作 25h 后,阳极靶盘会旋转一定角度,从而保证出射 X 射线的稳定性。与传统反射式 X 射线管相同,透射阳极 X 射线管发射的 X 射线同样具有各向异性,但透射阳极 X 射线管产生的连续 X 射线强度分布的均匀性得到了显著提高。

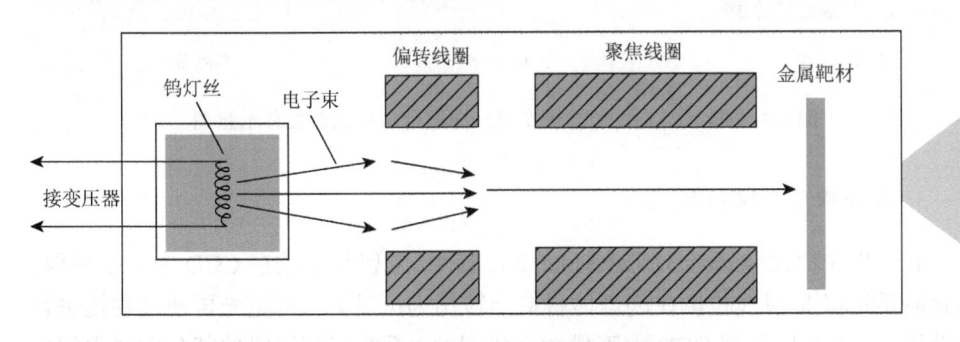

图 9-2 透射阳极 X 射线管的工作原理

2. 高精密样品台

3D-XRM 主要靠光学显微镜放大来实现高分辨成像，不必依赖大的几何放大比。因此，光源和探测器的距离相对较小，这样大大压缩了成像所需空间，使得设备设计紧凑，整体结构刚性大大提升，不仅运动精度能够得到保证，还增强了对外界的抗干扰能力。在 3D-XRM 中，X 射线光源通常位于实验室的一侧，可以产生高强度的 X 射线束，X 射线光源、样品台与探测器沿 X 射线光路方向依次排列，样品台位于光源和探测器之间，样品台可以通过控制器进行旋转，以调整样品的位置和角度，确保样品与 X 射线束对准，便于适应不同的实验需求。探测器位于样品台的对面，用于记录透射 X 射线的吸收和散射情况，并生成投影图像。

在进行实验时，样品首先放置在样品台上，然后进行定位和对准。当样品与 X 射线束对准后，X 射线通过样品并在探测器上形成一个投影图像。然后，样品台旋转，X 射线再次通过样品并在探测器上形成另一个投影图像。通过旋转停留不同的角度收集多个二维的投影图像，可以重建出样品的三维结构。3D-XRM 中 X 射线光源、样品台与探测器位移示意图如图 9-3 所示。

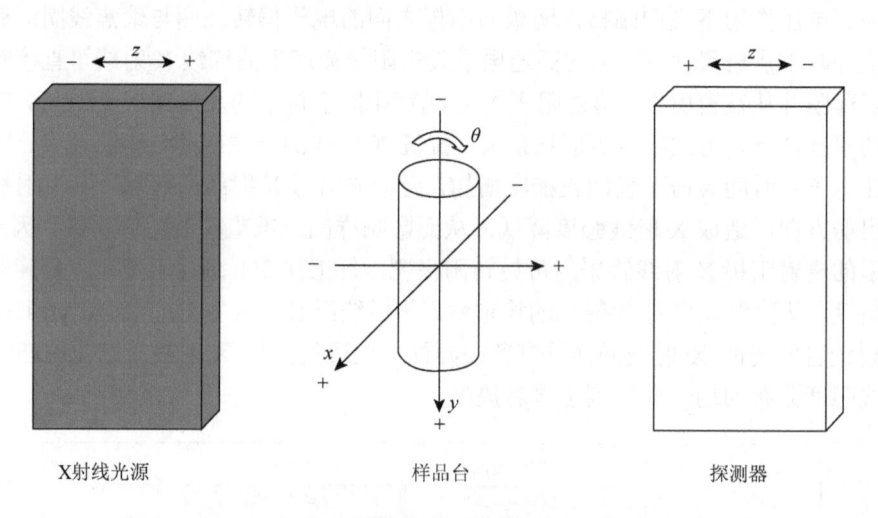

图 9-3　3D-XRM 中 X 射线光源、样品台与探测器位移示意图

3. 高分辨光耦探测器

高分辨光耦探测器是 3D-XRM 的核心部件。X 射线无法在 CCD 中直接成像，为此需要先将 X 射线投影在闪烁体材料上转化为可见光。可见光再通过物镜进行光学放大，进而投影到 CCD 上形成数字化图像。系统探测器组件部分主要由闪烁

体、光学物镜和 CCD 构成。当高能 X 射线光子照射到探测器前端的闪烁体时，将激发闪烁体原子到激发态；当被激发的原子从激发态退回到基态时，将释放可见的荧光脉冲。光学物镜的作用是对带有样品衬度信息的可见光进行放大，随后照射到面阵 CCD，将放大的光学影像转换为数字信号。

作为光电探测器件，面阵地二维排列微小光敏单元，可以感应光强并将光信号转换为电信号，经过采样放大与模数模块转换成数字图像信号。因为 CCD 用电荷表示信号，所以 CCD 对光信号的转换具备高的灵敏度与准确度。商用平板探测器的典型像素分辨率为 75～200μm，而 XRM 系统中的有效探测器像素尺寸可低至 16nm。

4. 控制与信息处理系统

控制与信息处理系统可以精确控制射线源、高精密样品台与探测器这三个关键部件的协调移动，并对 X 射线的能量、滤镜与物镜的选择、扫描的方式与位置、数据采集时间等进行精确的同步控制。此外，CT 扫描过程中 CCD 采集的大量投影图数据需要控制与信息处理系统具有高速的传输通道，要求系统数据传输带宽必须大于 CCD 数据采集的带宽，且要保证传输过程中数据的完整性。X 射线三维显微镜内部各部件之间的关系原理图如图 9-4 所示。

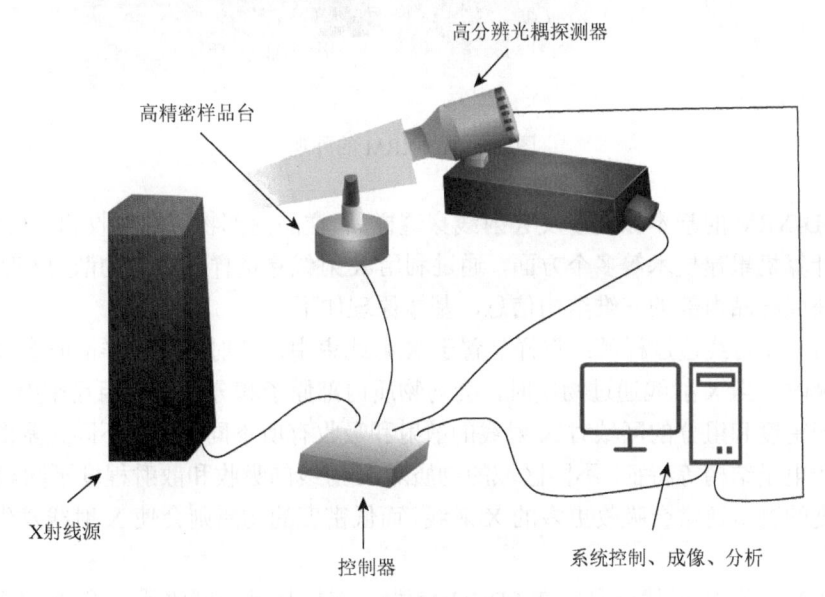

图 9-4　X 射线三维显微镜内部各部件之间关系原理图

9.1.2　三维 X 射线显微镜的基本原理

3D-XRM 的外观如图 9-5 所示，它的成像扫描过程与常规工业 CT 是相似的：

射线源和探测器保持不动，通过转台旋转获取不同角度的透视图像，转台旋转360°，完成一次圆周扫描，获取系列透视图像。三维成像过程为首先利用一次圆周扫描获取系列透视图像，然后采用相应的重建算法，重建样品区域内被测区域吸收系数的三维分布。根据吸收系数的三维重建，进一步通过软件可以观察被测对象内部任意截面的信息，并对感兴趣部分进行三维重构和展示。

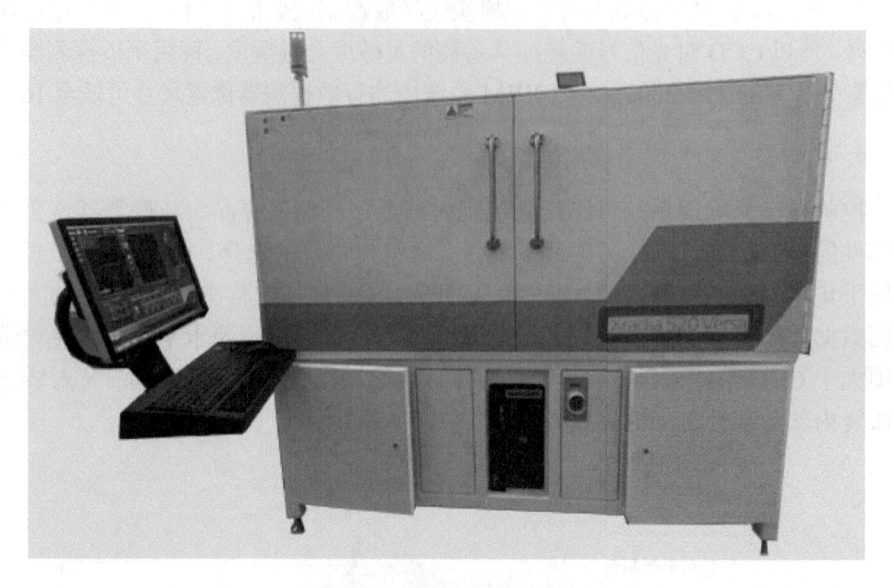

图 9-5　3D-XRM 的外观

3D-XRM 的基本原理涉及 X 射线穿透样品、样品内部物质的吸收和散射效应，以及计算机重建技术等多个方面，通过利用 X 射线穿透样品产生的散射和吸收效应，获取样品内部的三维结构信息，基本原理如下。

（1）X 射线透过样品：将样品置于 X 射线束中，X 射线通过样品时会发生散射和吸收。当 X 射线通过物质时，会与物质内部原子和分子产生相互作用。样品内不同密度和组分的区域对 X 射线的散射和吸收有所不同，根据不同元素的原子序数和电子结构等特征，不同区域的物质对 X 射线的吸收和散射程度不同。例如，高密度的物质通常会吸收更多的 X 射线，而低密度的物质则会使 X 射线发生更多的散射。

（2）接收 X 射线信息：在 3D-XRM 中，在样品另一侧放置 X 射线探测器，探测器会记录下透过样品的 X 射线的强度和位置信息。通过记录的 X 射线信息，可以了解样品内部不同区域对 X 射线的散射和吸收情况。

（3）重建样品内部结构：通过对记录的 X 射线信息进行处理和分析，可以获得样品内部的三维结构信息。通常采用计算机重建技术，将多个二维图像重构成三维图像，用于观察和分析样品内部的微观结构和组成，具体的计算机重建技术包括以下步骤：首先，将多个二维的 X 射线透射图像进行采集和处理，形成一组切片（slice）数据；然后，根据这些数据，采用反投影算法等技术，计算出每个切片的投影信息；最后，将所有切片的投影信息重叠起来，即可形成样品的三维结构信息。

3D-XRM 的成像过程如图 9-6 所示。

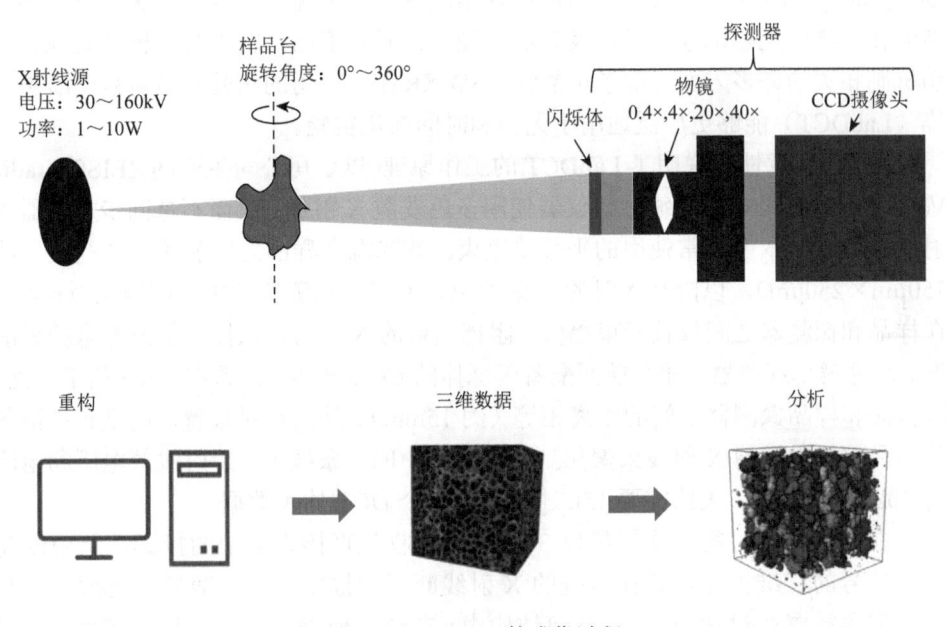

图 9-6　3D-XRM 的成像过程

依靠光学显微放大原理的 3D-XRM，可以达到经济成本与技术指标"双赢"，它可以达到亚微米的分辨率，由光源发出的 X 射线穿透样品后，经过很短的距离就投射在闪烁晶体上，在晶体面上形成投影像。投影像的强度不同，其对闪烁材料激发程度不同，使得 X 射线经过闪烁材料转换形成一个可见光的样品投影图像。由于 X 射线投影放大比较小，利用 X 射线直射的特点，光源几何尺寸的模糊效应被限制在较低的水平，就相当于用 X 射线把样品的结构直接印在闪烁晶体上，此时，后端的光学显微镜再将闪烁晶体平面上的样品投影图像作为物体进行放大，采用不同倍率的镜头就可以实现不同的放大比例。利用后续光学显微镜高分辨率特性，很容易就能达到了普通投影放大成像方式所难以达到的高分辨率，通常可以达到 1～2μm，甚至可以达到 0.5μm 或以下，接近光学显微镜的分辨率极限。由于 3D-XRM 主要依靠光学显微镜获得高分辨率，不同的放大倍率与视场只需要更换不同倍数的光学镜头，不必改变探测器的工作距离，就可以在瞬间随意以多种放大倍率观察样品，既能实现低分辨观察样品整体结构，又能实现高分辨观察样品局部区域，可以灵活、方便、快速搜索到用户感兴趣的区域，在一台设备、一个工作距离上就能获得样品多种不同尺度的图像，工作效率大幅度提升。

材料的结构不均匀性本质上是一种三维特征，虽然二维表征可以通过破坏性连续切片扩展到三维，但它只适用于相对较小的样品体积，并且将其应用于具有大规模结构各向异性的样品时昂贵且耗时。衍射衬度断层扫描（diffraction contrast tomography，DCT）的三维 X 射线晶体学成像应用于高能同步辐射 X 射线设备，能够在三维中无损地绘制晶粒及其取向图，为研究多晶材料中与热机械处理和损伤机制相关的许多方面开辟了可能性。3D-XRM 中应用的实验室衍射衬度断层扫描（LabDCT）能够更广泛地用于无损和时间演化实验。

图 9-7 示意性地说明了 LabDCT 的工作原理（以蔡司公司生产的 ZEISS Xradia Versa 系列 3D-XRM 为例）。该仪器使用多色发散 X 射线束，而不是同步加速器 X 射线 DCT 技术中通常使用的平行单色束。在光源和样品之间放置一个孔径（约 750μm×250μm），以限制入射的 X 射线束，并仅在探测器的中心区域照射样品。在样品和探测器之间放置光束挡板，阻挡透射的 X 射线，以提高衍射测量的灵敏度。高分辨率探测器，即在前面配备闪烁体的 CCD 相机，放置在 Laue 焦平面处，源样品和样品探测器之间的距离相等（约 15mm）。通过这种设置，满足布拉格条件的晶粒将发散的 X 射线束聚焦到衍射图案中的一条线上。X 射线源电压和电流为 90kV 和 89μA，大约需要 15h 才能获得一个 DCT 体积数据。

在采集阶段，第一次扫描以 360°的增量收集直接光束中的投影，从中创建吸收信号的三维重建，和在传统的 X 射线断层扫描中一样。随后，将源、样品和探测器放置在对称的 Laue 几何结构中，在该几何结构中收集衍射图像。使用 GrainMapper3D^{TM} 对收集的吸收层析成像和衍射数据进行处理和重建，晶体重建算法利用前后投影的组合来识别给定多晶体的一组潜在候选晶粒取向。之后，使用专属算法对样品体积内具有最高信赖值的颗粒进行自动迭代搜索，所有信赖值低于某个门槛值的搜索结果都被过滤掉。最后重建生成扫描体积中晶粒的三维图，包括晶粒的晶体取向和形态。

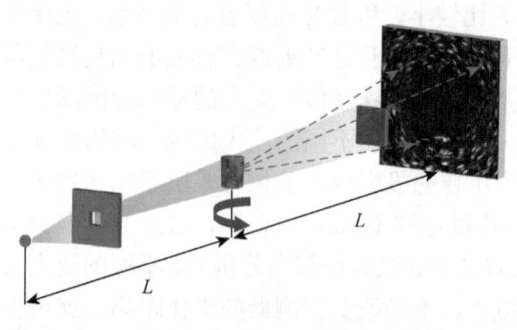

图 9-7　3D-XRM 中 LabDCT 的工作原理示意图

9.1.3 三维 X 射线显微镜的使用步骤

以蔡司公司生产的 ZEISS Xradia Versa 系列 3D-XRM 为例，采集断层扫描数据的控制系统为 Scout-and-Scan^{TM}，如图 9-8 所示，主要有以下基本步骤。

（1）样品（Sample）。设置样品的名称和数据存储的文件夹，打开已有的或者创建新的感兴趣区域[ROI（s）]测试规程。打开 Scout-and-Scan^{TM} 控制系统后选择数据将要保存的目录，输入样品名字。选择一个存在的测试规程（Recipe）Select Recipe Template 或者单击 ➕ 按钮增加一个新的目录。单击 ▶ 按钮进入加载（Load）步骤。

选择样品台时应该使源和探测器的位置只受到样品尺寸的限制，对于小的样品推荐使用细的支架并且使用针钳（pin vise）样品台，中等尺寸扁平样品推荐使用弹簧式夹具，大尺寸扁平样品推荐使用螺丝式夹具。

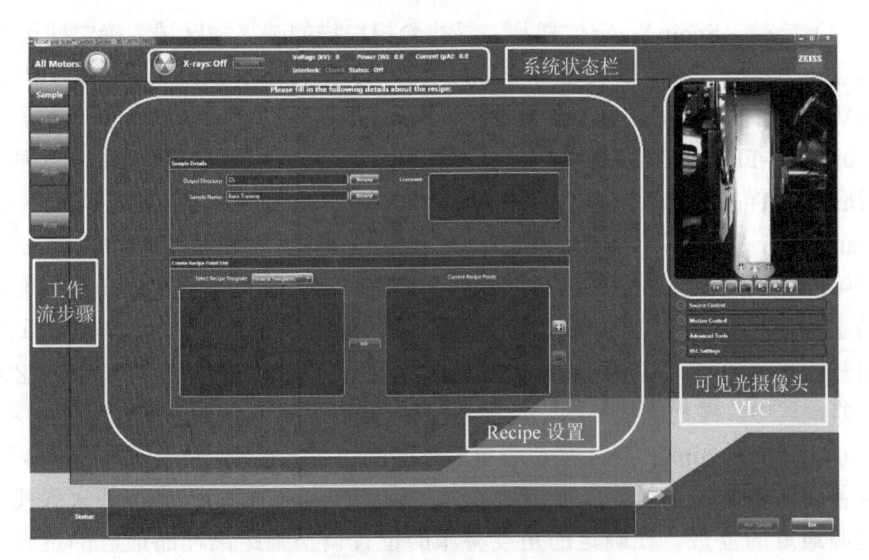

图 9-8 Scout-and-Scan^{TM} 控制系统界面

（2）加载（Load）。加载样品并且使用可见光摄像头对感兴趣区域进行粗略的对中，如图 9-9 所示。单击 ▶ 按钮，移动探测器的位置（保持一个对于常见样品安全的距离）。设置样品台的位置为 $X=0$，$Y=0$，$Z=0$，$\theta=0°$ 加载样品，在样品控制操作页面，使用可见光摄像头（visible light communication，VLC）的红色十字线分别在 0° 和 −90° 对样品进行粗略的对中，关闭舱门。单击 ▶ 按钮进行定位（Scout）步骤。

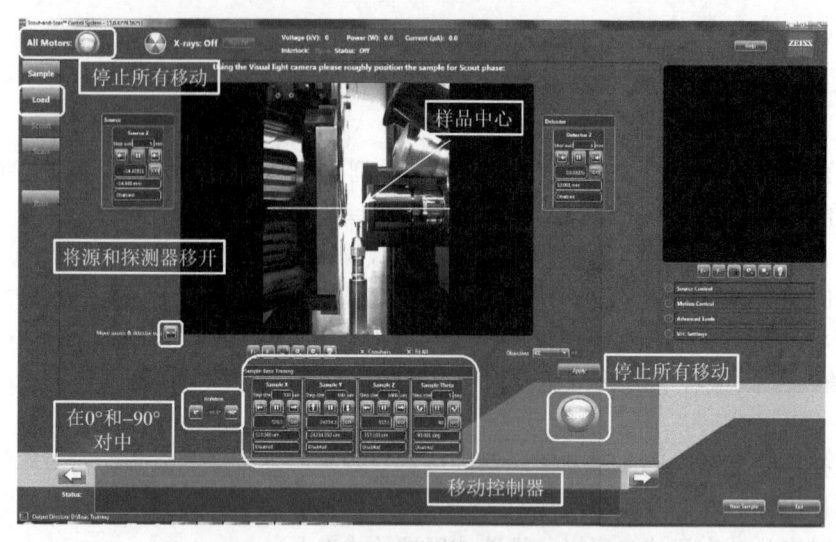

图 9-9　Scout-and-Scan^{TM} 控制系统加载界面

（3）定位（Scout）。定位样品，寻找希望扫描的感兴趣区域，确定使用 X 射线成像的参数。在获取（Acquisition）页，设置源起始能量为 80kV/7W 或者 140kV/10W（视样品而定），曝光时间为[exposure（sec）= 1，binning = 2]，物镜为[objective=FPX2，0.4×或4×（与样品尺寸匹配）]，想要达到最高效率和质量应该对应物镜/样品尺寸为 40×/2.5~2.7mm，20×/1~2mm，4×/2~20mm，0.4×/30~70mm。单击"应用"（Apply）按钮。使用 0° 按钮将样品转到 $\theta = 0°$。单击 按钮开始连续拍照。双击感兴趣区域的中心位置。感兴趣区域会在样品的 X 轴和样品的 Y 轴方向粗略地居中。停止连续扫描，使用 -90° 按钮将样品转到 $\theta = 0°$。单击按钮开始连续拍照。双击感兴趣区域的中心位置。感兴趣区域会在样品的 Z 轴方向粗略地居中。停止连续扫描。切换希望使用的物镜。如果是 20×或者 40×3 物镜，可以切换到 Binning = 4 来获取更清晰的图像。在 0°和-90°分别精调感兴趣区域位置（依据需要重复前几个步骤）。在-180°和+180°之间旋转位置来寻找样品距离源最近的位置。在确定的角度将源的位置调整到距离样品最近的位置。将探测器调整到一个不会撞击到的位置。调整探测器的位置达到想要的体素分辨率。在-180°和+180°之间旋转来检查确保在旋转过程中不会碰撞。确定滤色片（filter）和电压（kV）[参照背面滤色片（filter）选择快速指南]。单击 按钮确定图像采集时间。最佳成像质量需要 counts＞5000（counts 和曝光时间成正比）。单击 按钮进入扫描（Scan）步骤。

（4）扫描（Scan）。为测试规程（Recipe）设置三维扫描的参数，依据视场（field of view，FOV）情况改变投影数量，如全视场 1601 张可获得高质量图像。对于内部断层扫描通常使用＞2001 张的投影，对于其他的扫描可使用默认的参数（图 9-10）。

第 9 章 三维 X 射线显微镜

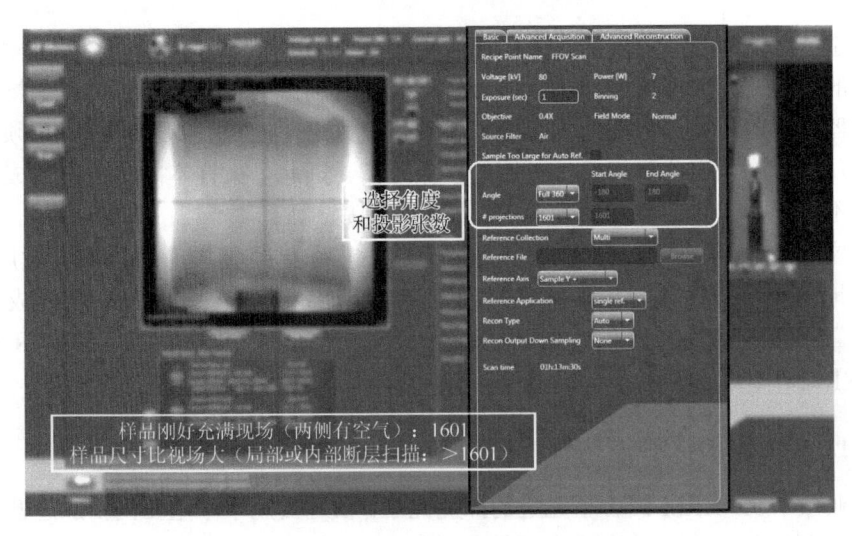

图 9-10 Scout-and-Scan™ 控制系统扫描界面

（5）运行（Run）。运行测试规程并开始获取断层扫描数据。单击 ➡ 按钮进入运行步骤。单击开始（Start）按钮开始断层图像扫描（图 9-11）。

图 9-11 Scout-and-Scan™ 控制系统运行界面

9.1.4 三维 X 射线显微镜的发展

μCT 是一种成熟的技术，以多种形式用于三维和四维物体（随着时间的推移而发展）的无损成像。然而，μCT 作为一种无光学技术，受制于样本大小和可实现的空间分辨率之间的权衡。为了使用传统 X 射线探测系统最大化空间分辨率，传统的 μCT 技术依赖于最大化几何放大倍率。几何放大倍率是源到物体和物体到探测器距离的函数。因此，为了最大化几何放大倍率，源到物体的距离必须非常小，从而限制了高分辨率分析可用的工作距离。因此，大样本的高分辨率成像基本是不可能的，3D-XRM 的发明解决了这一问题。

实验室中的 3D-XRM 的诞生得益于过去几十年同步加速器领域的发展。世界各地的同步加速器设施继续在时间、空间和能量分辨率方面推动层析成像的极限。目前，已经有两种基本的 3D-XRM 架构存在：亚微米 3D-XRM 和纳米 3D-XRM。

1. 亚微米 3D-XRM

亚微米 3D-XRM 结合了先进的探测光学，在过去几十年里在同步加速器设施和高能多色实验室 X 射线源的开发过程中，通过集成具有足够小且可调像素大小的成像探测器，在常规实验室 μCT 中发现的样本量与分辨率之间的权衡得到了改善。因此，可以对较大的样品和使用局部断层扫描技术对封装在实验仪器中的样品进行高分辨率分析。两级放大方法（图 9-12）可扩大工作距离。

图 9-12 亚微米 3D-XRM 光学结构

放大是通过几何（样品、源、探测器放置）和光学（样品后，可变闪烁体-透镜-CCD 耦合）方法的组合来实现的

例如，Xradia Versa XRM 使用小于 150nm 的探测器像素尺寸，在几毫米大小的样品或在几十毫米测量的工作距离上可以产生小于 700nm 的空间分辨率。此外，由于有效像素尺寸小，探测器和 X 射线源位置可调，传播相位对比可以有效地突出低吸收对比度样品中的界面。使用后采样聚焦光学，XRM 能够在整个工作距离范围内保持亚微米分辨率。工作距离通常由样品尺寸、几何形状和原位级样品尺寸决定。

2. 纳米 3D-XRM

尽管亚微米 3D-XRM 方法适用于几百纳米的空间分辨率和实际体素大小（三维模拟到二维像素），在 100～200nm 的量级上，仍有一个新兴的纳米 XRM 领域，它将体素大小（和分辨率）扩展了一个数量级。通过结合 X 射线聚焦透镜，实验室纳米级 XRM 现在能够实现低至数十纳米的空间分辨率。采用更细的径向特征尺寸制造的透镜提高了可实现的最大 XRM 分辨率，与典型的光学显微镜和 TEM 类似，纳米级 XRM 仪器中的物镜聚焦并放大物体到成像平面的探测器上。Xradia UltraXRM-L200 系统（图 9-13）基于该几何结构，准单色 8keV 照明通过以下组件：高效毛细管冷凝器（capillary condenser）、样品、Fresnel 带板物镜、（可选）相位环（Zernike 相位对比度）和透镜耦合 CCD 探测器，为实验室提供低至 50nm 空间分辨率的 3D-XRM 和 4D-XRM，最终体素尺寸可达 16nm，视场可达 65μm。

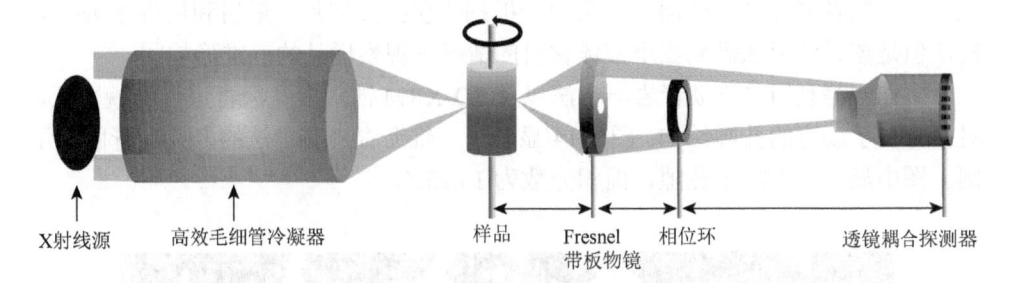

图 9-13 用于纳米级 XRM 的 UltraXRM-L200 系统示意图

这种长度尺度的分辨率与 X 射线成像本质上的非破坏性结合，使一类新的功能材料科学成为可能，提供了对大量微观结构信息的非破坏性访问。在这些长度尺度上，与新兴的三维聚焦束-扫描电子显微镜（3D FIB-SEM）技术结合可以起到良好的协同作用。纳米 XRM 可以研究特定微观结构随时间（四维）的三维演变，然后将具有指定坐标系的样品传递到 FIB-SEM 进行最终的补充分析（成像和光谱，二维或三维）。

3D-XRM 特别适合从由于外部影响（机械、热、电等）而逐渐发生变化的样品中获取三维微观结构信息，其无损成像能力可以在样品的原生环境中（原位）研究样品，并量化其微观结构如何随时间演变。研究包括结构材料的压缩、裂纹扩展、偏置、加热和腐蚀，从而可以无损量化同一样品区域上缺陷的三维分布和微观结构变化，这避免了从不同的初始条件收集统计集合的破坏性技术所施加的要求。这样可以充分了解材料的结构、生长和失效机制，以便使用计算机模型来计算预测寿命和性能，并且可以将从 3D-XRM 采集得到的精确网格放入计算模型（有限元，流体动力学等），并串联迭代实验和模型。

9.2 分析案例

在材料研究方面，3D-XRM 可以用于样品形貌分析、探究断裂力学以及三维晶体结构表征。3D-XRM 对样品的三维无损表征能力受到科研工作者的喜爱，同时 3D-XRM 也被商业化生产。

9.2.1 形貌表征

多孔沥青是一种多孔隙材料，孔隙结构使材料具有优异的降噪及排水性能，多用在公路工程中。孔隙也因此成为探究多孔沥青材料的研究重点。二维沥青岩石学法是探究多孔沥青材料的一种常见方法，此方法是将孔隙用荧光环氧树脂填充，然后制备多孔沥青断面，之后用平板扫描仪扫描切片，最后利用程序进行分析，但是该方法无法做到在不破坏材料的情况下观察样品的三维形貌。

Moritz 等利用二维沥青岩石学法以及 3D-XRM 法对多孔沥青进行形貌表征，对比分析了沥青的孔隙结构。图 9-14 显示了二维沥青岩石学法的多孔沥青图像示例，图中显示了 136 个孔隙，面积分数为 15.25%。

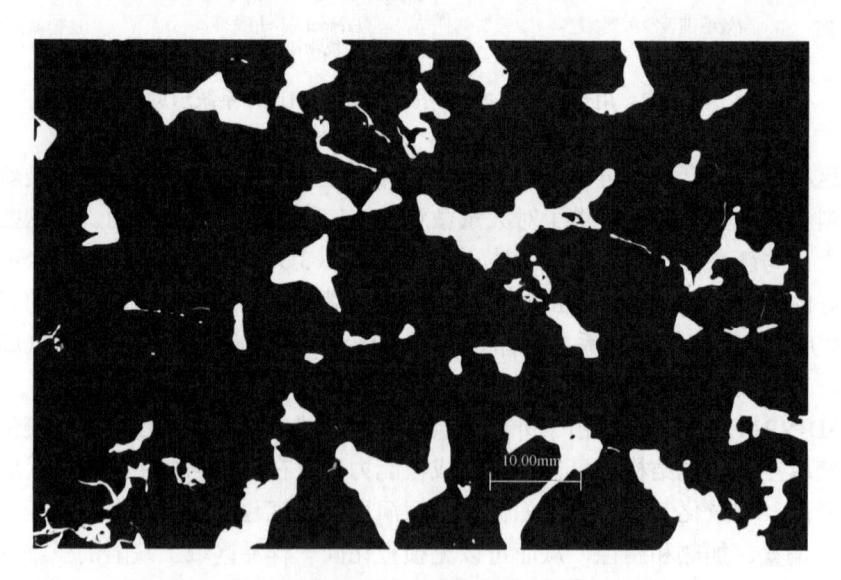

图 9-14 利用二维沥青岩石学法制备的多孔沥青图像示例

图 9-15 显示了多孔沥青 3D-XRM 测量的可视化三维孔隙结构。样品显示在 6480mm³ 的体积中共有 2059 个孔隙。仔细观察图 9-15 中的三维孔隙结构，可以发

现这些孔隙是相互连接的,并形成了一个大孔洞。这一点从孔隙的颜色表现得尤为明显。蓝色显示的是体积为 6202.56mm³ 的大孔隙。此外,在标本中可以看到许多较小的孔隙,这是二维方法中无法直接观测的。

这说明沥青岩石学方法只揭示了样品的部分孔隙结构,不能提供关于整个结构的信息。因此,为了获得样品的整个孔隙和孔隙结构的形貌信息,断层扫描是很有必要的。

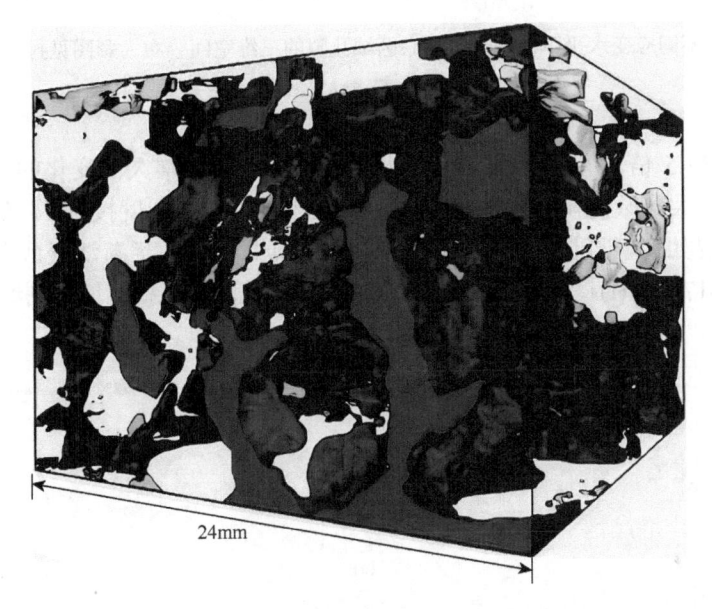

图 9-15 利用 3D-XRM 测量的多孔沥青三维孔隙结构(彩图见封底二维码)

9.2.2 断裂力学

断裂是钢和许多其他材料的致命行为,它会导致承载能力的损失,因此备受关注。鉴于 3D-XRM 优异的三维表征能力,可用于断裂力学表征,同济大学的科研团队使用 3D-XRM 研究了具有延迟颈缩效应的高锰钢(DN HMn 钢)在单向拉伸下的韧性断裂机理。团队使用 3D-XRM 对加载的 DN HMn 钢的孔隙进行表征,在不同应变水平下,孔隙的尺寸分布如图 9-16 所示。在初始状态下,孔隙几乎都小于 700mm³,其占比为 97%。从初始状态到最终断裂,孔隙几乎均匀分布在整个样品中,且这些孔隙数量随着应变的增大而增加。

图 9-17 显示了 DN HMn 钢样品中孔隙随着拉伸应变增加而生长的三种选定情况。在图 9-17,图中所选的孔隙分别命名为 V1、V2 和 V3。从图中发现,在单向拉伸载荷下的体积显著增长,孔隙 V2 的体积从 324mm³ 增加到 10530mm³,

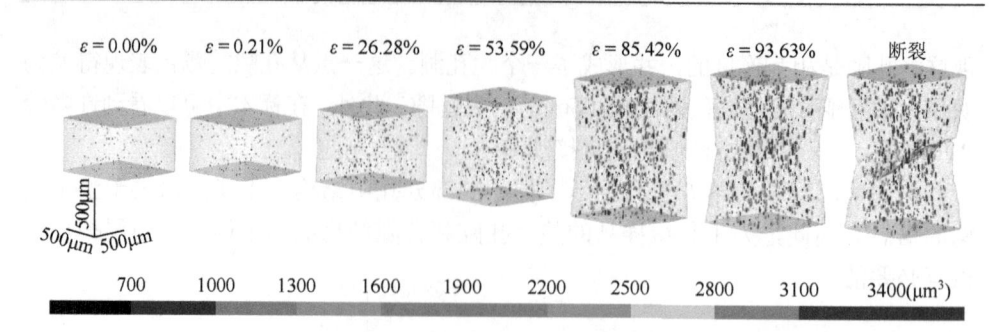

图 9-16　不同应变水平下样品选定中心区域孔隙的三维空间分布（彩图见封底二维码）
底部是不同孔隙大小的颜色条

是原来的 32.5 倍。孔隙形状也呈现出随着拉伸应变的增大而变化的现象，在初始状态下，大多数孔隙近似为球形，纵横比略大于 1，球度接近 1，然后，无论孔隙的位置如何，孔隙都沿着主拉伸方向均匀生长，并逐渐演变成典型的胶囊形状 [图 9-17(a)～(f)]。在这种形状演变过程中，孔隙的纵横比增大到约为 4。

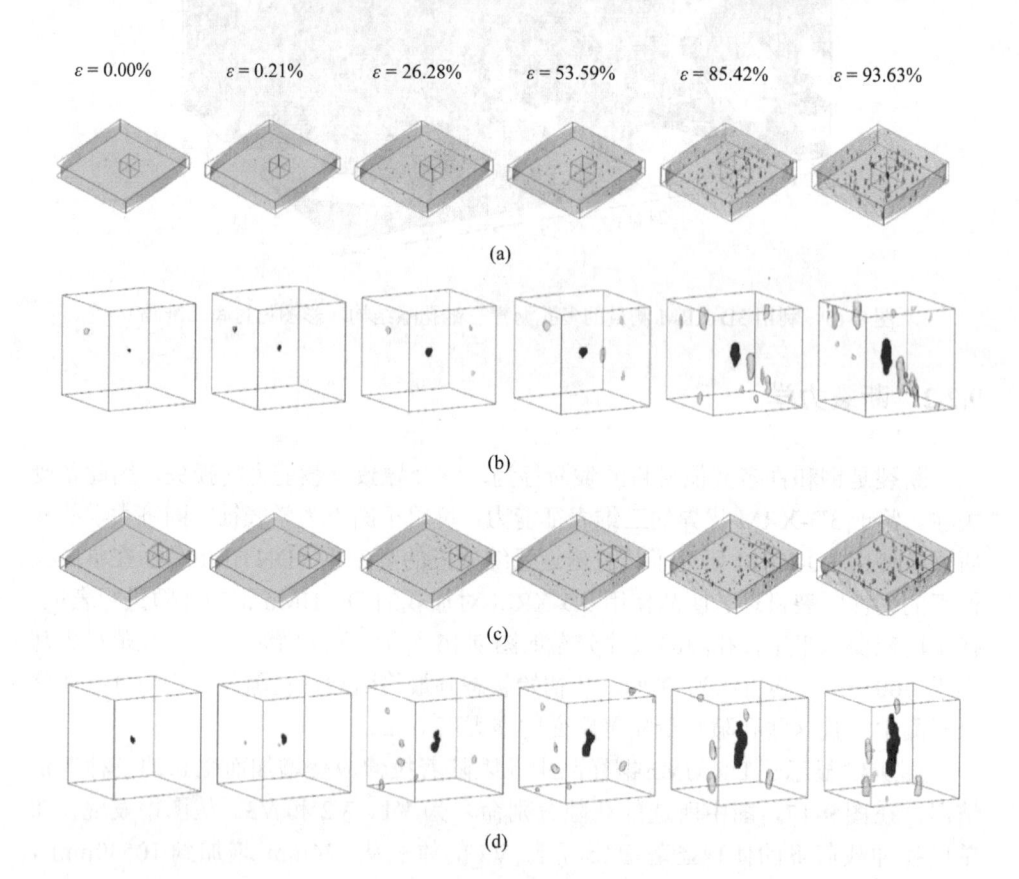

(e)

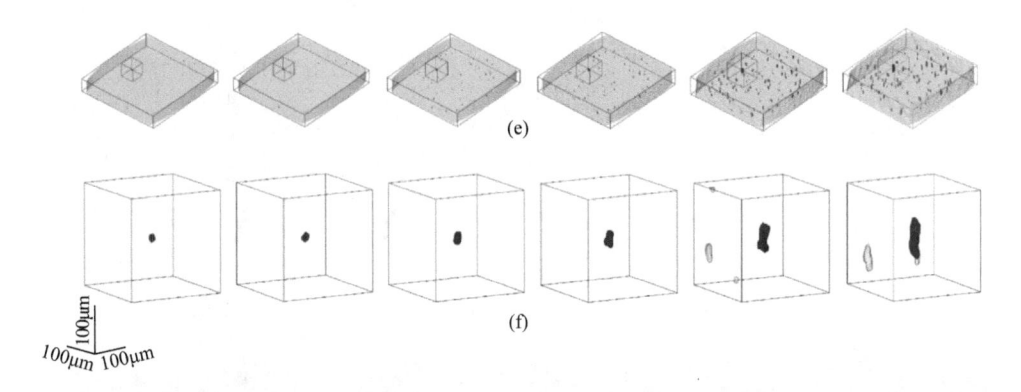

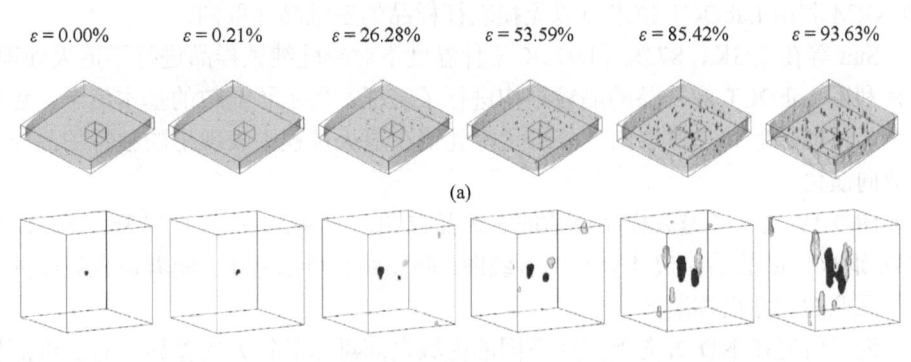

(f)

100μm 100μm

图 9-17　DN HMn 钢样品中随着拉伸应变的增加而实时孔隙长大的 3 个案例（彩图见封底二维码）
立方体(b)、(d)和(f)是灰色面板(a)、(c)和(e)中小立方体的放大图像，立方体(b)、(d)和(f)中的孔隙命名为 V1、V2 和 V3

除此之外，3D-XRM 也可以分析加载过程中孔隙之间的变化，如图 9-18 所示，选择了 3 种实时孔隙聚结的情况。可以发现，在拉伸载荷下，随着孔隙的增长，一部分孔隙开始合并，即发生孔隙聚结。图 9-18(b)、(d)和(f)中的选定孔隙对分别命名为 VP1、VP2 和 VP3。从图中可以看出，孔隙初始间距通常大于 10mm，并且孔隙聚结通常不会发生，但是当随着应变增大孔隙间距减小到小于 10mm 时，出现孔隙聚结，这种孔隙聚结遵循孔隙间颈缩模式。孔隙间颈缩模式是孔隙聚结的典型方式，并且可以在两个或更多个孔隙之间连接。此后，孔隙聚结和孔隙生长同时发生。当材料中存在足够数量的大孔隙时，材料沿着一定路径发生大规模聚结，将导致应变局部化的形成，最终导致材料断裂。

通过 3D-XRM，揭示了 DN HMn 钢在单调拉伸韧性断裂过程中的三维空间孔隙演化，包括孔隙长大、孔隙聚结和断裂，拓宽了对金属延性断裂机理的认识，促进 DN HMn 钢在对强度和延性都有较高要求的大型工程结构中的应用。

$\varepsilon = 0.00\%$　　$\varepsilon = 0.21\%$　　$\varepsilon = 26.28\%$　　$\varepsilon = 53.59\%$　　$\varepsilon = 85.42\%$　　$\varepsilon = 93.63\%$

(a)

(b)

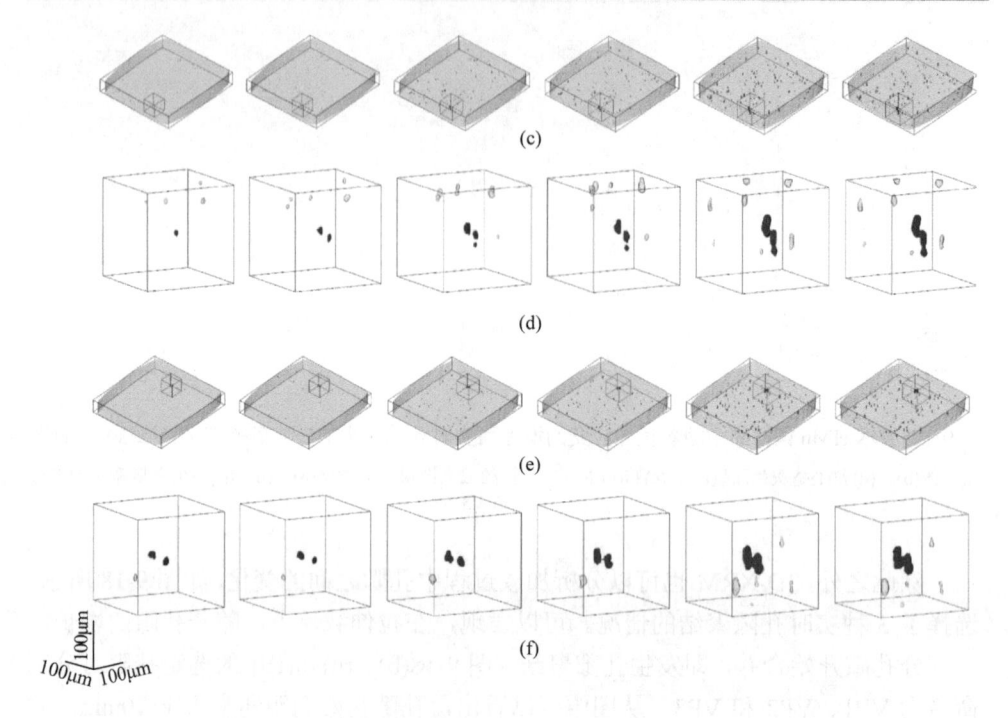

图 9-18 DN HMn 钢样品中孔隙聚结的三维绘制（彩图见封底二维码）

立方体(b)、(d)和(f)是灰色面板(a)、(c)和(e)的放大图像，立方体(b)、(d)和(f)中的孔隙命名为 VP1、VP2 和 VP3

9.2.3 三维晶体结构分析

探究材料晶体结构对研究材料性能有重要意义，常用的表征手段，如电子背散射衍射（electron backscattering diffraction，EBSD）虽然可以通过破坏性连续切片扩展到三维，但它只适用于相对较小体积的样品，在应用于具有大规模结构各向异性的样品时，价格昂贵且耗时。如今，随着 X 射线衍射成像技术的发展，3D-XRM 利用 LabDCT 技术可以无损表征样品的三维晶体取向。

Sun 等在 773K、873K 和 973K 三种温度下对冷轧纯铁样品进行了退火处理，然后利用 LabDCT 对样品的晶粒结构进行了表征，揭示了晶粒的基本信息，包括每个晶粒的形貌和晶体取向。分析了冷轧钢在退火过程中表现出的独特的晶粒择优取向演化。

图 9-19 显示了退火样品重建的三维晶粒图，图 9-20 显示了 773K、873K 和 973K 退火样品的晶粒尺寸分布的折线图。两图结合可以看出，随着退火温度的升高，晶粒的尺寸也逐渐变大。

为了研究在 ND 方向上厚度不同的区域之间再结晶行为的差异，对三维晶粒重建图沿着 ND 方向，在距离轧制表面的不同深度处截取切片并进行分析。

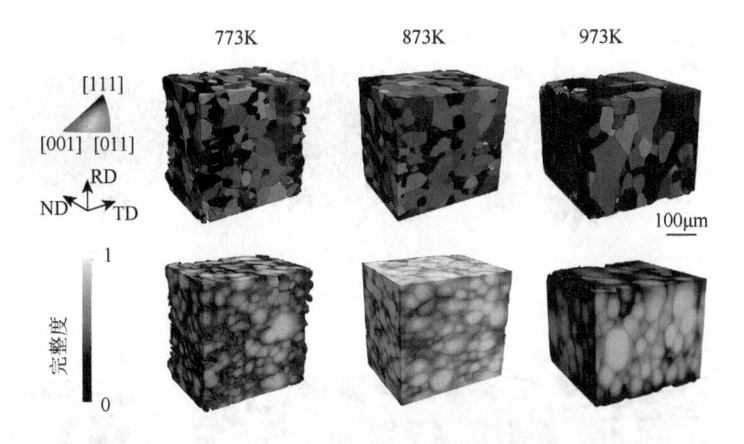

图 9-19 退火样品重建的三维晶粒图（彩图见封底二维码）

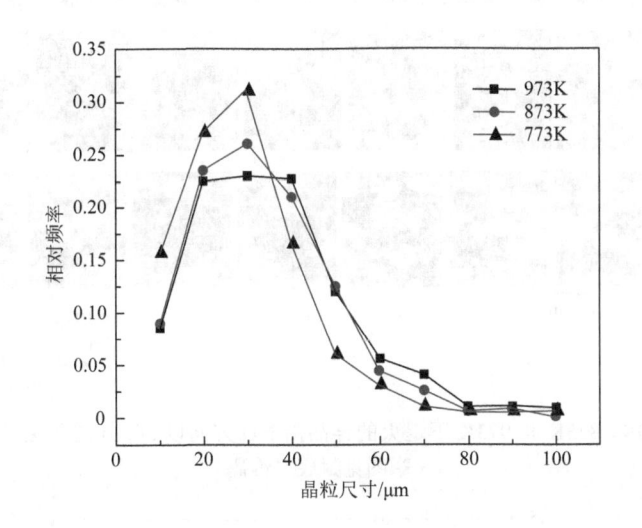

图 9-20 773K、873K 和 973K 退火样品的晶粒尺寸分布的折线图

图 9-21 显示了在 773K、873K 和 973K 下退火样品沿 ND 方向间隔 50μm 的 RD-TD 切片。773K 退火时，样品各区域均形成了 20~100μm 的再结晶晶粒，表明随着退火温度的升高，再结晶过程较为随机。当退火温度从 773K 升高到 873K 和 973K 时，{100}⟨012⟩方向附近的一些晶粒生长到大于 100μm，{100}⟨012⟩方向附近的晶粒生长较快。高温退火条件下，晶粒选择性生长。

同时，每片的平均晶粒尺寸如图 9-22 所示。中心区域的再结晶晶粒尺寸比表面区域大 20%~30%。这些结果表明，表面区域应变较大，表面区域再结晶位点数量可能比中心区域多，表面区域再结晶晶粒之间的选择性生长竞争更激烈，导致晶粒尺寸变小。

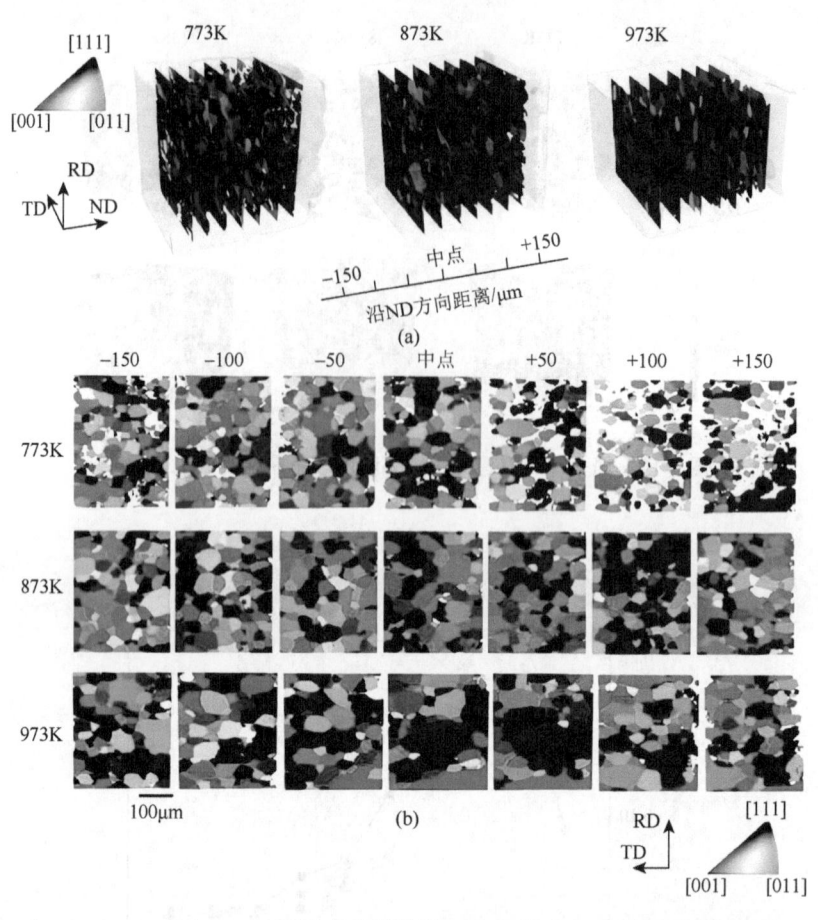

图 9-21 在 773K、873K 和 973K 下退火的样品沿 ND 方向以 50μm 的间距进行 RD-TD 切片
（彩图见封底二维码）

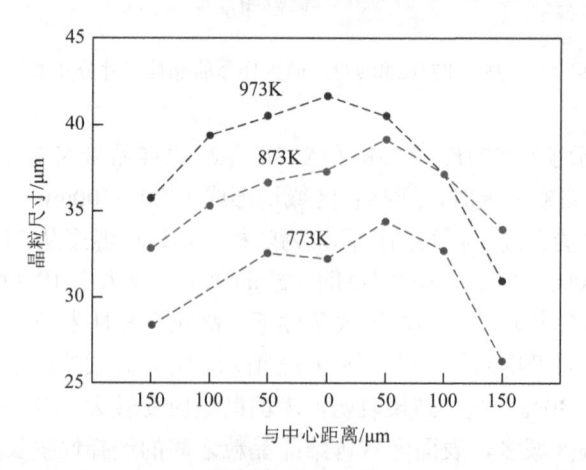

图 9-22 在 773K、873K 和 973K 下退火的样品（图 9-21 中）每个切片的平均晶粒尺寸

利用 3D-XRM 的 LabDCT 技术还可以结合 CT 综合研究微观组织与晶界结构之间的关系。利用 CT 与 LabDCT 技术扫描同一多晶硅样品，可以进一步分析样品内杂质与样品结构缺陷间的交互作用。图 9-23 显示了多晶硅样品的三维可视化重构体积。从图 9-23(a)可以看出，整体多晶硅样品晶粒尺寸为几百微米，具有高密度的裂纹，样品的裂纹在图 9-23(a)和(c)中用箭头标记；图 9-23(b)为重构样品中的金属杂质分布图，杂质被标记为黑色；图 9-23(c)为图 9-23(a)中提取出的晶界分布图，提供了多晶硅的晶界分布及取向差。那么，通过将 CT 和 LabDCT 重构结果在图 9-23(d)中相互叠加，就确定了杂质与晶界之间的关系，从图中可以清楚地观察到，金属杂质在样品内并非随机分布，而是主要沿晶界分布。

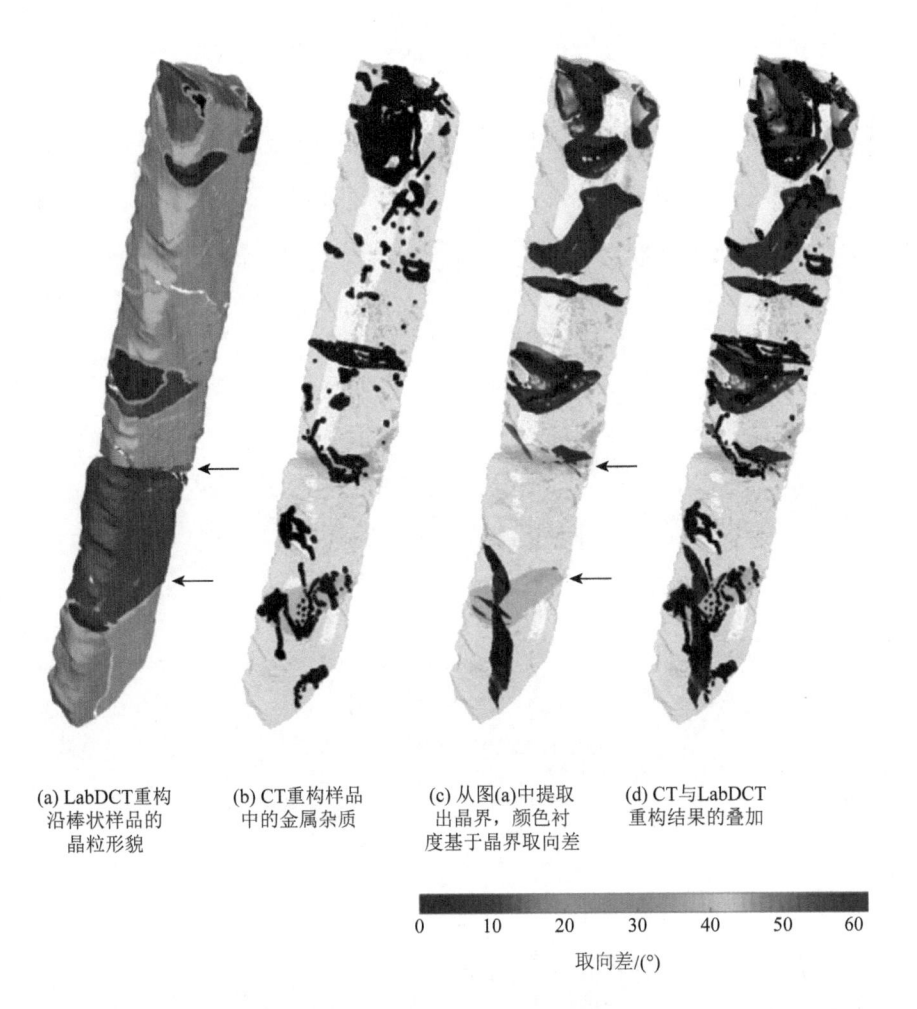

(a) LabDCT重构沿棒状样品的晶粒形貌　(b) CT重构样品中的金属杂质　(c) 从图(a)中提取出晶界，颜色衬度基于晶界取向差　(d) CT与LabDCT重构结果的叠加

取向差/(°)

图 9-23　多晶硅样品的 CT 吸收衬度 + LabDCT 衍射衬度成像三维表征（彩图见封底二维码）

习 题

1. 相比于传统二维取向分析技术，3D-XRM 技术的优势有哪些？
2. 3D-XRM 的结构主要有哪些，有什么功能？画出示意图。
3. 简述 3D-XRM 的工作原理。
4. 3D-XRM 的放大原理是什么？

参 考 答 案

第 1 章

1. 若 X 射线管的额定功率为 1.5kW，在管电压为 35kV 时，容许的最大电流是多少？

答：1.5kW/35kV = 0.043A。

2. X 射线的本质是什么？谁首先发现了 X 射线，谁揭示了 X 射线的本质？

答：X 射线的本质是一种横电磁波。伦琴首先发现了 X 射线，劳厄揭示了 X 射线的本质。

3. X 射线有哪些特性？各自有什么作用？

答：X 射线的特性可分为物理特性、化学特性和生物特性。物理特性具有穿透作用、电离作用、荧光作用、热作用、干涉、衍射、反射、折射作用等；化学特性具有感光作用及着色作用等；生物特性可使生物细胞受到抑制、破坏甚至坏死。

4. 产生 X 射线需具备什么条件？

答：产生 X 射线需具备 5 个条件：①发射电子。将灯丝通电加热到白炽状态，使其原子外围电子离开原子。在灯丝周围产生小的"电子云"，这种用热电流分离电子的方法称为热电子发射。②电子聚焦。用钼圈中罩形阴极围绕灯丝，并将其与负电位接通。由于电子带负电，会与阳极原子发生相互排斥作用，其结果是电子被聚成一束。③加速电子。在灯丝与阳极间加很高的电压，使电子在从阴极飞向阳极过程中获得很高的速度。④高真空度。阴极和阳极之间必须保持高真空度，使电子不受气体分子阻挡而降低能量，同时保证灯丝不被氧化烧毁。⑤高速电子被突然遏止。采用金属作为阳极靶，使电子与靶碰撞急剧减速，电子动能转换为热能和 X 射线。

5. X 射线具有波粒二象性，其波动性和微粒性分别表现在哪些现象中？

答：波动性主要表现为以一定的频率和波长在空间传播，反映了物质运动的连续性；微粒性主要表现为以光子形式辐射和吸收时具有一定的质量、能量和动量，反映了物质运动的分立性。

6. 实验中选择 X 射线管阳极靶材以及滤波片的原则是什么？已知一个以 Fe 为主要成分的样品，试选择合适的 X 射线管阳极靶材和合适的滤波片。

答：实验中选择 X 射线管阳极靶材的原则是为避免或减少产生荧光辐射，应当避免使用比样品中主元素的原子序数大 2~6（尤其是 2）的材料作为靶材的 X 射线管。

在 X 射线分析中，在 X 射线管与样品之间有一个滤波片，选择滤波片的原则是：滤掉 K_β 射线。滤波片的材料依靶的材料而定，一般采用比靶材的原子序数小 1 或 2 的材料。

以 Fe 为主的样品，应该选用 Co 或 Fe 靶的 X 射线管，相应选择 Fe 或 Mn 为滤波片。

7. 什么是连续 X 射线谱与特征 X 射线谱？

答：连续 X 射线谱：具有连续波长的 X 射线，构成连续 X 射线谱，它和可见光相似，亦称多色 X 射线。高能电子与阳极靶的原子碰撞时，电子失去自己的能量，其中部分以光子的形式辐射，碰撞一次产生一个能量为 $h\nu$ 的光子，这样的光子流即 X 射线。单位时间内到达阳极靶面的电子数目是极大量的，绝大多数电子要经历多次碰撞，产生能量各不相同的辐射，因此出现波长连续变化的连续 X 射线谱。

特征 X 射线谱：当加于 X 射线管两端的电压增高到与阳极靶材相应的某一特定值 U_K 时，在连续 X 射线谱某些特定的波长位置上，会出现一系列强度很高、波长范围很窄的线状光谱，对一定材料的阳极靶其波长有严格恒定的数值，此波长可作为阳极靶材的标志或特征，故称为特征 X 射线谱或标识谱。特征 X 射线谱的波长不受管电压、管电流的影响，只取决于阳极靶材元素的原子序数。

8. 特征 X 射线的波长与原子序数的关系如何？

答：特征 X 射线谱波长 λ 和阳极靶的原子序数 Z 之间的关系遵循莫塞莱定律，即

$$\sqrt{\frac{1}{\lambda}} = K_2(Z - \sigma)$$

式中，K_2 和 σ 都是常数。该定律表明，阳极靶材的原子序数越大，相应于同一系的特征 X 射线谱波长越短。

9. 试总结衍射花样的背底来源，并提出一些防止和减少背底的措施。

答：德拜-谢乐法衍射花样的背底来源是入射波的非单色光、进入样品后产生的非相干散射、空气对 X 射线的散射、温度波动引起的热散射等。采取的措施有尽量使用单色光、缩短曝光时间、恒温实验等。

10. 名词解释：相干散射、非相干散射、光电效应与荧光辐射、俄歇效应。

答：相干散射：物质中的电子在 X 射线交变电场的作用下，产生强迫振动。这样每个电子在各方向产生与入射 X 射线同频率的电磁波。由于各电子所散射的电磁波波长相同，有可能相互干涉，故称为相干散射。

非相干散射：X 射线光子与束缚力不大的外层电子或自由电子碰撞时电子获得一部分动能成为反冲电子，X 射线光子离开原来方向，能量减小，波长增加。

光电效应与荧光辐射：当入射 X 射线光子的能量足够大时，同样可以将原子内层电子击出。光子击出电子产生光电效应，被击出的电子称为光电子。被打掉了内层电子的受激原子，将会发生外层电子向内层跃迁的过程，同时辐射出波长严格一定的特征 X 射线。为区别电子击靶时产生的特征 X 射线辐射，称由 X 射线激发产生的特征辐射为二次特征辐射。二次特征辐射本质上属于光致发光的荧光现象，故也称为荧光辐射。

俄歇效应：原子 K 层电子被击出，L 层电子向 K 层跃迁，其能量差可能不是以产生一个 K 系 X 射线光子的形式释放，而是被包括空位层在内的邻近电子或较外层电子所吸收，使这个电子受激发而逸出原子成为自由电子，这就是俄歇效应。

11. 一钨靶 X 射线管的管电压为 30kV，计算它发射的连续 X 射线的 λ_{SWL}。

答：

$$\lambda_{SWL} = \frac{hc}{eU} = \frac{1240}{U} = \frac{1240}{30000} = 0.0413\text{nm}$$

式中，U 的单位为 V（伏特）；e 的单位为 C（库仑）。

12. 为什么会出现吸收限？K 吸收限为什么只有一个而 L 吸收限有三个？

答：一束 X 射线通过物体后其强度将被衰减，这是散射和吸收的结果，其中吸收是强度衰减的主要原因。物质对 X 射线的吸收是指 X 射线通过物质时光子的能量变成了其他形式的能量。X 射线通过物质时产生的光电效应和俄歇效应，使入射 X 射线强度被衰减，是物质对 X 射线真吸收过程。光电效应是指物质在光子的作用下发出电子的物理过程。

因为 L 层有三个亚层，每个亚层的能量不同，所以有三个吸收限，而 K 只有一层，所以只有一个吸收限。

13. 化合物 $CaSiO_3$ 中，含 Ca 34.5%，含 Si 24.1%，含 O 41.4%，该化合物的密度是 2.72g/cm³，用 CuK_α 射线照射样品，求此物质线吸收系数（已知 $\mu_m(Ca) = 162\text{cm}^2/\text{g}$，$\mu_m(Si) = 60.6\text{cm}^2/\text{g}$，$\mu_m(O) = 11.5\text{cm}^2/\text{g}$）。

答：

$$\mu_m(CaSiO_3, CuK_\alpha)$$
$$= \mu_m(Ca) \times w_{Ca} + \mu_m(Si) \times w_{Si} + \mu_m(O) \times w_O$$
$$= 162 \times 34.5\% + 60.6 \times 24.1\% + 11.5 \times 41.4\%$$
$$= 75.26\text{cm}^2/\text{g}$$

$$\mu_l(CaSiO_3, CuK_\alpha) = \mu_m \rho = 75.25 \times 2.72 = 205\text{cm}^{-1}$$

式中，w 代表质量分数。

14. 激发原子产生荧光辐射能量的条件是什么？

答：欲激发原子产生 K、L、M 等线系的荧光辐射，入射 X 射线光子的能量必须大于或至少等于从原子中击出一个 K、L、M 层电子所需做的功 W_K、W_L、W_M。产生光电效应时，入射 X 射线光子的能量被消耗掉并转化为光电子的逸出功和其所携带的动能。激发不同元素产生不同谱线的荧光辐射所需要的临界能量条件是不同的，所以它们的吸收限值也是不相同的，原子序数越大，同名吸收限波长越短。

同样，从激发荧光辐射的能量条件中还可得知，荧光辐射光子的能量一定小于激发它产生的入射 X 射线光子的能量，或者说荧光 X 射线的波长一定大于入射 X 射线的波长。

15. 特征 X 射线与荧光 X 射线的产生机理有何异同？

答：特征 X 射线与荧光 X 射线都是由激发态原子中的高能级电子向低能级跃迁时，多余能量以 X 射线的形式释放出而形成的。不同的是，特征 X 射线是高能电子轰击使原子处于激发态，高能级电子回迁释放的是特征 X 射线；而荧光 X 射线以 X 射线轰击，使原子处于激发态，高能级电子回迁释放的是荧光 X 射线。

16. 射线实验室用防护铅屏厚度通常至少为 1mm，试计算这种铅屏对 CrK_α、MoK_α 辐射的透射系数各为多少（质量吸收系数及密度见附录 B）。

答：透射系数为

$$\frac{I}{I_0} = \exp(-\mu \cdot P), \quad \mu_m = \frac{\mu_1}{\rho}$$

即

$$\frac{I}{I_0} = \exp(-\mu_m \rho \cdot P)$$

式中，μ_m 为质量吸收系数（cm^2/g）；P 为厚度（cm）；ρ 为密度（g/cm^3）。

查表可得：$\mu_m(CrK_\alpha) = 585 cm^2/g, \mu_m(MoK_\alpha) = 585 cm^2/g, \rho_{Pb} = 11.34 g/cm^3$

$CrK_\alpha : \frac{I}{I_0} = \exp(-\mu_m \rho \cdot P) = \exp(-585 \times 11.34 \times 0.1) = 7.82e^{-289} = 1.13 \times 10^{-7}$

$MoK_\alpha : \frac{I}{I_0} = \exp(-\mu_m \rho \cdot P) = \exp(-141 \times 11.34 \times 0.1) = 1.352e^{-70} = 1.352 \times 10^{-12}$

第 2 章

1. 布拉格方程 $2d_{HKL}\sin\theta = \lambda$ 中的 d_{HKL}、θ、λ 分别表示什么？布拉格方程有何用途？

答：d_{HKL} 表示（HKL）晶面的面间距；θ 表示掠过角或布拉格角，即入射 X 射线或衍射线与晶面间的夹角；λ 表示入射 X 射线的波长。

该公式有两个方面的用途。

①已知晶体的 d 值，通过测量 θ，求特征 X 射线的 λ，并通过 λ 判断产生特征 X 射线的元素。这主要应用于 X 射线荧光光谱仪和电子探针。②已知入射 X 射线的波长，通过测量 θ，求晶面间距 d 值，并通过晶面间距，测定晶体结构或进行物相分析。

2. 什么叫干涉面？当波长为 λ 的 X 射线在晶体上发生衍射时，相邻两个（hkl）晶面衍射线的波程差是多少？相邻两个（HKL）干涉面的波程差又是多少？

答：晶面间距为 d/n、干涉指数为 n_h，n_k，n_l 的假想晶面称为干涉面。当波长为 λ 的 X 射线照射到晶体上发生衍射，相邻两个（hkl）晶面的波程差是 $n\lambda$，相邻两个（HKL）干涉面的波程差是 λ。

3. 试述获取衍射花样的三种基本方法及其用途。

答：获取衍射花样的三种基本方法是劳厄法、旋转晶体法和粉末法。劳厄法主要用于分析晶体的对称性和进行晶体定向；旋转晶体法主要用于研究晶体结构；粉末法主要用于物相分析。

4. 证明（$1\bar{1}0$）、（$1\bar{2}1$）、（$\bar{3}21$）、（$0\bar{1}1$）、（$1\bar{3}2$）晶面属于[111]晶带。

答：根据晶带定律公式 $hu + kv + lw = 0$ 计算。

（$1\bar{1}0$）晶面：$1\times 1 + 1\times \bar{1} + 0\times 1 = 1-1+0 = 0$

（$1\bar{2}1$）晶面：$1\times 1 + 1\times \bar{2} + 1\times 1 = 1-2+1 = 0$

（$\bar{3}21$）晶面：$\bar{3}\times 1 + 2\times 1 + 1\times 1 = (-3) + 2 + 1 = 0$

（$0\bar{1}1$）晶面：$0\times 1 + \bar{1}\times 1 + 1\times 1 = 0 + (-1) + 1 = 0$

（$1\bar{3}2$）晶面：$1\times 1 + \bar{3}\times 1 + 1\times 2 = 1 + (-3) + 2 = 0$

因此，经上 5 个晶面均属于[111]晶带。

5. 试计算（$\bar{3}11$）及（$\bar{1}32$）的共同晶带轴。

答：由晶带定律：$hu + kv + lw = 0$，得 $-3u + v + w = 0$，$-u - 3v + 2w = 0$，联立两式解得：$w = 2v$，$v = u$，化简后其晶带轴为[112]。

6. 七大晶系有哪些？

答：立方晶系、四方晶系、六方晶系、斜方晶系、菱方晶系、单斜晶系、三斜晶系。

7. 什么是晶带轴？

答：在晶体结构或空间点阵中，与某一晶体学方向平行的所有晶面构成一个晶带。该晶向称为晶带轴，这些晶面称为晶带面。

8. 试述布拉格方程在实验上的用途。

答：其一是用已知波长的 X 射线去照射未知结构的晶体，通过衍射角的测量

求得晶面间距 d,这就是结构分析;其二是用晶面间距 d 的晶体,通过衍射角的测量求得 X 射线的波长,这就是 X 射线光谱学。

第 3 章

1. 用单色 X 射线照射圆柱形多晶体样品,其衍射线在空间将形成什么图案?为摄取德拜相,应当采用什么样的底片去记录?

答:当单色 X 射线照射圆柱形多晶体样品时,衍射线将分布在一组以入射线为轴的圆锥面上。垂直于入射线的平底片所记录的衍射花样将为一组同心圆。此种底片仅可记录部分衍射圆锥,故通常用以样品为轴的圆筒窄条底片来记录。

2. 试说明衍射仪法与德拜-谢乐法的优缺点。

答:与德拜-谢乐法相比,衍射仪法在一些方面具有明显不同的特点,也正好是它的优缺点。

(1) 简便快速:衍射仪法都采用自动记录,不需底片安装、冲洗、晾干等手续。可在强度分布曲线图上直接测量 2θ 和 I 值,比在底片上测量方便得多。衍射仪法扫描所需的时间短于照相曝光时间。一个物相分析样品只需约 15min 即可扫描完毕。此外,衍射仪还可以根据需要有选择地扫描某个小范围,可大大缩短扫描时间。

(2) 分辨能力强:由于测角仪圆半径一般为 185mm,远大于德拜相机的半径(57.3/2mm),因而衍射法的分辨能力比照相法强得多。

如当用 CuK_α 辐射时,从 $2\theta = 30°$ 左右开始,K_α 双重线即能分开;而在德拜照相中 2θ 小于 $90°$ 时,K_α 双重线往往不能分开。

(3) 直接获得强度数据:不仅可以得出相对强度,还可测定绝对强度。从照相底片上直接得到的是黑度,需要换算后才能得出强度,而且不可能获得绝对强度值。

(4) 低角度区的 2θ 测量范围大:测角仪在接近 $2\theta = 0°$ 附近的禁区范围要比照相机的盲区小。一般测角仪的禁区范围约为 $2\theta < 3°$(如果使用小角散射测角仪则更可小到 $2\theta = 0.5° \sim 0.6°$),而直径为 57.3mm 的德拜相机的盲区,一般为 $2\theta > 8°$。这相当于使用 CuK_α 辐射时,衍射仪可以测得晶面间距 d 最大达 3nm 的反射(用小角散射测角仪可达 1000nm),而一般德拜相机只能记录 d 值在 1nm 以内的反射。

(5) 样品用量大:衍射仪法所需的样品数量比常用的德拜照相法要多得多。后者一般有 $5 \sim 10$mg 样品就足够了,最少甚至可以少到不足 1mg。在衍射仪法中,如果要求能够产生最大的衍射强度,一般需有 0.5g 以上的样品;即使采用薄层样品,样品需要量也在 100mg 左右。

（6）设备较复杂，成本高：显然，与德拜-谢乐法相比，衍射仪有较多优点，突出的是简便快速和精确度高，而且随着电子计算机配合衍射仪自动处理结果的技术日益普及，这方面的优点将更为突出。所以衍射仪技术目前已为国内外所广泛使用。但是它并不能完全取代德拜-谢乐法。特别是它所需样品的数量很少，这是一般的衍射仪法远不能及的。

3. 原子散射因子的物理意义是什么？某元素的原子散射因子及其原子序数有何关系？

答：原子散射因子 f 是以一个电子散射波的振幅为度量单位的一个原子散射波的振幅，也称原子散射波振幅。它表示一个原子在某一方向上散射波的振幅是一个电子在同样条件下散射波振幅的 f 倍。它反映了原子将 X 射线向某一个方向散射时的散射效率。

原子散射因子及其原子序数的关系：Z 越大，f 越大。因此，重原子对 X 射线散射的能力比轻原子要强。

4. 多重性因子的物理意义是什么？某立方晶系晶体，其{100}的多重性因子是多少？若该晶体转变为四方晶系，这个晶面族的多重性因子会发生什么变化？为什么？

答：多重性因子的物理意义是等同晶面数量对衍射强度的影响因数。某立方晶系晶体，其{100}的多重性因子是 6。如果该晶体转变为四方晶系，多重性因子是 4，因为多重性因子会随对称性不同而改变。

5. 多晶体衍射的积分强度表示什么？

答：是电子散射波振幅的积分。

6. 洛伦兹因子是表示什么对衍射强度的影响？其表达式是综合了哪几方面考虑而得出的？

答：洛伦兹因子是三种几何因子对衍射强度的影响：第一种几何因子表示衍射的晶粒大小对衍射强度的影响，第二种几何因子表示晶粒数目对衍射强度的影响，第三种几何因子表示衍射线位置对衍射强度的影响。

7. 试简要总结由分析简单点阵到复杂点阵衍射强度的整个思路和要点。

答：在进行晶体结构分析时，重要的是把握两类信息：第一类是衍射方向，即 θ 角，它在 λ 一定的情况下取决于晶面间距 d。衍射方向反映了晶胞的大小和形状因素，可以利用布拉格方程来描述。第二类为衍射强度，它反映的是原子种类及其在晶胞中的位置。

简单点阵只由一种原子组成，每个晶胞只有一个原子，它分布在晶胞的顶角上，单位晶胞的散射强度相当于一个原子的散射强度。复杂点阵晶胞中含有 n 个相同或不同种类的原子，它们除占据单胞的顶角外，还可能出现在体心、面心或其他位置。

复杂点阵单胞的散射波振幅应为单胞中各原子散射振幅的矢量合成。由于衍射线的相互干涉，某些方向的强度将会加强，而某些方向的强度将会减弱甚至消失。这种规律称为系统消光（或结构消光）。

8. 多晶体衍射强度温度因子的影响有哪些？

答：当温度升高，原子振动加剧，必然给衍射带来影响，主要表现在：①晶胞膨胀；②衍射线强度减小；③产生非相干散射。

9. 试述原子散射因子 f 和结构因子 F_{hkl} 的物理意义。结构因子与哪些因素有关系？

答：原子散射因子：$f = A_a/A_e =$ 一个原子相干散射波的振幅/一个电子相干散射波的振幅，它反映的是一个原子中所有电子散射波的合成振幅。

结构因子：$F_{hkl} = A_b/A_e =$ 一个晶胞所有原子的相干散射波的振幅/一个电子相干散射的振幅。

结构因子表征单胞的衍射强度，反映单胞中原子种类、原子数目、位置对（HKL）晶面方向上衍射强度的影响。结构因子只与原子的种类以及在单胞中的位置有关，而不受单胞的形状和大小的影响。

10. 当体心立方点阵的体心原子和顶点原子种类不相同时，关于 $H+K+L$ 为偶数时衍射存在，$H+K+L$ 为奇数时衍射相消的结论是否仍成立？

答：假设 A 原子为顶点原子，其坐标为（0, 0, 0），B 原子占据体心其坐标为（1/2, 1/2, 1/2），于是结构因子的平方为

$$|F_{hkl}|^2 = \left[f_1 \cos 2\pi(0) + f_2 \cos 2\pi \left(\frac{H}{2} + \frac{K}{2} + \frac{L}{2} \right) \right]^2$$

所以，当 $H+K+L=$ 偶数时：

$$F_{hkl} = f_1 + f_2$$
$$|F_{hkl}|^2 = (f_1 + f_2)^2$$

当 $H+K+L=$ 奇数时：

$$F_{hkl} = f_1 - f_2$$
$$|F_{hkl}|^2 = (f_1 - f_2)^2$$

由此可见，当体心立方点阵的体心原子和顶点原子种类不同时，关于 $H+K+L=$ 偶数时，衍射存在的结论仍成立，且强度大小有变化。而当 $H+K+L=$ 奇数时，衍射相消的结论不一定成立，只有当 $f_1 = f_2$ 时，$F_{HKL} = 0$ 才发生消光，若 $f_1 \neq f_2$，仍有衍射存在，只是强度变弱了。

第 4 章

1. 某一粉末相上背射区线条与透射区线条比较起来，其 θ 较高还是较低？相应的 d 较大还是较小？

答：背射区线条与透射区线条相比，θ 较高，d 较小。产生衍射线必须符合布拉格方程 $2d\sin\theta = \lambda$，对于背射区属于 2θ 高角度区，根据 $d = \lambda/(2\sin\theta)$，$\theta$ 越大，d 越小。

2. 衍射仪测量在入射光束、样品外形、样品吸取以及衍射线记录等方面与德拜-谢乐法有何不同？

答：入射 X 射线的光束都为单色的特征 X 射线，都有光阑调整光束。

不同之处如下。

衍射仪法：确定发散度的入射线，且聚焦半径随 2θ 变化。

德拜-谢乐法：通过进光管限制入射线的发散度。

样品外形：衍射仪法为平板状，德拜-谢乐法为细圆柱状。

样品吸取：衍射仪法吸取时间短，德拜-谢乐法吸取时间长，为 10～20h。

记录方式：衍射仪法采用计数率仪作图，德拜-谢乐法采用环带形底片成像，而且它们的强度（I）对 2θ 的分布（I-2θ 曲线）也不同。

衍射装备：衍射仪结构复杂，成本高；德拜-谢乐法结构简单，造价低。

应用：衍射仪与计算机连接，通过许多软件可获得各种信息而得到广泛应用。

3. 测角仪在采集衍射图时，如果样品表面转到与入射线成 30°角，则计数管与入射线所成角度为多少？能产生衍射的晶面，与样品的自由表面是何种几何关系？

答：当样品表面与入射 X 射线束成 30°角时，计数管与入射 X 射线束的夹角是 60°，能产生衍射的晶面与样品的自由表面平行。

4. 试用埃瓦尔德图解来说明德拜衍射花样的形成。

答：样品中各晶粒的同名（HKL）面倒易点集合成倒易球面，倒易球与反射球相交为一圆环。晶粒各同名（HKL）面的衍射线以入射线为轴、2θ 为半锥角构成衍射圆锥。不同（HKL）面的衍射角 2θ 不同，构成不同的衍射圆锥，但各衍射圆锥共顶。用卷成圆柱状并与样品同轴的底片记录衍射信息，获得的衍射花样是多个衍射弧对。

5. CuK$_\alpha$ 辐射（$\lambda = 0.15418$nm）照射银（面心立方）样品，测得第一衍射峰位置 $2\theta = 38°$，试求 Ag 的点阵常数。

答：$a = \dfrac{\lambda}{2\sin\theta}\sqrt{h^2 + k^2 + l^2}$。

根据 Ag 面心立方消光规律，得第一衍射峰面指数{111}，即 $h^2 + k^2 + l^2 = 3$，所以代入数据 $2\theta = 38°$，解得点阵常数 $a = 0.41013$nm。

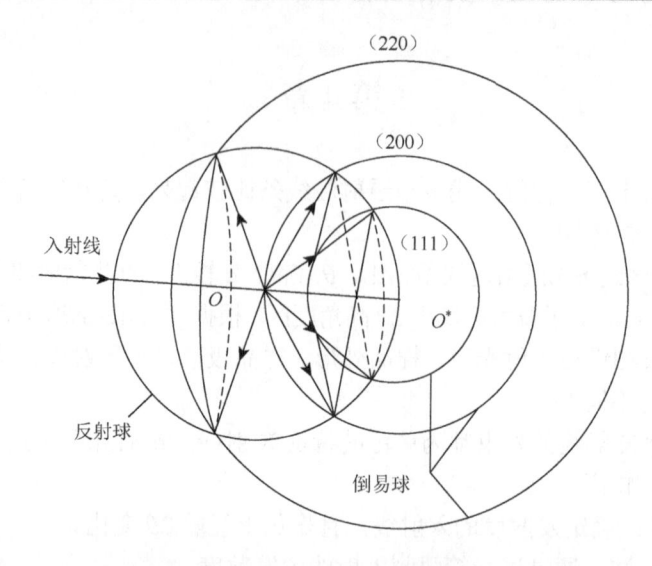

德拜花样的埃瓦尔德图解

6. 试总结德拜-谢乐法衍射花样的背底来源，并提出一些防止和减少背底的措施。

答：德拜-谢乐法衍射花样的背底来源是入射波的非单色光、进入样品后产生的非相干散射、空气对 X 射线的散射、温度波动引起的热散射等。采取的措施有：尽量使用单色光、缩短曝光时间、恒温试验等。

7. X 射线多晶衍射，实验条件应考虑哪些问题？结合自己的课题拟定实验方案。

答：实验条件应考虑的问题如下。

（1）选择实验条件，如选靶、选滤波片、管电压和管电流等。

（2）选光栅尺寸、扫描速度、时间常数。

（3）进行样品制备。

（4）选择实验方法。

实验方案：

（1）样品的制备。衍射仪一般采用块状平面样品，可以用粉末压制而成或者直接使用整块的多晶体。

（2）测试参数选择。

（3）衍射数据的采集。

（4）在分析工作中充分利用有关待分析物的化学、物理、力学性质及其加工等各方面的资料信息，进行物相检索。

（5）得出结论。

第 5 章

1. 物相定性分析的原理是什么？对食盐进行化学分析与物相定性分析，所得信息有何不同？

答：每一种结晶物质都有自己独特的晶体结构，即特定点阵类型、晶胞大小、原子数和原子在晶胞中的排列等。因此，从布拉格公式和强度公式可知，当 X 射线通过晶体时，每一种结晶物质都有自己独特的衍射花样，它们的特征可以用各个反射晶面的晶面间距值 d 和反射线的强度来表征。其中，晶面网间距值 d 与晶胞的形状和大小有关，相对强度 I 则与质点的种类及其在晶胞中的位置有关。这些衍射花样有两个用途：一是可以用来测定晶体的结构，这是比较复杂的；二是用来测定物相。所以，任何一种结晶物质的衍射数据 d 和 I 是其晶体结构的必然反映，因而可以根据它们来鉴别结晶物质的物相，这个过程比较简单。物相定性分析的思路是将样品的衍射花样与已知标准物质的衍射花样进行比较，从中找出与其相同者即可。对食盐进行化学分析与物相定性分析，前者获得食盐化学组成，后者能获得物相组成及晶体结构。

2. 物相定量分析的原理是什么？试述用 K 值法进行物相定量分析的过程。

答：根据 X 射线衍射强度公式，某一物相的相对含量增加，其衍射强度亦随之增加，所以通过衍射线强度的数值可以确定对应物相的相对含量。由于各个物相对 X 射线的吸收影响不同，X 射线衍射强度与该物相的相对含量之间不呈线性比例关系，必须加以修正。K 值法是内标法的一种，是事先在待测样品中加入纯元素，然后测出定标曲线的斜率，即 K 值。当要进行这类待测材料衍射分析时，已知 K 值和标准物相质量分数 w_s，只要测出第 j 相强度 I_j 与标准物相的强度 I_s 的比值 I_j/I_s 就可以根据公式 $w_j = [w_s/(1-w_s)](K_s/K_j)(I_j/I_s)$ 求出第 j 相的质量分数 w_j。

3. 非晶态物质的 X 射线衍射花样与晶态物质的有何不同？

答：非晶态物质原子排列杂乱无章，X 射线不会发生相干散射的衍射；衍射花样上得不到特征 X 射线谱且强度随 2θ 角变化不明显。非晶态物质的衍射花样是环状的漫散射的光晕；单晶是只有一个晶格，电子衍射花样是大量衍射亮点，排布成环状；多晶由多个晶粒组成，电子衍射花样是连续的同心圆环。

4. 在 $\alpha\text{-Fe}_2\text{O}_3$ 及 $\alpha\text{-Fe}_3\text{O}_4$ 混合物的衍射花样中，两根最强线的强度比 $I_{\alpha\text{-Fe}_2\text{O}_3}/I_{\alpha\text{-Fe}_3\text{O}_4} = 1.3$，试借助索引上的参比强度值计算 $\alpha\text{-Fe}_2\text{O}_3$ 的相对含量。

答：借助索引可以查到 $\alpha\text{-Fe}_2\text{O}_3$ 和 $\alpha\text{-Fe}_3\text{O}_4$ 的参比强度 K_s^1 和 K_s^2，由公式 $K_1^2 = K_s^1/K_s^2$ 可得 K_1^2 的值，再由公式 $w_a' = w_a(1-w_s)$ 及 $I_a/I_s = K_s^a \dfrac{w_a'}{w_s}$ 即可得出所求。

5. 一种混合样品（ZnO、KCl、LiF）用 X 射线衍射定量分析法中的 K 值法对三种物质在混合样品中的含量进行分析，ZnO、KCl、LiF 衍射峰的强度分别为 5968、2845、810，冲洗剂 α-Al_2O_3 加入量为 17.96%，其衍射峰强度为 599，ZnO、KCl、LiF 的 K 值分别为 4.5、3.9 和 1.3，计算 ZnO、KCl、LiF 在混合物中的含量。

答：由题中的已知条件可知：$w_s = 17.96\%$，$I_s = 599$，则由公式 $w'_A = (w_s / K) / (I_A / I_s)$ 可得，在加入冲洗剂的复合样品中，有

$$w'_{ZnO} = (17.96\% / 4.5) \cdot (5968 / 599) = 39.76\%$$

$$w'_{KCl} = (17.96\% / 3.9) \cdot (2845 / 599) = 21.87\%$$

$$w'_{LiF} = (17.96\% / 1.3) \cdot (810 / 599) = 18.68\%$$

根据公式 $w'_A = w_A (1 - w_s)$ 求得原始样品中各相的质量分数分别为

$$w'_{ZnO} = w'_{ZnO} / (1 - w_s) = 48.46\%，\quad w_{KCl} = 26.66\%，\quad w_{LiF} = 22.77\%$$

第 6 章

1. 在一块冷轧钢板中可能会存在哪几种内应力？它们的衍射谱有什么特点？按本章介绍的方法可测出哪一类内应力？

答：钢板在冷轧过程中，常常产生残余应力。残余应力是材料及其制品内部存在的一种内应力，是指产生应力的各种因素不存在时，由于不均匀塑性变形和不均匀相变的影响，在物体内部依然存在并自身保持平衡的应力。通常残余应力可分为宏观应力、微观应力和点阵畸变应力三种，分别称为第一类应力、第二类应力和第三类应力。

冷轧钢板衍射谱的特点：①X 射线法测第一类应力，θ 角发生变化，从而使衍射线位移。测定衍射线位移，可求出宏观残余应力；②X 射线法测第二类应力，衍射谱线变宽，根据衍射线形的变化，就能测定微观应力；③X 射线法测第三类应力，这导致衍射强度降低，根据衍射强度降低，可以测定第三类应力。

2. 用侧倾法测量样品的参与应力，当 $\psi = 0°$ 时和 $\psi = 45°$ 时，其 X 射线的穿透深度有何变化？

答：侧倾法（法）是一种测量材料内残余应力的非破坏性方法，其通过测量衍射峰的偏移量来计算残余应力。在测量过程中，样品需要以不同的角度倾斜，常见的倾斜角度为 0°、45° 和 90°，分别对应于正常测量、侧倾测量和法向测量。当倾斜角度为 0° 时，为正常测量，此时 X 射线垂直于样品表面入射，穿透深度较浅；当倾斜角度为 45° 时，X 射线斜向样品表面入射，穿透深度相对较深；当倾斜角度为 90° 时，为法向测量，此时 X 射线平行于样品表面入射，穿透深度最深。因此，当侧倾角度从 0° 变化到 45° 时，X 射线的穿透深度会相应增加。

3. X 射线法测量残余应力时需注意哪些问题？

答：（1）测量前，一般要对样品的表面进行处理。去掉样品表面的污染物和锈斑，若有必要用手持电动砂轮进行打磨，使其表面尽量平整，甚至用酸深度腐蚀或电解抛光去除遗留的机械加工表面层，提高测量精度。如果测量的是由磨削、切削、喷丸以及其他表面处理后引起的表面残余应力，则绝不应破坏原有表面，因为上述处理会改变被测面，甚至引起应力分布的变化，达不到测量的目的。

（2）测量时，使待测衍射面的衍射角 2θ 尽量大（一般应在 75°以上），同时选择合适的靶材，使衍射峰的线条明锐、分布较窄，便于确定衍射峰位置，减小测量的不确定性。

（3）选择合适的拟峰、定峰方法，准确确定衍射峰的位置。对同一个衍射峰用不同的方法来定峰所得的 2θ 值是不同的，根据所测定的衍射线的谱形特点，通常采用半高宽法、抛物线法、重心法和中点平均值法。半高宽法以峰高 1/2 处的峰宽中点作为衍射峰位置，简单易行，在衍射峰轮廓光滑时，具有较高的可靠性。当衍射线宽化、衍射峰形不对称时，要使用适当的其他定峰方法，而且要用吸收因子和角因子对衍射峰形进行修正，使其基本恢复对称。抛物线法定峰是根据衍射峰和抛物线形状近似的特征，将抛物线拟合到峰顶部，以抛物线的对称轴作为峰的位置。其中，三点抛物线法因简便迅速而被广泛应用，但半高宽法又较抛物线法精度高、重复性好。

（4）由于晶体本身是各向异性的，在不同的晶体学方向上力学性能差别很大，而 X 射线应力分析是在垂直于（hkl）反射晶面的特殊晶体学方向上进行的，因此在进行精确测量时不宜用工程上的泊松比 ν 和弹性模量 E，计算时应采用特定晶向的泊松比 ν 和弹性模量 E。

（5）测量前先确定应力常数，材料的应力常数使用试验的方法确定，也就是试验标定。其方法是准备与待测样品相同材料的等强度梁，通过单向拉伸或纯弯曲使其产生已知数值的应力，并求得倾斜角和衍射角的关系，代入式（6-13c），求得应力常数 K。

4. 什么情况下不适合使用 X 射线衍射计算晶粒尺寸？

答：当晶粒大于 100nm 时，衍射峰的宽度随晶粒大小变化不敏感，此时晶粒度可以用 TEM、SEM 计算统计平均值；当晶粒小于 10nm 时，衍射峰随晶粒尺寸的变小而显著宽化，也不适合用 X 射线衍射来测量。

第 7 章

1. 解释下列名词或概念：织构、丝织构与板织构、极图与反极图、ODF。

答：织构：

单晶体在不同的晶体学方向上，其力学、电磁、光学、耐腐蚀、磁学甚至核物理等方面的性能会表现出显著差异，这种现象称为各向异性。多晶体是许多单晶体的集合，如果晶粒数目大且各晶粒的排列是完全无规则的统计均匀分布，即在不同方向上取向概率相同，则该多晶集合体在不同方向上就会宏观地表现出各种性能相同的现象，称为各向同性。

然而，多晶体在其形成过程中，由于受到外界的力、热、电、磁等各种不同条件的影响，或在形成后受到不同加工工艺的影响，多晶集合体中的各晶粒就会沿着某些方向排列，呈现出或多或少的统计不均匀分布，即出现在某些方向上聚集排列，因而在这些方向上出现取向概率增大的现象，称为择优取向。这种组织结构及规则聚集排列状态类似于天然纤维或织物的结构和纹理，称为织构。

丝织构与板织构：

织构可以分为丝织构和板织构两类。丝织构指各晶粒只有某一晶向趋于排列一致；板织构指各晶粒有某一晶面趋于相互平行，而且在此晶面上的某一晶向也趋于一致。

金属不同类型织构的形成与其加工方法有关，如拔丝、挤压等一般容易形成丝织构，而轧制得到的一般是板织构。形成织构时的取向关系与金属晶体结构有关。

极图与反极图：

极图指样品中所有晶粒的同一选定晶面（hkl）的晶面极点在空间分布状态的极射（或极射赤面）投影图，反极图表示被测多晶体各晶粒平行于某特征外观方向的晶向在晶体学空间中分布的三维极射赤道平面投影图。

ODF：

表示晶体（或样品）要素三维空间分布的一种优选方位表示形式。其中晶体或样品要素通常以三个参数表示。以晶体要素为例，以极角 φ_1 及极距 Φ 参数表示晶轴或晶面极点的取向，以 φ_2 表示晶体绕晶体轴的旋转角度。φ_1、φ_2 均取欧拉角形式，表示晶体坐标系与样品坐标系间相应坐标轴有次序的旋转关系。取向分布函数虽不能直接测量，但可以通过测量同一种晶体几个不同要素的极图进行球谐函数计算而得，计算过程一般由计算机完成。

2. 织构的表示方法有哪些？

答：①极图法。首先将多晶体居于参考球心中央，然后从球心出发，引每一晶面的法线，延长后各自交球面于一点，这些点便是相应晶面的投影点，晶面法线与球面交点称为极点，极射赤面投影获得的图就是极图。②反极图法。采用与极图投影方式完全相反的操作所获得的极图称为反极图。③三维取向分布函数法。三维取向分布函数法与反极图的构造思路相似，就是将待测样品中所有晶粒的平行轧面的法向、轧向、横向晶面的各自极点在晶体学三维空间中的分布情况，同时用函数关系式表达出来。

3. 试述极图与反极图的区别和适用范围。

答：要确定晶胞的宏观取向，就需要建立晶胞坐标系和样品的坐标系，确定两者之间的关系方能精确地表达晶胞的取向。有很多种方法可以表示两者之间的关系，极图和反极图则是最常用的两种，两种的思路也正好相反。

极图表示晶胞的某个晶面族相对于宏观坐标系的投影，适合表达板织构。而反极图则表示宏观坐标系相对于晶体坐标系的投影，适合表达丝织构。在这里需要强调以下几点。

（1）极图也可以表示丝织构，这种情况下极点密度大多集中在中心点位置。

（2）反极图表示板织构需要三个才能完整表示。

4. 简述常见的织构类型及其特点。

答：（1）丝织构，是一种晶粒取向轴对称分布的织构，存在于拉、轧或挤压成形的丝材、棒材及各种表面镀层中。其特点是多晶体中各晶粒的某晶向 $\langle uvw \rangle$ 与丝轴或镀层表面法线平行，则以 $\langle uvw \rangle$ 为织构指数，如铁丝有 $\langle 110 \rangle$ 织构，铝丝有 $\langle 111 \rangle$ 织构。

（2）板织构，这种织构存在于用轧制、旋压等方法成形的板、片状构件内，其特点是材料中各晶粒的某晶向 $\langle uvw \rangle$ 与轧制方向（RD）平行，称为轧向，各晶粒的某晶面 $\{hkl\}$ 与轧制表面平行，称为轧面，$\langle uvw \rangle$ $\{hkl\}$ 即板织构的指数。如冷轧铝板有 $\langle 112 \rangle$ $\{110\}$ 织构，铁合金中会出现[001]（100）立方织构。

5. 试把（111）标准投影图转换成（001）标准投影图。

答：

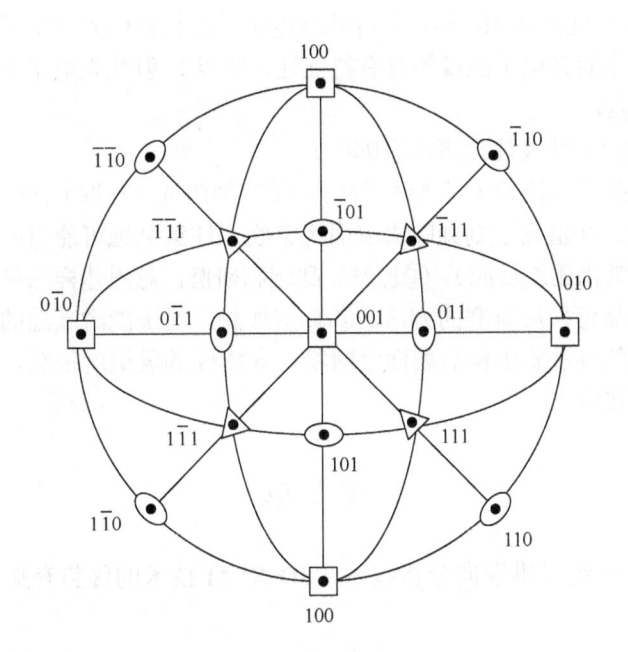

第 8 章

1. XPS 的主要功能是什么？XPS 能检测样品的哪些信息？

答：XPS 可用于定性分析以及半定量分析，一般从 XPS 谱图的峰位和峰形获得样品表面元素成分、化学态和分子结构等信息，从峰强可获得样品表面元素含量或浓度信息。

2. XPS 有哪些优点？它可以分析哪些元素？

答：XPS 主要是通过测定电子的结合能来鉴定样品表面的化学性质及组成的分析方法，其特点是光电子来自表面 10nm 以内，仅带出表面的化学信息，具有分析区域小、分析深度浅和不破坏样品的特点，广泛应用于金属、无机材料、催化剂、聚合物、涂层材料矿石等各种材料的研究，以及腐蚀、摩擦、润滑、黏结、催化、包覆、氧化等过程的研究。

XPS 可以分析除 H 和 He 以外的所有元素，对所有元素的灵敏度具有相同的数量级。通过对样品进行全扫描，在一次测定中就可以检出全部或大部分元素。

3. 如何用 XPS 进行元素定量分析和定性分析？

答：元素的定性分析，可以根据能谱图中出现的特征谱线的位置鉴定除 H、He 以外的所有元素。元素的定量分析是通过能谱图中光电子谱线强度（光电子峰的面积）来反映原子的含量或相对浓度。

4. 为什么 XPS 不适于分析 H 和 He 元素？

答：因为 H 元素与 He 元素只有外层电子，在材料中外层电子的能量受多种因素影响，产生的光电子能量不具有特征性，所以 X 射线光电子能谱法不适于分析 H 与 He 元素。

5. XPS 实验方法及注意事项有哪些？

答：①样品的预处理（对固体样品）。②溶剂清洗（萃取）或长时间抽真空除去表面污染物。③氩离子刻蚀除去表面污染物。注意刻蚀可能引起表面的化学性质的变化（如氧化还原反应）。④擦磨、刮剥和研磨。对固体样品可用 SiC 砂纸打磨，对粉末样品可采用研磨的方法。⑤真空加热。对于能耐高温的样品，可采用高真空下加热的办法除去样品表面吸附物。⑥XPS 的灵敏度很高，待测样品表面绝对不能用手接触。

第 9 章

1. 相比于传统二维取向分析技术，3D-XRM 技术的优势有哪些？

答：(1) 无需损坏实验样品，可在样品完好无损的状态下得到所需的信息。

(2) 与二维取向分析技术的价格昂贵、费时费力相比，X 射线衍射衬度断层成像技术操作简单、成像容易、花费时间较少。

(3) 传统二维取向分析技术需切割样品，因此只适用于较小样品，但 3D-XRM 技术可成像较大样品。

2. 3D-XRM 的结构主要有哪些，有什么功能？画出示意图。

答：X 射线光源、高精密样品台、探测器、控制与信息处理系统。

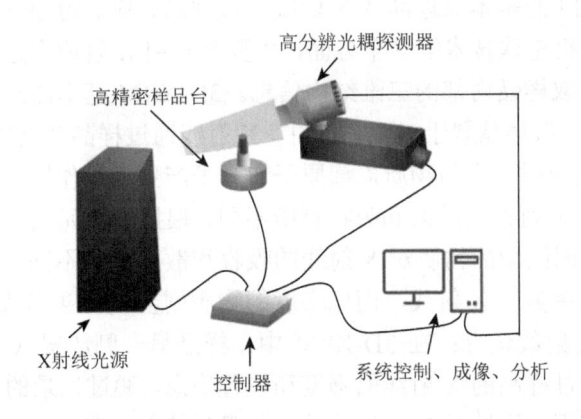

(1) X 射线光源：3D-XRM 的 X 射线光源是新型的透射阳极 X 射线管，其阳极靶为铍窗内侧的金属薄膜。新型的透射阳极 X 射线管采用可旋转阳极靶，每工作 25h 后，阳极靶盘会旋转一定角度，从而保证出射 X 射线的稳定性。与传统反射式 X 射线管相同，透射阳极 X 射线管发射的 X 射线同样具有各向异性，但透射阳极 X 射线管产生的连续 X 射线强度分布的均匀性得到了显著提高。

(2) 高精密样品台：3D-XRM 主要靠光学显微镜放大来实现高分辨成像，不必依赖大的几何放大比。因此，光源和探测器的距离相对较小，样品台可以旋转，这样大大压缩了成像所需空间，使得设备设计紧凑，整体结构刚性大大提升，不仅运动精度能够得到保证，而且增强了对外界的抗干扰能力。

(3) 探测器：光学物镜探测器是 3D-XRM 的核心部件。X 射线无法在 CCD 中直接成像，因此需要先将 X 射线投影在闪烁体材料上转化为可见光。可见光再通过物镜进行光学放大，进而投影到 CCD 上形成数字化图像。系统探测器组件部分主要由闪烁体、光学物镜和 CCD 构成。当高能 X 射线光子照射到探测器前端的闪烁体时，将激发闪烁体原子到激发态，当被激发的原子从激发态退回到基态时释放可见的荧光脉冲。光学物镜的作用是对带有样品衬度信息的可见光进行放大，随后照射到面阵 CCD，将放大的光学影像转换为数字信号。

（4）控制与信息处理系统：控制与信息处理系统可以精确控制射线源、高精密样品台与探测器这三个关键部件的协调移动，并对 X 射线的能量、滤镜与物镜的选择、扫描的方式与位置、数据采集时间等进行精确的同步控制。此外，CT 扫描过程中 CCD 采集的大量投影图数据需要信息处理系统具有高速的传输通道，要求系统数据传输带宽必须大于 CCD 数据采集的带宽，且要保证传输过程中数据的完整性。

3. 简述 3D-XRM 的工作原理。

答：3D-XRM 的基本原理涉及 X 射线穿透样品、样品内部物质的吸收和散射效应，以及计算机重建技术等多个方面，主要是利用 X 射线穿透样品产生的散射和吸收效应，获取样品内部的三维结构信息。3D-XRM 基本原理如下。第一步，X 射线透过样品：将样品置于 X 射线束中，X 射线通过样品时会发生散射和吸收。当 X 射线通过物质时，会与物质内部原子和分子产生相互作用。样品内不同密度和组分的区域对 X 射线的散射和吸收有所不同，根据不同元素的原子序数和电子结构等特征，不同区域的物质对 X 射线的吸收和散射程度不同。例如，高密度的物质通常会吸收更多的 X 射线，而低密度的物质则会使 X 射线发生更多的散射。第二步，接收 X 射线信息：在 3D-XRM 中，样品另一侧放置 X 射线探测器，探测器会记录下透过样品的 X 射线的强度和位置信息。通过记录的 X 射线信息，可以了解样品内部不同区域对 X 射线的散射和吸收情况。第三步，重建样品内部结构：通过对记录的 X 射线信息进行处理和分析，可以获得样品内部的三维结构信息。通常采用计算机重建技术，将多个二维图像重构成三维图像，用于观察和分析样品内部的微观结构和组成，具体的计算机重建技术包括以下步骤：首先，将多个二维的 X 射线透射图像进行采集和处理，形成一组切片（slice）数据。然后，根据这些数据，采用反投影算法（back-projection）等技术，计算出每个切片的投影信息。最后，将所有切片的投影信息重叠起来，即可形成样品的三维结构信息。

4. 3D-XRM 的放大原理是什么？

答：其放大倍数是几何投影放大倍数与光学放大倍数的乘积，即两级放大。

参 考 文 献

Jia L J, Zhang R, Zhou C F, et al. 2023. In-situ three-dimensional X-ray investigation on micro ductile fracture mechanism of a high-Mn steel with delayed necking effect[J]. Journal of Materials Research and Technology, 24: 1076-1087.

Keinan R, Bale H, Gueninchault N, et al. 2018. Integrated imaging in three dimensions: providing a new lens on grain boundaries, particles, and their correlations in polycrystalline silicon[J]. Acta Materialia, 148: 225-234.

Middendorf M, Umbach C, Böhm S, et al. 2023. Comparative study of 2D petrographic and 3D X-ray tomography investigations of air voids in asphalt[J]. Materials, 16（3）: 1272.

Sun J, Holzner C, Bale H, et al. 2020. 3D crystal orientation mapping of recrystallization in severely cold-rolled pure iron using laboratory diffraction contrast tomography[J]. ISIJ International, 60（3）: 528-533.

附录 A 原子散射因子在吸收限近旁的减少值 Δf

（a）波长短于吸收限时的 Δf 值

元素	λ/λ_K					
	0.2	0.5	0.667	0.75	0.9	0.95
Fe	−0.17	−0.30	−0.03	0.28	1.47	2.40
Mo	−0.16	−0.26	0.01	0.31	1.48	2.32
W	−0.15	−0.25	—	0.30	1.40	2.18

（b）波长长于吸收限时的 Δf 值

元素	λ/λ_K						
	1.05	1.11	1.2	1.33	1.5	2.0	无穷大
Fe	3.30	2.60	2.20	1.90	1.73	1.51	1.32
Mo	3.08	2.44	2.06	1.77	1.61	1.43	1.24
W	2.85	2.26	1.91	1.65	1.49	1.31	1.15

附录 B 质量吸收系数 $\mu_m = \mu_l/\rho$

元素	原子序数	密度 $\rho/(g/cm^3)$	质量吸收系数 $\mu_m/(cm^2/g)$				
			MoK$_\alpha$ $\lambda=$ 0.07107nm	CuK$_\alpha$ $\lambda=$ 0.15418nm	CoK$_\alpha$ $\lambda=$ 0.17903nm	FeK$_\alpha$ $\lambda=$ 0.19373nm	CrK$_\alpha$ $\lambda=$ 0.22909nm
B	5	2.3	0.45	3.06	4.67	5.80	9.37
C	6	2.22（石墨）	0.70	5.50	8.05	10.73	17.9
N	7	1.1649×10^{-3}	1.10	8.51	13.6	17.3	27.7
O	8	1.3318×10^{-3}	1.50	12.7	20.2	25.2	40.1
Mg	12	1.74	4.38	40.6	60.0	75.7	120.1
Al	13	2.70	5.30	48.7	73.4	92.8	149
Si	14	2.33	6.70	60.3	94.1	116.3	192
P	15	1.82（黄）	7.98	73.0	113	141.1	223
S	16	2.07（黄）	10.03	91.3	139	175	273
Ti	22	4.54	23.7	204	304	377	603
V	23	6.00	26.5	227	339	422	77.3
Cr	24	7.19	30.4	259	392	490	99.9
Mn	25	7.43	33.5	284	431	63.6	99.4
Fe	26	7.87	38.3	324	59.5	72.8	114.6
Co	27	8.90	41.6	354	65.9	80.6	125.8
Ni	28	8.90	47.4	49.2	75.1	93.1	145
Cu	29	8.96	49.7	52.7	79.8	98.8	154
Zn	30	7.13	54.8	59.0	88.5	109.4	169
Ca	31	5.91	57.3	63.3	94.3	116.5	179
Ce	32	5.36	63.4	69.4	104	128.4	196
Zr	40	6.50	17.2	143	211	260	391
Nb	41	8.57	18.7	153	225	279	415
Mo	42	10.20	20.2	164	242	299	439
Rh	45	12.44	25.3	198	293	361	522
Pd	46	12.00	26.7	207	308	376	545

续表

元素	原子序数	密度 ρ/(g/cm³)	质量吸收系数 μ_m/(cm²/g)				
			MoK$_\alpha$ $\lambda=$ 0.07107nm	CuK$_\alpha$ $\lambda=$ 0.15418nm	CoK$_\alpha$ $\lambda=$ 0.17903nm	FeK$_\alpha$ $\lambda=$ 0.19373nm	CrK$_\alpha$ $\lambda=$ 0.22909nm
Ag	47	10.49	28.6	223	332	402	585
Cd	48	8.65	29.9	234	352	417	608
Sn	50	7.30	33.3	265	382	457	681
Sb	51	6.62	35.3	284	404	482	727
Ba	56	3.50	45.2	359	501	599	819
La	57	6.19	47.9	378	—	632	218
Ta	73	16.60	100.7	164	246	305	440
W	74	19.30	105.4	171	258	320	456
Ir	77	22.50	117.9	194	292	362	498
Au	79	19.32	128	214	317	390	537
Pb	82	11.34	141	241	354	429	585

附录 C 原子散射因子 f

轻原子或离子	\multicolumn{13}{c}{$\lambda^{-1}\sin\theta/nm^{-1}$}
	0.0	1.0	2.0	3.0	4.0	5.0	6.0	7.0	8.0	9.0	10.0	11.0	12.0
B	5.0	3.5	2.4	1.9	1.7	1.5	1.4	1.2	1.2	1.0	0.9	0.7	
C	6.0	4.6	3.0	2.2	1.9	1.7	1.6	1.4	1.3	1.16	1.0	0.9	
N	7.0	5.8	4.2	3.0	2.3	1.9	1.65	1.54	1.49	1.39	1.29	1.17	
Mg	12.0	10.5	8.6	7.25	5.95	4.8	3.85	3.15	2.55	2.2	2.0	1.8	
Al	13.0	11.0	8.95	7.75	6.6	5.5	4.5	3.7	3.1	2.65	2.3	2.0	
Si	14.0	11.35	9.4	8.2	7.15	6.1	5.1	4.2	3.4	2.95	2.6	2.3	
P	15.0	12.4	10.0	8.45	7.45	6.5	5.65	4.8	4.05	3.4	3.0	2.6	
S	16.0	13.6	10.7	8.95	7.85	6.85	6.0	5.25	4.5	3.9	3.35	2.9	
Ti	22.0	19.3	15.7	12.8	10.9	9.5	8.2	7.2	6.3	5.6	5.0	4.6	4.2
V	23.0	20.2	16.6	13.5	11.5	10.1	8.7	7.6	6.7	5.9	5.3	4.9	4.4
Cr	24.0	21.1	17.4	14.2	12.1	10.6	9.2	8.0	7.1	6.3	5.7	5.1	4.6
Mn	25.0	22.1	18.2	14.9	12.7	11.1	9.7	8.4	7.5	6.6	6.0	5.4	4.9
Fe	26.0	23.1	18.9	15.6	13.3	11.6	10.2	8.9	7.9	7.0	6.3	5.7	5.2
Co	27.0	24.1	19.8	16.4	14.0	12.1	10.7	9.3	8.3	7.3	6.7	6.0	5.5
Ni	28.0	25.0	20.7	17.2	14.6	12.7	11.2	9.8	8.7	7.7	7.0	6.3	5.8
Cu	29.0	25.9	21.6	17.9	15.2	13.3	11.7	10.2	9.1	8.1	7.3	6.6	6.0
Zn	30.0	26.8	22.4	18.6	15.8	13.9	12.2	10.7	9.6	8.5	7.6	6.9	6.3
Ca	31.0	27.8	23.3	19.3	16.5	14.5	12.7	11.2	10.0	8.9	7.9	7.3	6.7
Ce	32.0	28.8	24.1	20.0	17.1	15.0	13.2	11.6	10.4	9.3	8.3	7.6	7.0
Nb	41.0	37.3	31.7	26.8	22.8	20.2	18.1	16.0	14.3	12.8	11.6	10.6	9.7
Mo	42.0	38.2	32.6	27.6	23.5	20.3	18.6	16.5	14.8	13.2	12.0	10.9	10.0
Rh	45.0	41.0	35.1	29.9	25.4	22.5	20.2	18.0	16.1	14.5	13.1	12.0	11.0
Pd	46.0	41.9	36.0	30.7	26.2	23.1	20.8	18.5	16.6	14.9	13.6	12.3	11.3
Ag	47.0	42.8	36.9	31.5	26.9	23.8	21.3	19.0	17.1	15.3	14.0	12.7	11.7
Cd	48.0	34.7	37.7	32.2	27.5	24.4	21.8	19.6	17.6	15.7	14.3	13.0	12.0
In	49.0	44.7	38.6	33.0	28.1	25.0	22.4	20.1	18.0	16.2	14.7	13.4	12.3
Sn	50.0	45.7	39.5	33.8	28.7	25.6	22.9	20.6	18.5	16.6	15.1	13.7	12.7
Sb	51.0	46.7	40.4	34.6	29.5	26.3	23.5	21.1	19.0	17.0	15.5	14.1	13.0
La	57.0	52.6	45.6	39.3	33.8	29.8	26.9	24.3	21.9	19.7	17.0	16.4	15.0
Ta	73.0	67.8	59.5	52.0	45.3	39.9	36.2	32.9	29.8	27.1	24.7	22.6	20.9
W	74.0	68.8	60.4	52.8	46.1	40.5	36.8	33.5	30.4	27.6	25.2	23.0	21.3
Pt	78.0	72.6	64.0	56.2	48.9	43.1	39.2	35.6	32.5	29.5	27.0	24.7	22.7
Pb	82.0	76.5	67.5	59.5	51.9	45.7	41.6	37.9	34.6	31.5	28.8	26.4	24.5

附录 D 各种点阵的结构因子 F_{hkl}

点阵类型	结构因子的平方 $\|F_{hkl}\|^2$			
简单点阵	f^2			
底心点阵	$H+K=$ 偶数时 $4f^2$		$H+K=$ 奇数时 0	
体心立方点阵	$H+K+L=$ 偶数时 $4f^2$		$H+K+L=$ 奇数时 0	
面心立方点阵	H、K、L 为同性数时 $16f^2$		H、K、L 为异性数时 0	
密排六方点阵	$H+2K=3n$（n 为整数），$L=$ 奇数时 0	$H+2K=3n$，$L=$ 偶数时 $4f^2$	$H+2K=3n+1$，$L=$ 奇数时 $3f^2$	$H+2K=3n+1$，$L=$ 偶数时 f^2

注：f 表示原子散射因子。

附录 E 粉末法的多重性因子 P_{hkl}

晶系指数	立方晶系	六方和菱方晶系	正方晶系	斜方晶系	单斜晶系	三斜晶系
$h00$	6	6	4	2	2	2
$0k0$				2	2	2
$00l$		2	2	2	2	2
hhh	8					
$hh0$	12	6	4			
$hk0$	24[①]	12[①]	8[①]	4	4	2
$0kl$		12[①]	8	4	4	2
$h0l$				4	4	2
hhl	24	12[①]	8			
hkl	48[①]	24[①]	16[①]	8	4	2

①指通常的多重性因子,在某些晶体中具有此种指数的两族晶面,其晶面间距相同,但结构因子不同,因而每族晶面的多重性因子应为上列数值的一半。

附录 F 角因子 $\dfrac{1+\cos^2 2\theta}{\sin^2\theta\cos\theta}$

θ /(°)	0.0	0.1	0.2	0.3	0.4	0.5	0.6	0.7	0.8	0.9
2	1639	1486	1354	1239	1138	1048	968.9	898.3	835.1	778.4
3	727.2	680.9	638.8	600.5	565.6	533.6	504.3	477.3	452.3	429.3
4	408.0	388.2	369.9	352.7	336.8	321.9	308.0	294.9	282.6	271.1
5	260.3	250.1	240.5	231.4	222.9	214.7	207.1	199.8	192.9	186.3
6	180.1	174.2	168.5	163.1	158.0	153.1	148.4	144.0	139.7	135.6
7	131.7	128.0	124.4	120.9	117.6	114.4	111.4	108.5	105.6	102.9
8	100.3	97.80	95.37	93.03	90.78	88.60	86.51	84.48	82.52	80.63
9	78.79	77.02	75.31	73.66	72.05	70.49	68.99	67.53	66.12	64.74
10	63.41	62.12	60.87	59.65	58.46	57.32	56.20	55.11	54.06	53.03
11	52.04	51.06	50.12	49.19	48.30	47.43	46.58	45.75	44.94	44.16
12	43.39	42.64	41.91	41.20	40.50	39.82	39.16	38.51	37.88	37.27
13	36.67	36.08	35.50	34.94	34.39	33.85	33.33	32.81	32.31	31.82
14	31.34	30.87	30.41	29.96	29.51	29.08	28.66	28.24	27.83	27.44
15	27.05	26.66	26.29	25.92	25.56	25.21	24.86	24.52	24.19	23.86
16	23.54	23.23	22.92	22.61	22.32	22.02	21.74	21.46	21.18	20.91
17	20.64	20.38	20.12	19.87	19.62	19.38	19.14	18.90	18.67	18.44
18	18.22	18.00	17.78	17.57	17.36	17.15	16.95	16.75	16.56	16.38
19	16.17	15.99	15.80	15.62	15.45	15.27	15.10	14.93	14.76	14.60
20	14.44	14.28	14.12	13.97	13.81	13.66	13.52	13.37	13.23	13.09
21	12.95	12.81	12.68	12.54	12.41	12.28	12.15	12.03	11.91	11.78
22	11.66	11.54	11.43	11.31	11.20	11.09	10.98	10.87	10.76	10.65
23	10.55	10.45	10.35	10.24	10.15	10.05	9.951	9.857	9.763	9.671
24	9.579	9.489	9.400	9.313	9.226	9.141	9.057	8.973	8.891	8.819
25	8.730	8.651	8.573	8.496	8.420	8.345	8.271	8.198	8.126	8.054
26	7.984	7.915	7.846	7.778	7.711	7.645	7.580	7.515	7.452	7.389
27	7.327	7.266	7.205	7.145	7.086	7.027	6.969	6.912	6.856	6.800

附录 F 角因子 $\dfrac{1+\cos^2 2\theta}{\sin^2\theta\cos\theta}$

续表

θ /(°)	0.0	0.1	0.2	0.3	0.4	0.5	0.6	0.7	0.8	0.9
28	6.745	6.692	6.637	6.584	6.532	6.480	6.429	6.379	6.329	6.279
29	6.230	6.183	6.135	6.088	6.042	5.995	5.950	5.905	5.861	5.817
30	5.774	5.731	5.688	5.647	5.605	5.564	5.524	5.484	5.445	5.406
31	5.367	5.329	5.292	5.254	5.218	5.181	5.145	5.110	5.075	5.049
32	5.006	4.972	4.939	4.906	4.873	4.841	4.809	4.777	4.746	4.715
33	4.685	4.655	4.625	4.959	4.566	4.538	4.509	4.481	4.453	4.426
34	4.399	4.372	4.346	4.320	4.294	4.268	4.243	4.218	4.193	4.169
35	4.145	4.121	4.097	4.074	4.052	4.029	4.006	3.984	3.962	3.941
36	3.919	3.898	3.877	3.857	3.836	3.816	3.797	3.777	3.758	3.739
37	3.720	3.701	3.683	3.665	3.647	3.629	3.612	3.594	3.577	3.561
38	3.544	3.527	3.513	3.497	3.481	3.465	3.449	3.434	3.419	3.404
39	3.389	3.375	3.361	3.347	3.333	3.320	3.306	3.293	3.280	3.268
40	3.255	3.242	3.230	3.218	3.206	3.194	3.183	3.171	3.160	3.149
41	3.138	3.127	3.117	3.106	3.096	3.086	3.076	3.067	3.057	3.048
42	3.038	3.029	3.020	3.012	3.003	2.994	2.986	2.978	2.970	2.962
43	2.954	2.946	2.939	2.932	2.925	2.918	2.911	2.904	2.897	2.891
44	2.884	2.876	2.872	2.866	2.860	2.855	2.849	2.844	2.838	2.833
45	2.828	2.824	2.819	2.814	2.810	2.805	2.801	2.797	2.793	2.789
46	2.785	2.782	2.778	2.775	2.772	2.769	2.766	2.763	2.760	2.757
47	2.755	2.752	2.750	2.748	2.746	2.744	2.742	2.740	2.738	2.737
48	2.736	2.735	2.733	2.732	2.731	2.730	2.730	2.729	2.729	2.728
49	2.728	2.728	2.728	2.728	2.728	2.728	2.729	2.729	2.730	2.730
50	2.731	2.732	2.733	2.734	2.735	2.737	2.738	2.740	2.741	2.743
51	2.745	2.747	2.749	2.751	2.753	2.755	2.758	2.760	2.763	2.766
52	2.769	2.772	2.775	2.778	2.782	2.785	2.788	2.792	2.795	2.799
53	2.803	2.807	2.811	2.815	2.820	2.824	2.828	2.833	2.838	2.843
54	2.848	2.853	2.858	2.863	2.868	2.874	2.879	2.885	2.890	2.896
55	2.902	2.908	2.914	2.921	2.927	2.933	2.940	2.946	2.953	2.960
56	2.967	2.974	2.981	2.988	2.996	3.004	3.011	3.019	3.026	3.034
57	3.042	3.050	3.059	3.067	3.075	3.084	3.092	3.101	3.110	3.119
58	3.128	3.137	3.147	3.156	3.166	3.175	3.185	3.195	3.205	3.215
59	3.225	3.235	3.246	3.256	3.267	3.278	3.289	3.300	3.311	3.322

续表

θ /(°)	0.0	0.1	0.2	0.3	0.4	0.5	0.6	0.7	0.8	0.9
60	3.333	3.345	3.356	3.368	3.380	3.392	3.404	3.416	3.429	3.441
61	3.454	3.466	3.479	3.492	3.505	3.518	3.532	3.545	3.559	3.573
62	3.587	3.601	3.615	3.629	3.643	3.658	3.673	3.688	3.703	3.718
63	3.733	3.749	3.764	3.780	3.796	3.812	3.828	3.844	3.861	3.878
64	3.894	3.911	3.928	3.946	3.963	3.980	3.998	4.016	4.034	4.052
65	4.071	4.090	4.108	4.127	4.147	4.166	4.185	4.205	4.225	4.245
66	4.265	4.285	4.306	4.327	4.348	4.369	4.390	4.412	4.434	4.456
67	4.478	4.500	4.523	4.546	4.569	4.592	4.616	4.640	4.664	4.688
68	4.712	4.737	4.762	4.787	4.812	4.838	4.864	4.890	4.916	4.943
69	4.970	4.997	5.024	5.052	5.080	5.109	5.137	5.166	5.195	5.224
70	5.254	5.284	5.315	5.345	5.376	5.408	5.440	5.471	5.504	5.536
71	5.569	5.602	5.636	5.670	5.705	5.740	5.775	5.810	5.846	5.883
72	5.919	5.956	5.994	6.032	6.071	6.109	6.149	6.189	6.229	6.270
73	6.311	6.352	6.394	6.437	6.480	6.524	6.568	6.613	6.658	6.703
74	6.750	6.797	6.844	6.892	6.941	6.991	7.041	7.091	7.142	7.194
75	7.247	7.300	7.354	7.409	7.465	7.521	7.578	7.636	7.694	7.753
76	7.813	7.874	7.936	7.999	8.063	8.128	8.193	8.259	8.327	8.395
77	8.465	8.536	8.607	8.680	8.754	8.829	8.905	8.982	9.061	9.142
78	9.223	9.305	9.389	9.474	9.561	9.649	9.739	9.831	9.924	10.02
79	10.12	10.21	10.31	10.41	10.52	10.62	10.73	10.84	10.95	11.06
80	11.18	11.30	11.42	11.54	11.67	11.80	11.93	12.06	12.20	12.34
81	12.48	12.63	12.78	12.93	13.08	13.24	13.40	13.57	13.74	13.92
82	14.10	14.28	14.47	14.66	14.86	15.07	15.28	15.49	15.71	15.94
83	16.17	16.41	16.66	16.91	17.17	17.44	17.72	18.01	18.31	18.61
84	18.93	19.25	19.59	19.94	20.30	20.68	21.07	21.47	21.89	22.32
85	22.77	23.24	23.73	24.24	24.78	25.34	25.92	26.52	27.16	27.83
86	28.53	29.27	30.04	30.86	31.73	32.64	33.60	34.63	35.72	36.88
87	38.11	39.43	40.84	42.36	44.00	45.76	47.68	49.76	52.02	54.50

附录 G $\quad \dfrac{\phi(x)}{x} + \dfrac{1}{4}$

x	$\dfrac{\phi(x)}{x} + \dfrac{1}{4}$	x	$\dfrac{\phi(x)}{x} + \dfrac{1}{4}$
0.0	∞	3.0	0.411
0.2	5.005	4.0	0.347
0.4	2.510	5.0	0.3412
0.6	1.683	6.0	0.2952
0.8	1.273	7.0	0.2834
1.0	1.028	8.0	0.2756
1.2	0.867	9.0	0.2703
1.4	0.753	10.0	0.2664
1.6	0.668	12.0	0.2614
1.8	0.604	14.0	0.25814
2.0	0.554	16.0	0.25644
2.5	0.466	20.0	0.25411

附录 H 某些物质的特征温度 Θ

物质	Θ/K	物质	Θ/K	物质	Θ/K	物质	Θ/K
Ag	210	Cr	485	Mo	380	Sn（白）	130
Al	400	Cu	320	Na	202	Ta	245
Au	175	Fe	453	Ni	375	Tl	96
Bi	100	Ir	285	Pb	88	W	310
Ca	230	K	126	Pd	275	Zn	235
Cd	168	Mg	320	Pi	230	金刚石	约 2000
Co	410						

附录 I　　特征 X 射线的波长和能量表

元素		$K_{\alpha 1}$		$K_{\beta 1}$		$L_{\alpha 1}$		$M_{\alpha 1}$	
Z	符号	λ/0.1nm	E/keV	λ/0.1nm	E/keV	λ/0.1nm	E/keV	λ/0.1nm	E/keV
4	Be	114.00	0.109						
5	B	67.6	0.183						
6	C	44.7	0.277						
7	N	31.6	0.392						
8	O	23.62	0.525						
9	F	18.32	0.677						
10	Ne	14.61	0.849	14.45	0.858				
11	Na	11.91	1.041	11.58	1.071				
12	Mg	9.89	1.254	9.52	1.032				
13	Al	8.339	1.487	7.96	1.557				
14	Si	7.125	1.740	6.75	1.836				
15	P	6.157	2.014	5.796	2.139				
16	S	5.372	2.308	5.032	2.464				
17	Cl	4.728	2.622	4.403	2.816				
18	Ar	4.192	2.958	3.886	3.191				
19	K	3.741	3.314	3.454	3.590				
20	Ca	3.358	3.692	3.090	4.103				
21	Sc	3.031	4.091	2.780	4.461				
22	Ti	2.749	4.511	2.514	4.932	27.42	0.452		
23	V	2.504	4.952	2.284	5.427	24.25	0.511		
24	Cr	2.290	5.415	2.085	5.947	21.64	0.573		
25	Mn	2.102	5.899	1.910	6.490	19.45	0.637		
26	Fe	1.936	6.404	1.757	7.058	17.59	0.705		
27	Co	1.789	6.980	1.621	7.649	15.97	0.776		
28	Ni	1.658	7.478	1.500	8.265	14.56	0.852		
29	Cu	1.541	8.048	1.392	8.905	13.34	0.930		
30	Zn	1.435	8.639	1.295	9.572	12.25	1.012		
31	Ga	1.340	9.252	1.208	10.26	11.29	1.098		
32	Ge	1.254	9.886	1.129	10.98	10.44	1.188		

续表

元素		$K_{\alpha 1}$		$K_{\beta 1}$		$L_{\alpha 1}$		$M_{\alpha 1}$	
Z	符号	$\lambda/0.1\text{nm}$	E/keV	$\lambda/0.1\text{nm}$	E/keV	$\lambda/0.1\text{nm}$	E/keV	$\lambda/0.1\text{nm}$	E/keV
33	As	1.177	10.53	1.057	11.72	9.671	1.282		
34	Se	1.106	11.21	0.992	12.49	8.99	1.379		
35	Br	1.041	11.91	0.933	13.39	8.375	1.480		
36	Kr					7.817	1.586		
37	Rb					7.318	1.694		
38	Sr					6.863	1.807		
39	Y					6.449	1.923		
40	Zr					6.071	2.042		
41	Nb					5.724	2.166		
42	Mo					5.407	2.293		
43	Tc					5.115	2.424		
44	Ru					4.846	2.559		
45	Rh					4.597	2.697		
46	Pd					4.368	2.839		
47	Ag					4.154	2.984		
48	Cd					3.956	3.134		
49	In					3.772	3.287		
50	Sn					3.600	3.444		
51	Sb					3.439	3.605		
52	Te					3.289	3.769		
53	I					3.149	3.938		
54	Xe					3.017	4.110		
55	Cs					2.892	4.287		
56	Ba					2.776	4.466		
57	La					2.666	4.651		
58	Ce					2.562	4.840		
59	Pr					2.463	5.034		
60	Nd					2.370	5.230		
61	Pm					2.282	5.433		
62	Sm					2.200	5.636	11.47	1.081
63	Eu					1.212	5.846	10.96	1.131
64	Gd					2.047	6.057	10.46	1.185
65	Tb					1.977	6.273	10.00	1.240
66	Dy					1.909	6.495	9.590	1.293

附录 I 特征 X 射线的波长和能量表

续表

元素		$K_{\alpha 1}$		$K_{\beta 1}$		$L_{\alpha 1}$		$M_{\alpha 1}$	
Z	符号	$\lambda/0.1nm$	E/keV	$\lambda/0.1nm$	E/keV	$\lambda/0.1nm$	E/keV	$\lambda/0.1nm$	E/keV
67	Ho					1.845	6.720	9.200	1.347
68	Er					1.784	6.949	8.820	1.405
69	Tm					1.727	7.180	8.480	1.462
70	Tb					1.672	7.416	8.149	1.521
71	Lu					1.620	7.656	7.840	1.581
72	Hf					1.570	7.899	7.539	1.645
73	Ta					1.522	8.146	7.252	1.710
74	W					1.476	8.398	6.983	1.775
75	Re					1.433	8.653	6.729	1.843
76	Os					1.391	8.912	6.490	1.910
77	Ir					1.351	9.175	6.262	1.980
78	Pt					1.313	9.442	6.047	2.051
79	Au					1.276	9.713	5.840	2.123
80	Hg					1.241	9.989	5.645	2.196
81	Tl					1.207	10.27	5.460	2.271
82	Pb					1.175	10.55	5.286	2.346
83	Bi					1.144	10.84	5.118	2.423
84	Po					1.114	11.13		
85	At					1.085	11.43		
86	Rn					1.057	11.73		
87	Fr					1.030	12.03		
88	Ra					1.005	12.34		
89	Ac					0.9799	12.65		
90	Th					1.956	12.97	4.138	2.996
91	Pa					0.933	13.29	4.022	3.082
92	U					0.911	13.61	3.910	3.171